"十二五"职业教育国家规划教材

经全国职业教育教材审定委员会审定

Visual Basic
语言程序设计基础
（第 6 版）

齐 佳 潘志杰 赵晨阳 主 编

郑 利 胡明远 孟 蓓 杨恺岭 副主编

电子工业出版社

Publishing House of Electronics Industry

北京·BEIJING

内 容 简 介

本书是"十二五"职业教育国家规划教材。全书共 17 章，讲解了有关 Visual Basic 的基本概念、安装与启动、开发环境和程序设计步骤，以及 Visual Basic 程序开发语言的数据、运算、语法和控制结构、控件的用法及窗体、工具条、对话框和菜单的设计、文件操作、打印方法、数据库编程等相关知识，并在最后一章给出一个综合应用程序实例。

本书配有电子教学参考资料包，包括教学指南、电子教案，详见前言。

全书内容简明易懂、注重实用性，既可供职业学校计算机类选作教材，也可以作为 Visual Basic 入门的自学教材。

未经许可，不得以任何方式复制或抄袭本书之部分或全部内容。

版权所有，侵权必究。

图书在版编目（CIP）数据

Visual Basic 语言程序设计基础 / 齐佳，潘志杰，赵晨阳主编. —6 版. —北京：电子工业出版社，2022.6

ISBN 978-7-121-43878-3

Ⅰ. ①V… Ⅱ. ①齐… ②潘… ③赵… Ⅲ. ①BASIC 语言－程序设计 Ⅳ. ①TP312.8

中国版本图书馆 CIP 数据核字（2022）第 116890 号

责任编辑：关雅莉　　文字编辑：张志鹏
印　　刷：三河市良远印务有限公司
装　　订：三河市良远印务有限公司
出版发行：电子工业出版社
　　　　　北京市海淀区万寿路 173 信箱　　邮编　100036
开　　本：880×1 230　　1/16　　印张：20.75　　字数：478.08 千字
版　　次：2000 年 9 月第 1 版
　　　　　2022 年 6 月第 6 版
印　　次：2023 年 8 月第 2 次印刷
定　　价：45.00 元

凡所购买电子工业出版社图书有缺损问题，请向购买书店调换。若书店售缺，请与本社发行部联系，联系及邮购电话：（010）88254888，88258888。

质量投诉请发邮件至 zlts@phei.com.cn，盗版侵权举报请发邮件至 dbqq@phei.com.cn。

本书咨询联系方式：（010）88254617，luomn@phei.com.cn。

前言

编者结合多年来从事计算机教学工作的经验和体会，编写了本书。本书出版后得到广大读者的充分肯定和认可，并且被评为"十二五"职业教育国家规划教材，为了感谢广大读者对本书的支持，我们根据使用本书的教学反馈和读者意见对本书做了必要的修订。

本书以浅显的语言和丰富的实例详细介绍了使用 Visual Basic（中文版）在 Windows 环境下进行面向对象的程序设计的方法。在内容的安排上力求循序渐进、由浅入深。除详细讲解 Visual Basic 的基础知识以外，还重点介绍了使用 Visual Basic 进行程序设计时应具备的专业知识和使用技巧，力争详略得当、难度适中，既有利于初学者尽快掌握必备的知识，又有利于今后进一步的提高；在介绍理论知识的同时，还特别注重培养学生的思考方法和编程能力。

由于本书主要面向中等职业学校学生，所以在内容编排上注重避繁就简、循序渐进；在说明方法上尽量做到简洁明了、通俗易懂；为了适用于教学，书中精选的例题力求突出代表性、典型性和实用性；书中前 16 章均配有一定量的习题，以利于学生对知识的掌握和巩固。

全书分五部分，共 17 章，根据教学的需要可以选学其中的部分章节。第 1～3 章为第一部分，介绍了 Visual Basic 的基本概念、安装与启动、开发环境和程序设计步骤等基础知识；第 4～7 章为第二部分，详细讲解了 Visual Basic 程序开发语言的数据、运算、语法和控制结构，这部分知识是使用 Visual Basic 进行程序设计的基础；第 8～12 章为第三部分，重点讲解了窗体的事件和方法、控件、对话框、菜单以及工具条的使用，这部分内容较为突出地体现了使用 Visual Basic 进行程序设计的特色；第 13～16 章为第四部分，侧重介绍了如何使用 Visual Basic 开发更复杂的应用程序，并给出了操作、打印方法、数据库链接和报表制作等内容；第 17 章为第五部分，给出了一个综合应用程序实例。本书参考教学时数为 144 学时，其中上机练习应不少于 48 学时。

本书由齐佳、潘志杰和赵晨阳担任主编，由郑利、胡明远、孟蓓和杨恺岭担任副主编，参加编写的还有王龙、赵海霞。全书由赵晨阳通稿。

军械工程技术学院王森教授、石家庄市第二职业中专张桂芝校长和河北省建设银行刘东杰同志对本书的编写提出了宝贵的建议，同时很多读者为本书的修编工作提出了反馈意见，在此表示衷心感谢。

本书还配有电子教学参考资料包，包括教学指南、电子教案，请有此需要的教师登录华信教育资源网免费注册后下载。

编　者

目录

第 1 章
Visual Basic 概述

本章要点

本章简要介绍 Visual Basic 的可视化和事件驱动机制等主要特点及其三种版本的异同，此外还介绍了 Visual Basic 的安装、启动和退出，以及新建工程和打开一个原有工程的方法。

学习目标

1. 了解 Visual Basic 的安装方法及其三种版本的异同。
2. 理解 Visual Basic 的可视化和事件驱动机制等主要特点。
3. 掌握 Visual Basic 的启动和退出、新建工程和打开一个原有工程的方法。

 ## 1.1 Visual Basic 简介

Visual Basic（简称 VB）是一种可视化编程工具，它功能强大、简单易学，沿袭了 BASIC 系列语言的语法，能够方便快捷地完成 Windows 应用程序的开发。

Visual Basic 中的"Visual"即"可视化"的意思，指不必编写大量代码去描述程序界面，只要把预先建立好的对象拖放到窗口界面中即可开发出 Windows 风格的图形用户界面（Graphical User Interfaces，GUI）。"BASIC"指的是 BASIC（Beginners All-purpose Symbol Instruction Code，即初学者通用符号指令代码）语言。

1.1.1 Visual Basic 的主要特点

与传统编程方式相比，Visual Basic 具有以下两个特点。

1. 方便的开发环境

① 提供了完善的可视化编程环境。

② 可以同时打开多个工程，建立单文档界面和多文档界面。

③ 具有强大的代码编辑器，在代码窗口中可以自动列出控件的属性和方法，可以自动提示函数的语法。

④ 具有实时在线帮助功能。

2．事件驱动机制

Visual Basic 程序运行的基本原理是由"事件"来驱动程序运行的。在 Visual Basic 应用程序中将大规模的程序代码分为若干个单一、独立、小规模的程序段落，分别由各种"事件"来驱动执行，大大降低了程序的编写难度。

1.1.2　Visual Basic 的版本

Visual Basic 有三种版本，各自满足不同人员的开发需要。

① 学习版：编程人员利用学习版可以轻松地开发 Windows 应用程序。学习版包括所有的内部控件及 Grid、Tab 和 Data_Bound 控件，提供的文档有《程序员指南》《联机帮助》《联机手册》。

② 专业版：为专业编程人员提供了一整套功能完备的开发工具。该版本包括学习版的全部功能，还包括 ActiveX 控件、Internet 控件和 Crystal Report Writer。专业版提供的文档有《程序员指南》《联机帮助》《部件工具指南》。

③ 企业版：企业版使得专业编程人员能够开发出功能强大的组内分布式应用程序。该版本包括专业版的全部功能，还包括自动化管理器、部件管理器、数据库管理工具及 Microsoft Visual SourceSafe（TM）面向工程版的控制系统等。企业版提供的文档除包括专业版的所有文档外，还有《客户/服务器应用程序开发指南》。

1.2　Visual Basic 的安装、启动与退出

1.2.1　运行环境要求

运行 Visual Basic 的软件和硬件配置要求如下。

① Microsoft Windows NT 3.51 或 Microsoft Windows 95/98 及以上版本。

② 80486 或更高档的微处理器。

③ 至少需要 80 MB 的硬盘空间。

④ 一个 CD-ROM 驱动器。

⑤ Microsoft Windows 支持的 VGA 或分辨率更高的显示器。

⑥ 16 MB 以上的内存。

⑦ 鼠标或其他点选设备。

1.2.2　Visual Basic 的安装

Visual Basic 的安装步骤如下。

① 把 Visual Basic 的安装程序光盘放入光驱中，安装程序将自动启动。

②　根据屏幕提示信息进行简单的设置（如输入序列号、选择安装路径等）即可完成安装。

1.2.3　Visual Basic **的启动与退出**

1. 启动 Visual Basic

在 Windows 中启动 Visual Basic 的步骤如下。

①　单击"开始"按钮。

②　选择"程序"菜单中的"Microsoft Visual Basic"程序组，然后选择"Microsoft Visual Basic"选项，屏幕显示"新建工程"对话框，如图 1.1 所示。

图 1.1　"新建工程"对话框

③　在"新建工程"对话框中，Visual Basic 提示新建一个工程或打开一个现有的工程。对话框中包括"新建""现存""最新"三个标签，可用鼠标进行选择切换。单击对话框左下角的"不再显示这个对话框"复选框，使复选框前带有复选标记，则下次启动 Visual Basic 时不再显示这个对话框。

说明 ‹‹‹

➤ 单击"新建"标签可以选择要开发的应用程序的类型。

标准 EXE：标准的可执行文件。

ActiveX EXE：ActiveX 可执行文件。

ActiveX DLL：ActiveX DLL（动态链接库）文件。

ActiveX 控件：ActiveX 控件文件。

除以上四类文件外，对话框中还包括 vb\template\projects 目录下的所有工程文件（文件的扩展名为.vbp）和模板文件（文件的扩展名为.vbz）。

➤ 单击"现存"标签可以选择打开一个已有的工程。

➤ 单击"最新"标签可以选择打开一个最近访问过的工程。

> ➤ 程序设计人员开发的应用程序大多是标准的可执行文件，所以通常会选择"新建"标签中的"标准 EXE"选项。
>
> 在"新建工程"对话框中进行选择并单击"打开"按钮，可以完成 Visual Basic 的启动并同时建立一个新的工程或打开一个已有的工程。如果单击"取消"按钮,则只启动 Visual Basic，而不打开任何工程。启动 Visual Basic 后，在"文件"菜单中选择"新建工程"或"打开工程"选项建立一个新的工程或打开一个已有的工程。

2．退出 Visual Basic

退出 Visual Basic 有以下几种方法。

① 单击窗口右上角的"关闭"按钮。

② 选择"文件"菜单中的"退出"选项。

③ 按组合键"Alt+Q"。

 **习题** 1

1．填空题

（1）Visual 的中文含义是_____，指的是开发_____的方法。BASIC 是指_____代码，英文全称是_____。

（2）Visual Basic 有_____、_____、_____三种版本，各自满足不同的开发需要。

（3）退出 Visual Basic 可单击_____，也可选择_____菜单中的_____命令，或按_____+_____键。

2．简答题

（1）简述 Visual Basic 的主要功能特点。

（2）简述 Visual Basic 的安装过程。

（3）如何启动 Visual Basic？

（4）怎样新建或打开一个原有工程？

第 2 章
Visual Basic 的开发环境

本章要点

本章主要讲解 Visual Basic 的开发环境，并通过一个简单的程序设计实例来说明如何使用 Visual Basic 的开发环境进行程序设计，以便为进一步学习和理解 Visual Basic 中抽象的编程概念做好准备。

学习目标

1. 了解 Visual Basic 开发环境的各组成部分。
2. 理解 Visual Basic 开发环境的各组成部分之间的关系。
3. 掌握 Visual Basic 开发环境的各组成部分的功能和用法。

 2.1 开发环境

Visual Basic 启动后的主界面如图 2.1 所示。

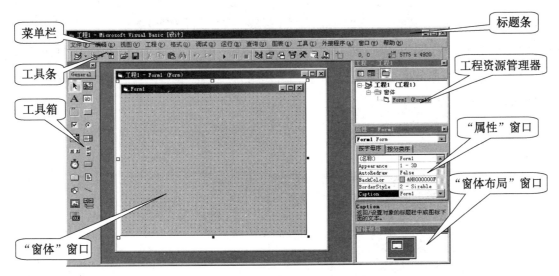

图 2.1　Visual Basic 启动后的主界面

1. 标题栏

主界面的最上边是标题栏，用来显示"Microsoft Visual Basic"的标识和当前打开的工

程文件名（默认为"工程1"）。方括号内的文字表示当前工程所处的状态，如［设计］、［运行］、［中断］等。标题栏的右边是"最小化"按钮、"最大化"（"还原"）按钮和"关闭"按钮。

2．菜单栏

菜单栏在标题栏的下面，包含"文件""编辑""视图""工程""格式""调试""运行""查询""图表""工具""外接程序""窗口""帮助"等菜单。"查询"和"图表"菜单仅限于专业版和企业版。具体菜单项功能说明见附录A。

3．工具栏

主菜单的下面是工具栏，由一些操作按钮构成。工具栏为用户提供了一种快速使用常用命令的方法。当指针指向工具栏的按钮时，就会在一个小的黄色方框内显示出该按钮的名称。单击按钮时，就会执行该按钮对应的命令。Visual Basic 的工具栏包括"标准"工具栏、"编辑"工具栏、"调试"工具栏、"窗体编辑器"工具栏等。用户可以根据需要通过"视图"菜单的"工具栏"命令显示或隐藏其中的任何一种工具栏。

4．工具箱

工具箱中包含一组在程序设计时向窗体中放置控件的工具，每个工具都表示一种Visual Basic 所固有的控件。工具箱的控件可以由编程人员根据需要添加。

通常用以下两种方法来显示工具箱。

① 在"视图"菜单中选择"工具箱"选项。

② 在"标准"工具栏中单击"工具箱"按钮。

5．"窗体"窗口

Visual Basic 开发环境的中心部分称为"窗体"窗口，如图 2.2 所示。在窗体中可以设计菜单，加入按钮、文本框、列表框、图片框等控件，利用窗体可以设计应用程序的界面。"窗体"窗口的标题栏中显示的是窗体隶属的工程名称和窗体在程序代码中的名称（默认名称为"Form1"），图 2.2 中的"工程1 - Form1（Form）"是指窗体的名称为"Form1"，"Form1"隶属于"工程1"。窗体标题栏显示的"Form1"是指程序运行时程序窗体的标题栏将显示为"Form1"。

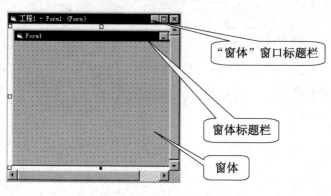

图 2.2　"窗体"窗口

6. 工程资源管理器

工程由窗体、模块、类模块、用户控件等组成。为了对这些工程资源进行有效地管理，Visual Basic 提供了工程资源管理器。如图 2.3 所示，工程资源管理器以树形图的方式对资源进行管理，类似于 Windows 资源管理器。工程资源管理器的标题栏中显示的是工程的名称，标题栏下面分别是"查看代码"按钮、"查看对象"按钮和"切换文件夹"按钮。

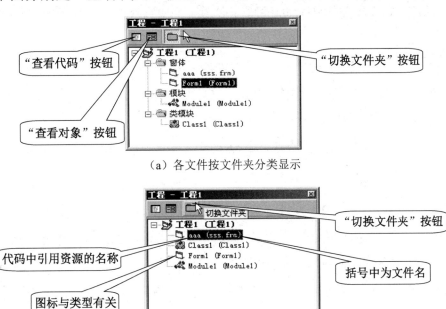

（a）各文件按文件夹分类显示

（b）各文件按文件名字母排序显示

图 2.3　工程资源管理器

① "查看代码"按钮：单击该按钮可打开代码窗口，显示选中文件中的程序代码。

② "查看对象"按钮：单击该按钮可显示选中窗体文件对应的窗体对象。

③ "切换文件夹"按钮：按钮为按下状态时，则各文件按"窗体""模块""类模块"等文件夹分类显示，如图 2.3（a）所示；按钮为弹起状态时，则各文件按文件名字母排序显示，如图 2.3（b）所示。

工程资源的类型不同所对应的图标也不同，图标右侧为程序代码中引用该资源时的名称，后面括号中的内容指出该资源保存在哪个文件中。例如，图 2.3（b）中名为"aaa"的窗体保存在名为"sss.frm"的文件中。

打开工程资源管理器的方法通常有如下两种。

① 在"视图"菜单中选择"工程资源管理器"选项。

② 在"标准"工具栏中单击"工程资源管理器"按钮。

7. "属性"窗口

"属性"窗口是用于设置和描述对象属性的窗口。关于对象和属性的知识请参见第 3 章的相关内容。"属性"窗口有两种显示方式，如图 2.4 所示。一种是按照字母排序，各属性名称按照字母的先后排列；另一种是按照分类排序，按照"外观""位置""行为"等分类对各属性进行排序。

在"属性"窗口中，标题栏中显示的是当前对象的名称。标题栏下面是对象框，用于选择可以设置属性的对象的名称。对象框下面是排序选项卡，再下面是属性列表。属性列表分为两列，左边显示属性的名称，右边显示属性的取值，可以通过改变右边的取值改变对象属性。在窗口的最下面是当前选中属性的提示信息。如果对属性不熟悉，可以参考提示信息进行属性设置。

打开"属性"窗口的方法通常有如下 3 种。

① 在"视图"菜单中选择"属性"选项。

② 在"标准"工具栏中单击"属性"按钮。

③ 在相应对象上右击，然后从弹出的快捷菜单中选择"属性"选项。

8. "窗体布局"窗口

"窗体布局"窗口（如图 2.5 所示）用于设计应用程序运行时窗体在屏幕上首次出现的位置。在"窗体布局"窗口中有一个"计算机屏幕"图形，"屏幕"中有一个窗体 Form1。借助鼠标将 Form1 窗体拖动到适合的位置，程序运行时，该窗体将按照"窗体布局"窗口中的设置出现在屏幕中对应的位置上。标准工具栏右侧有两组数据，分别用来表示窗体左上角相对于屏幕左上角的位置及窗体本身的宽度和高度。

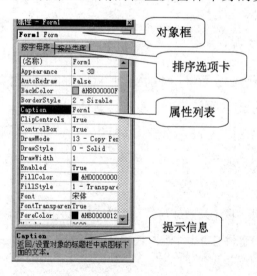

图 2.4　"属性"窗口

图 2.5　"窗体布局"窗口

打开"窗体布局"窗口的方法通常有如下两种。

① 在"视图"菜单中选择"窗体布局"选项。

② 在"标准"工具栏中单击"窗体布局"按钮。

9. "代码编辑器"窗口

"代码编辑器"窗口如图 2.6 所示。"代码编辑器"窗口的标题栏中显示的是当前工程的名称和代码所在模块的名称。有关模块的知识请参见第 3 章的内容。

在标题条的下面有两个下拉列表框,左边是"对象"列表框,右边是"过程"列表框。在"对象"列表框中可以选择当前模块中的对象。在"过程"列表框中可以选择"对象"列表框中选定对象所具有的事件过程。对象和事件的知识请参见第 3 章的相关内容。

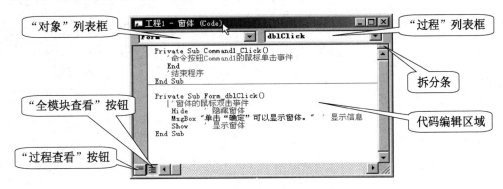

图 2.6 "代码编辑器"窗口

在"对象"列表框和"过程"列表框的下方是代码编辑区域,用来显示和编辑程序代码。

在"代码编辑器"窗口的左下方有两个按钮,左边的按钮称为"过程查看"按钮,指定在"代码编辑器"窗口中显示一个过程的代码;右边的按钮称为"全模块查看"按钮,指定在"代码编辑器"窗口中显示全部的代码。

在垂直滚动条的上方是"拆分条",将"拆分条"向下拖放,可以将"代码编辑器"窗口分隔成两个水平窗格,以便同时查看代码中的不同部分。

打开"代码编辑器"窗口的方法通常有如下 3 种。

① 双击要编写代码的窗体或控件。

② 从"工程管理器"窗口中选定窗体或模块的名称,然后单击"查看代码"按钮。

③ 在窗体或控件上右击,在弹出的快捷菜单中选择"查看代码"选项,系统自动弹出"代码编辑器"窗口。

"代码编辑器"有许多便于编写 Visual Basic 代码的功能。

① 自动添加程序头和程序尾。当选择一个对象和一个事件后,代码编辑器自动增加"Private Sub"和"End Sub"两条语句,由用户在其中添加程序代码。

② 自动显示控件的属性、方法。当用户在代码编辑器中输入一个控件的名称并按下"."键后,系统会自动弹出该控件的全部属性和方法,如图 2.7 所示,用户可以用光标和空格键选择相应的属性、方法。

③ 完善的在线帮助功能。在任何时候,将光标定位在一条语句或一个控件的属性、方法上并按下"F1"键就可以得到对应的帮助信息。

④ 自动显示帮助信息。当输入一个合法的 Visual Basic 语句或函数名之后,语法立即显示在当前行的下面,并用黑体字显示它的第一个参数,如图 2.8 所示,在输入一个参数值之后,将出现下一个参数值的提示信息。

10．快捷菜单

在开发环境的各个组成部分上右击或按"Shift+F10"组合键，会弹出一个快捷菜单，该快捷菜单的各个选项就是该组成部分的各种常用操作。在不同的组成部分上右击，所弹出的快捷菜单中的选项是不同的，程序设计者可以通过快捷菜单完成相应的操作。

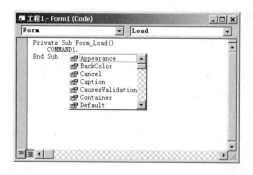

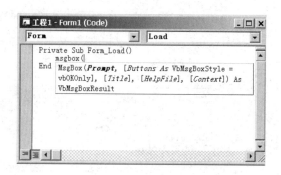

图 2.7 系统自动弹出控件的全部属性和方法　　图 2.8 系统自动弹出控件的语法及参数

 ## 2.2 用开发环境编制一个简单的程序

在这一节中将学习如何利用 Visual Basic 开发环境建立一个简单的程序。

当程序运行时，单击"显示"按钮，将在窗体"Form1"上显示"学习 VB 是一件简单有趣的事"，如图 2.9 所示。

1．设计应用程序的界面

① 启动 Visual Basic 集成开发环境，在如图 2.10 所示的"新建工程"对话框中选择"标准 EXE"选项，单击"打开"按钮。

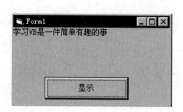

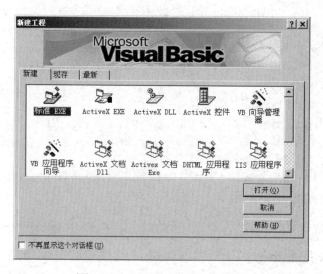

图 2.9 简单程序示例　　　　　　　图 2.10 "新建工程"对话框

② 在 Visual Basic 集成开发环境的工具箱中单击如图 2.11 所示的命令按钮（CommandButton）控件。

③ 将鼠标移到"Form1"窗体中，指针的形状变成一个"十"字。

④ 在窗体相应的位置上按住鼠标左键拖动鼠标，窗体中将出现一个虚框，当大小合适后放开鼠标左键，即可出现一个"Command1"命令按钮，如图2.12所示。

⑤ 通过拖动按钮来改变该按钮的位置，或者拖动按钮四周的小黑框来改变其大小。

至此，程序的界面设计就完成了。

图 2.11　工具箱

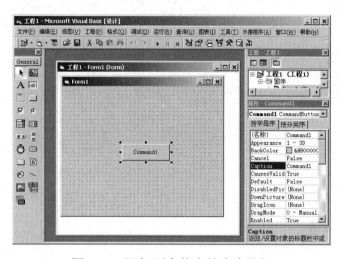

图 2.12　添加到窗体中的命令按钮

2．设置对象的属性

完成窗体界面的建立后，可以根据需要设置各对象的属性。

属性的设置有两种方法。

① 在程序运行时通过程序代码设置对象的属性。这种方法可以在程序运行时动态地改变属性值。

② 在"属性"窗口中设置对象的属性。这种方法常用来设置对象属性在程序运行前的初始值，简便且直接，是比较常用的方法。

在"属性"窗口中直接设置属性的步骤如下。

➤ 打开"属性"窗口。

➤ 在属性列表中选择属性名。

➤ 在右侧选择合适的取值或输入新的属性值。

在本例中，先单击"Command1"命令按钮，然后在"属性"窗口中选择"Caption"属性。在右侧输入"显示"二字，命令按钮上显示的"Command1"将随之变成"显示"，如图2.13所示。

3．编写事件代码

① 在窗体中双击"显示"按钮，或者直接按"F7"键，或在"显示"按钮上右击，在弹出的快捷菜单中选择"查看代码"选项，系统自动弹出"代码编辑器"窗口，并自动添加命令按钮"Command1"的单击事件处理过程，即在代码编辑器中自动加入如下代码。

```
Private Sub Command1_Click()
End Sub
```

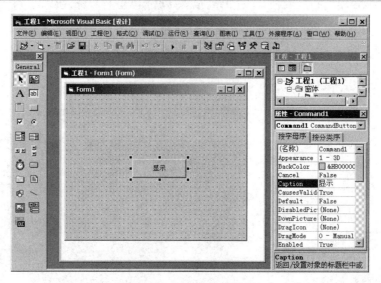

图 2.13　设置了"Caption"属性的命令按钮

说明 <<<

　　第一行是过程声明语句，第二行是过程结束语句。过程声明语句中"Sub"是关键字，表示过程的开始。Command1_Click()是过程名字，过程名字又由两部分组成，并遵循如下规则。

　　第一部分与窗体中创建的对象的"名称"属性取值相同，在本例中"Command1"就是所创建的按钮的"名称"属性取值。

　　第二部分是事件方法的名字，在本例中"Click"即为"单击"事件的名字。过程名字的两部分之间必须用下画线"_"连接。

---

　　② 在两句代码之间输入语句：Print"学习 VB 是一件简单有趣的事"。Print 语句用于在窗体上显示文字。

　　至此，完成了事件代码的编写。

4．程序的运行及保存

Visual Basic 有解释模式和编译模式两种运行程序的方式。

　　在解释模式下，系统逐行进行读取、编译、执行机器代码。解释模式在设计时可以方便地运行程序，不必编译保存，但其运行速度较慢。

　　在编译模式下，系统一次性地读取代码，全部编译完成后，再执行代码，编译模式在不修改程序的前提下，运行速度较快，但程序一旦有所改动，则需要重新编译。

　　用解释模式运行程序可以有如下 3 种方法。

　　① 在"运行"菜单中选择"启动"命令。

　　② 在工具条上单击"启动"按钮。

③ 按"F5"键。

对于本节例题程序，可以用以上任何一种方法运行。程序开始运行后，单击"显示"按钮，则在窗口中显示"学习 VB 是一件简单有趣的事"。如果显示结果不正确，则需要在"运行"菜单中选择"中断"命令，并对程序进行调试；或者选择"结束"命令，返回到代码窗口，对代码进行修改。

将程序调整正确后，选择"文件"菜单中的"保存工程"命令，或单击工具条上的"保存"按钮，可以把工程保存在文件中。如果是第一次保存文件，则会弹出如图 2.14 所示的"文件另存为"对话框，输入文件名后，单击"保存"按钮即可保存本程序的窗体文件（扩展名为.frm）。接着屏幕上会自动显示"工程另存为"对话框（如图 2.15 所示），输入文件名，单击"保存"按钮，可以保存本程序的工程文件（扩展名为.vbp）。

图 2.14 "文件另存为"对话框 　　　　图 2.15 "工程另存为"对话框

也可将程序编译成可执行文件（扩展名为.exe），在 Windows 下，不必进入 Visual Basic 就可直接运行该程序。生成方法：选择"文件"菜单中的"生成工程 1 .exe"命令，将出现如图 2.16 所示的"生成工程"对话框。

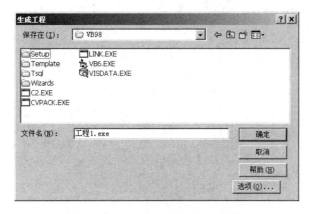

图 2.16 "生成工程"对话框

在对话框中选择保存位置，输入工程文件的名称，然后单击"确定"按钮，即可建立该工程的可执行文件。

在"文件"菜单中还有以下两个命令可以用于保存文件。

① "工程另存为"可以保存工程的副本。

② "Form1 另存为" 可以保存窗体或其他文件的副本。

 习题 2

1. 填空题

（1）Visual Basic 的主菜单栏包括_____、_____、_____、_____、_____、_____、_____、_____、_____、_____、_____、_____和_____等菜单项。

（2）Visual Basic 开发环境的中心部分称为_____。

（3）Visual Basic 提供的_____以树形图的方式对其资源进行管理。

（4）"属性"窗口有两种显示方式，一种是按_____排序，另一种是按_____排序。

（5）在窗口中双击"显示"按钮，或直接按____键，系统会自动弹出"代码编辑器"窗口。

（6）Visual Basic 有两种运行程序的方法：_____模式和_____模式。

2. 简答题

（1）Visual Basic 主界面窗口主要由哪几部分组成？

（2）简述 Visual Basic 打开"属性"窗口的三种方法。

（3）设置对象属性的基本步骤是什么？

（4）解释模式和编译模式在程序运行过程中的区别是什么？

（5）如何保存 Visual Basic 程序？

第 3 章
Visual Basic 编程基础

本章要点

本章介绍了 Visual Basic 程序设计的基本步骤、程序书写规范，并用通俗易懂的语言详细讲解了 Visual Basic 面向对象程序设计中的几个重要而抽象的概念：对象与类，属性、方法和事件，事件驱动机制，窗体模块、标准模块和类模块等。

学习目标

1. 了解 Visual Basic 程序设计的基本步骤、类模块的概念。
2. 理解对象与类的概念、事件驱动机制。
3. 掌握 Visual Basic 程序书写规范，属性、方法和事件，以及窗体模块和标准模块的用法。

3.1 Visual Basic 程序设计的基本步骤

利用 Visual Basic 进行程序设计大致包括以下基本步骤。

① 设计应用程序的界面。例如，对窗体、命令按钮、菜单进行设计并设置它们的属性。

② 编写事件过程代码。即编写事件发生后要执行的程序代码。这些代码用于对发生的各种事件做出响应。例如，单击"新建"菜单的事件发生后，可以执行该菜单的单击事件过程以建立一个新的文件。

③ 调试并保存应用程序中的各个组成文件，并编译生成可执行文件。编译生成的可执行文件可以脱离 Visual Basic 开发环境直接在 Windows 中运行。

3.2 对象与类

1. 对象（Object）

Visual Basic 具有"面向对象"的特性，Visual Basic 应用程序的基本单元是对象，用 Visual Basic 编程就是用"对象"组装程序。这种"面向对象"的编程方法与传统的全部用代码编制程序的方法有很大区别，就像用集成电路芯片组装电视机和用晶体管、二极管组装电视机的区别一样。显然，"面向对象"的编程方法比传统的编程方法更简单、更方便，并且编写出的程序也更加稳定。因此，"对象"可以被看作 Visual Basic 程序设计的核心。

在 Visual Basic 程序设计中，对象中还可以包含其他对象，包含其他对象的对象称为容器。举个例子来说，如果把"人"当作要研究的一个对象，人又包含头、手、腿、脚等部位，其中的每个部位又可以单独作为被研究的对象。在 Visual Basic 程序设计中，整个应用程序就是一个对象，应用程序中又包含着窗体（Form）、命令按钮（Command Button）、菜单（Menu）等对象。

2. 类（Class）

在 Visual Basic 中，对象是由类创建的，因此可以说对象是类的具体实例，这就好比蛋糕和做蛋糕的模具之间的关系。

各种不同的对象分属于各种不同的种类。同一类对象可能具有一些不同的特性（或者说同一类对象不一定具有完全相同的特性）；具有某些相同特性的对象，不一定是同一类对象。这就好比人和猴子虽然都有身高、性别等特性，但二者之间还存在着智商、语言等特性差异，这两个对象之间的特性相差很多，根本就不能算作同一类对象。而男人和女人，虽然有着性别、生理等方面的差异，但他们绝大部分特性相同，可以算作同一种类。由此，可以归结为一句话：同一类对象的绝大部分特性相同。

 ## 3.3 　属性、方法和事件

在 Visual Basic 中，可以通过属性、方法和事件来说明和衡量一个对象的特性。

1. 属性（Property）

属性是指用于描述对象的名称、位置、颜色、字体等特性的一些指标。通过改变对象的属性值可以改变对象的特性。

有些属性可以在设计时通过属性窗口来设置，不用编写任何代码；而有些属性则必须通过编写代码，在运行程序时进行设置。可以在运行时读取和设置取值的属性称为读写属性，只能读取的属性称为只读属性。

同样以"人"这类对象为例。人具有的各种特性，都可以称为属性，如身高、性别、年龄、学历等。这些属性数据以属性值的方式记录在属性栏中。同一类对象的绝大部分属性栏相同，但其中记录的属性值不一定相同。例如，程序中的命令按钮（Command Button）都具有高度（Height）、宽度（Width）、字体（Font）等属性，但每个不同的命令按钮的高度、宽度、字体等属性的具体取值不一定相同。

总之，属性指明了对象"是什么样的"，常用于定义对象的外观。

2．方法（Method）

方法是用来控制对象的功能及操作的内部程序。例如，人具有说话、行走、学习、睡觉等功能，在 Visual Basic 中，对象所能提供的这些功能和操作，就称作"方法"。以窗体为例，它具有显示（Show）或隐藏（Hide）的方法。

总之，方法指明了对象"能做什么"，常用于定义对象的功能和操作。

3．事件（Event）

事件是指发生在某一对象上的事情。事件又分为鼠标事件及键盘事件。例如，在命令按钮（Command Button）这一对象上可能发生鼠标单击（Click）、鼠标移动（Mouse Move）、鼠标按下（Mouse Down）等鼠标事件，也可能发生键盘按下（KeyDown）等键盘事件。

人可以对外界事件做出反应，例如，某人听见其他人叫自己的名字时会立即答应或扭头寻找。同样，Visual Basic 中的对象也具有响应一些外部事件的能力，例如，命令按钮或菜单被鼠标单击（Click）时会执行相应的程序代码来完成指定的操作。

总之，事件指明了对象"什么情况下做"，常用于定义对象发生某种反应的时机和条件。

3.4　事件驱动机制

1．事件驱动机制与传统编程方式的异同

在传统的程序设计过程中，程序是按照预先编写的代码逐条依次执行的，即按照预定的流程执行。

而 Visual Basic 是按照事件驱动机制运行程序的。Visual Basic 的每一个窗体和控件都有一个预定义的事件集，如单击（Click）事件、双击（Dblclick）事件等。如果其中有一个事件发生，而且在关联的事件处理过程中存在代码，则 Visual Basic 执行对应的代码。在事件驱动机制中，系统先执行哪一段代码并不取决于预定的顺序，而是由用户的操作来决定的。例如，单击某个按钮的操作产生该按钮的单击（Click）事件，此时被执行的代码就是该按钮的单击（Click）事件处理程序，随后又发生了某个菜单的单击（Click）事件，则接下来被执行的代码就是该菜单的单击（Click）事件处理程序。这就是 Visual Basic 的事件驱动机制。在一个事件处理过程内部，Visual Basic 语言与其他传统语言类似，程序也是按照预定的流程执行的。

2．事件产生的方式

在 Visual Basic 中，产生一个事件大致有以下几种情况。

① 程序操作者触发。操作者可以通过键盘操作或鼠标操作产生一个事件，如鼠标单击（Click）事件、鼠标双击（Dblclick）事件、键盘按下（KeyDown）事件等。

② 由系统触发。系统自身也可以触发事件。例如，在一个定时提醒程序中，可以利用"定时器控件"在时间满足提醒条件时由系统自动触发一个事件提醒用户需要处理的事情。

③ 代码间接触发。有些事件可以由程序代码间接触发。例如，当代码装载窗体时会产生该窗体的 Load（装载）事件等。

3．事件驱动程序的执行过程

事件驱动程序的执行过程分为以下 4 步。

① 启动应用程序，装载和显示窗体。

② 应用程序（主要是窗体或控件）接收和响应发生的事件。

③ 如果在相应的事件处理过程中存在代码，就执行这些代码。

④ 应用程序等待下一个事件的发生，如此周而复始地运行，直到程序被关闭。

4．按照事件驱动机制编写程序的基本方法

按照事件驱动机制编程就是根据需要完成事件处理程序的编写工作。程序设计人员应仔细分析程序运行中可能产生的每一个事件，对于某些事件，在事件发生时希望程序执行若干代码以便实现某种功能，则应将这些代码编写成该事件的处理程序；有一些事件发生后不需执行任何代码，不必为这些事件编写代码，系统将忽略这些事件，且对其不会有任何反应。

3.5　组织 Visual Basic 程序代码

Visual Basic 是通过程序模块进行代码组织的，其程序模块分为 3 种类型：窗体模块、标准模块和类模块。

Visual Basic 程序的操作界面是窗体，在窗体中可以包含控件（如命令按钮、菜单等），每个窗体和控件都包含各自的事件处理过程。一个简单的应用程序可以只有一个窗体，所有程序代码都保存在该窗体及其控件的事件处理过程中，这就是窗体模块。

对于一个庞大复杂的应用程序，则需要创建多个窗体，这样就有可能出现在几个窗体中都要执行的公共代码。为了避免重复，这些公共代码被保存在一个独立于窗体的模块中，这个模块被称为标准模块。

Visual Basic "面向对象" 编程实际上是用具体的对象来组装程序。对于经常使用的一些程序代码，可以用类模块的形式将其固定下来，使之成为一类对象所固有的功能特性。这样，就可以在程序设计过程中，用类来产生一些类的实例（程序中引用的具体的对象），进而用具体的对象来完成组装程序的工作，而那些经常使用的程序代码也会随着对象的应用一起发挥功用。

1．窗体模块

窗体模块的文件扩展名为 ".frm"。

窗体模块中主要包括通用过程和本窗体及其控件的事件处理过程。在窗体模块中可以

定义变量、常数和外部过程的窗体级声明。在用 Visual Basic 编写应用程序时，要注意写入窗体模块的代码是该窗体及其控件专用的，对于多个窗体所共用的程序代码可以用"标准模块"的形式来完成，而不是放在某个窗体模块中。

2．标准模块

标准模块的文件扩展名为".bas"。

标准模块是应用程序内其他模块访问公用过程和声明的容器。它们可以包含变量、常数、外部过程和全局过程的全局声明或模块级声明。写入标准模块的代码不必针对特定的应用程序，如果能够注意不用具体名称引用窗体和控件，则在许多不同的应用程序中可以重复使用标准模块。

3．类模块

类模块的文件扩展名为".cls"。

在 Visual Basic 中，类模块是面向对象编程的基础。可以在类模块中编写代码以建立新的对象。这些新对象可以包含自定义的属性和方法。实际上，Visual Basic 提供的窗体、控件都是类模块的一种，通过类模块可以根据自己的需要建立自己的对象。

3.6　Visual Basic 程序代码书写规范

1．命名规范

在编写 Visual Basic 程序时，要声明和命名许多元素。声明过程、变量和常数的名字时，必须遵循以下 4 条规则。

① 必须以字母开头。

② 不能包含嵌入的句号或者类型声明字符。

③ 不能超过 255 个字符，控件、窗体、类和模块的名字不能超过 40 个字符。

④ 不能和受到限制的关键字同名。所谓受到限制的关键字是指 Visual Basic 中预先定义的词，又称保留字，它们是 Visual Basic 语言的组成部分。

2．注释规范

在程序代码中使用注释是一个优秀程序设计人员的良好习惯。这样既可以方便开发者，也可以方便以后可能检查或修改源代码的其他程序设计人员。在 Visual Basic 语言中，注释符为"'"，当 Visual Basic 遇到这个符号时将忽略其后面的所有内容。程序设计人员可以随意地在"'"后面添加中文或英文注释内容。

【例 3.1】

```
Private Sub Form_Load()
    '这是一个 Visual Basic 的示例程序
    '它主要完成打印学生名册的功能
```

```
      Command1.Caption = "打印"
      Command2.Caption = "取消"
End Sub
```

说明 ≪≪

　　"'" 后面的内容为程序注释内容，程序运行时，将不会被执行。

3．分行书写规范

为了便于程序的阅读和书写，经常要将 Visual Basic 语句分成多行，分行的方法是在代码中用续行符（一个空格后面跟一个下画线）将长语句分成多行。

【例 3.2】

```
For Each xm In .xm
  If xm <> "" Then Debug.Print "      " & _
  xm.Name & " = " & xm
Next xm
```

说明 ≪≪

　　① 本例中第 2 行和第 3 行实际上是一个完整的语句。
　　② 在同一行内，续行符后面不能加注释。

4．合并行规范

一行语句很短时，希望将多条语句合并写到同一行上。这时只需将各语句用"："分开即可。示例如下。

```
Command1.Caption = "打印":Command2.Caption = "取消"
```

这等同于下面的语句。

```
Command1.Caption = "打印"
Command2.Caption = "取消"
```

 ## 习题 3

1．填空题

（1）对象是 Visual Basic 应用程序的＿＿＿＿＿。在 Visual Basic 中可以用＿＿＿、＿＿＿＿、＿＿＿来说明和衡量一个对象的特性。

（2）属性分为＿＿＿＿属性和＿＿＿＿属性两种。方法是＿＿＿＿＿＿＿＿＿＿的内部程序。

（3）在 Visual Basic 中，事件产生的方式主要有＿＿＿＿＿、＿＿＿＿＿和＿＿＿＿。

（4）Visual Basic 的程序模块有 3 种：＿＿＿＿＿、＿＿＿＿＿、＿＿＿＿＿。

（5）窗体模块的文件扩展名为＿＿＿＿＿＿，标准模块的文件扩展名为＿＿＿＿＿，类模块的文件扩展名为_____。

（6）在 Visual Basic 语言中，注释符为_____，分行符为_____，并行符为_____。

（7）通过____模块可以根据需要建立自己的对象。

2．简答题

（1）什么是对象的属性？

（2）简述事件驱动程序的执行过程。

（3）简述事件驱动机制与传统编程方式的异同。

第4章
常量和变量

本章要点

本章主要讲解各种数据类型、变量及常量的概念和分类，以及变量和常量声明的使用方法。

学习目标

1. 了解数据类型、变量及常量的概念和分类。
2. 理解变量和常量声明的语法、功能。
3. 掌握变量和常量声明的使用方法。

 4.1 数据类型

在计算机领域，数据（Data）是指能由计算机处理的对象，如常量、变量、字符串、数组等。每一个数据都属于一种特定的数据类型，不同类型数据的表示、存储和操作都是不同的，计算机为每种类型的数据都安排有固定的存储空间。

Visual Basic 中的数据类型可分为基本数据类型和用户自定义数据类型两大类，如图 4.1 所示。其中，基本数据类型是由 Visual Basic 直接提供给用户的数据类型，用户不经定义就可以直接使用，基本数据类型又称为标准数据类型；用户自定义数据类型是当基本数据类型不能满足用户需要时，由用户在程序中以基本数据类型为基础，并按照一定的语法规则构造而成的数据类型，它必须先定义，然后才能在程序中使用。

基本数据类型按其取值不同，又可分为数值型、字符串型、布尔型和日期型等数据类型。

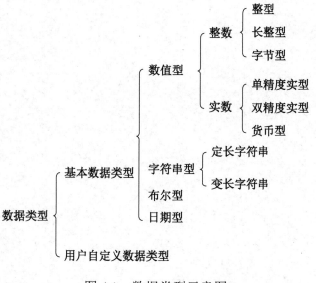

图 4.1 数据类型示意图

4.1.1 基本数据类型

1. 数值（Numeric）型

在 Visual Basic 语言中，数值型数据是指能够进行加（+）、减（−）、乘（*）、除（/）和乘方（^）等算术运算的数据，包括整数类型和实数类型。

（1）整数类型

整数类型数据是由带有正、负号的若干阿拉伯数字组成的数字序列，又分为字节型、整型和长整型三种数据类型。这三种数据类型占用的存储空间不同，进而所表示的整数范围也就不同。整数类型是 Visual Basic 中最常使用的一种数据类型，也是计算机运算速度最快的数据类型。

① 字节型（Byte）。字节型数据在计算机中用一个字节来存储，表示数据范围为 0～255 的无符号整数，所以它不能表示负数。因此，在进行一元减法运算时，Visual Basic 首先将字节型数据转化为有符号整型数据。

例如：10，157，220

Byte 类型数据除了可以保存数字之外，其最主要的用途在于保存声音、图像和动画等二进制数据，以便与其他 DLL 或 OLE Automation 对象联系。

② 整型（Integer）。在计算机中用两个字节存储，表示数据范围为 -32768～+32767 的整数，可在数据后面加尾符"%"来表示整型数据。

例如：+324，123，−245，0，280%

③ 长整型（Long Integer）。在计算机中用 4 个字节存储，表示数据范围为 -2147483648～+2147483647 的整数，可在数据后面加尾符"&"表示长整型数据。

例如：+1234567，−238475，35780，248&

> **说明 <<<**
>
> 　　数字 248&，虽然也在整型表示的（−32768～+32767）范围内，但因其后有符号"&"，所以是长整型数据，而不是整型数据。

（2）实数类型

实数类型是由带有正、负号的若干阿拉伯数字及小数点组成的数字序列，分为单精度（Single）实型、双精度（Double）实型和货币（Currency）类型三种。这三种类型数据占用的存储空间不同，进而所表示的数据范围和有效位数也就不同。单精度实型数据占 4 个字节的存储空间，最多可表示 7 位有效数字；而双精度实型数据占 8 个字节的存储空间，最多可表示 15 位有效数字。

单精度实型和双精度实型数据在 Visual Basic 中都有两种表示方法：定点表示法和浮点表示法。

① 定点表示法。这是日常生活中普遍采用的计数方法，因小数点的位置是固定的而得名。用这种方法书写起来比较简单，适合表示那些数值不太大，又不太小，即数值大小比较适中的数据。

➤ 定点单精度实型：最多可有 7 位有效数字，精确度为 6 位，因此可表示的数据范围为-9999999～+9999999，可在数据后面加"!"号，表示定点单精度实型数。

例如：56.78!，129!

说明《《

　　数字 129!，虽然没有小数点，但因其后有符号"!"，所以它既不是整型数，也不是长整型数，而是单精度实型数。

➤ 定点双精度实型：最多可有 15 位有效数字，精确度为 14 位，因此可表示的数据范围为-999999999999999～+999999999999999，可在数据的后面加"#"号，表示定点双精度实型数。

例如：3456.78#，-239#，+12345678.9，-236.789

说明《《

　　前两个数由于数字后面有"#"符号，所以是双精度实型数，后面两个数虽然没写"#"符号，但因其数字中含有小数点，所以系统自动将其默认为双精度实型数。

💡**提示**

一个数字中如果含有小数点，而数字后面又没写任何尾符，则系统自动将其默认为双精度实型数。

② 浮点表示法。当一个数特别大或特别小时，如果仍然采用定点表示法，那么数码就会变得很长，既不便于书写和输入，又很容易出错，如 0.00326789!，-53480000000000000# 等。这时可以将该数用科学计数法表示，如上面的两个数可以写成 3.26789×10^{-3} 和-5.348 × 10^{16}，这样既方便书写和输入，又不易出错。不过在计算机中无法输入上角标，所以 Visual Basic 用一个大写的英文字母（单精度实型数用字母 E，双精度实型数用字母 D）表示底数 10。由于将一个数写成科学计数法时，尾数中的小数点的位置是可以变化的，如数字 0.00326789!，不但可以写成 0.326789E-2，还可以写成 32.6789E-4、326.789E-5 等多种形式，即小数点的位置是浮动的，所以，这种表示法又叫作浮点表示法。但是在输入时，无论将小数点放在何处，Visual Basic 会自动将它转化成尾数的整数部分为1位有效数字的形式（小数点在最高有效位的后面），这种形式的浮点数叫作规格化的浮点数，这种转化操作叫作规格化，如上面的数，无论以何种形式输入，系统自动将其转变为 3.26789E-3。

➤ 浮点单精度实型：表示的数据范围在-3.402823E38～+3.402823E38。

例如：-1.5E+3，2.45E-2，1.6E5

➤ 浮点双精度实型：表示的数据范围在-1.79769313486232E308～+1.79769313486232E308。

例如：-1.24D+6，3.48D3，2.67D-7

浮点数由 3 部分组成。

➤ 尾数部分：既可以是整数，也可以是小数，正号可省略，规格化的浮点数的小数点在最高有效位的后面。

➤ 字母：E 表示单精度实数，D 表示双精度实数。

➤ 指数部分：带正、负号的不超过 3 位数的整数，其中正号可省略。

在输入浮点数时，字母 E 或 D 的前后都必须有数字，且指数部分必须为整数。例如：E，E15，-2.7E，23.5D-3.8 等都是错误的浮点数，其中的 E 和 E15，系统会将其看作变量，而-2.7E，23.5D-3.8 则会出现语法错误。

在输入一个单精度实型数时，如果此数没有超过 7 位有效数字，则无论是以定点表示法输入，还是以浮点表示法输入，系统都会自动将其转换为定点表示法显示；如果此数超过了 7 位有效数字，则无论以何种表示法输入，系统都会自动将其转换为浮点表示法显示。例如，输入 1.2345E5!时，系统自动将其转化为 123450!显示；输入 12345000!时，系统自动将其转换为 1.2345E+07 显示。

在输入一个双精度实型数时，如果此数没有超过 15 位有效数字，那么无论是以定点表示法输入，还是以浮点表示法输入，系统都会自动将其转换为定点表示法显示；如果此数超过了 15 位有效数字，则无论以何种表示法输入，系统都会自动将其转换为浮点表示法显示。例如，输入 1.23456789D+5 时，系统会自动将其转化为 123456.789 显示；输入 12345678912345670#时，系统会自动将其转换为 1.234567891234567D+16 显示。

③ 货币类型。货币类型是一个精确的定点实数类型，因此，它适合货币计算。它的整数部分最多有 15 位数据，小数部分最多有 4 位数据，用 8 个字节存储，表示的数据范围在 -922 337 203 685 477.5808～922 337 203 685 477.5807，可在数据后面加尾符"@"表示货币类型数据。

例如：231.25@，56.2345@

2．字符串（String）型

字符串是由一对双引号括起来的若干个 Visual Basic 基本字符集中除双引号之外的由其他任何字符组成的序列。在存储时，一个字符占两个字节的存储空间，字符串中还可包含汉字，一个汉字也是一个字符，同样占两个字节的存储空间。字符串型数据不能进行算术运算，但可以进行字符串运算和关系运算。

例如："Visual Basic"，"计算机"，" "

说明 <<<

其中，最后一个字符串是由两个空格组成的。

在 Visual Basic 中，字符串型数据可分为定长字符串和变长字符串两种。

（1）定长字符串

顾名思义，定长字符串的长度是固定不变的，在计算机中为定长字符串分配的存储空间也是固定不变的，而不管字符串的实际长度是多少。定长字符串最多可容纳 64K（2^{16}）个字符。

（2）变长字符串

与定长字符串不同，变长字符串的长度是可以变化的，在计算机中为变长字符串分配的存储空间也是随着字符串的实际长度的变化而变化的，变长字符串最多可容纳大约 20 亿（2^{31}）个字符，一般所用的字符串数据大多属于这一类。

如果一个字符串不包含任何字符，则称该字符串为空字符串，简称空串。

3．布尔（Boolean）型

布尔型数据只有两个值：真（True）和假（False），分别表示成立和不成立。布尔型数据在计算机中占两个字节的存储空间，其默认值为 False。

布尔型数据常用来作为程序中的转向条件，以控制程序的流程。

4．日期（Date）型

在 Visual Basic 中，日期型数据除了可以表示日期之外，还可以表示时间，在计算机中占 8 个字节的存储空间，表示的日期范围在 100 年 1 月 1 日—9999 年 12 月 31 日。

日期型数据的表示方法有两种：一般表示法和序号表示法。

（1）一般表示法

一般表示法是用一对"#"号将日期和时间前后括起来的表示方法，如同字符串用一对双引号括起来一样。

例如：#3.6-93 13:20#，#March 27 1993 1:20am#，#Apr-2-93#

在日期型的数据中，不论将年、月、日按照何种排列顺序输入，日期之间的分隔符用的是空格还是"-"号，月份用数字还是用英文单词表示，系统会自动将其转换成由数字表示的"月/日/年"的格式。

如果日期型数据不包括时间，则 Visual Basic 自动将该数据的时间部分设定为午夜 0 点（一天的开始）。例如，如果日期型数据不包括日期，则 Visual Basic 自动将该数据的日期部分设定为公元 1899 年 12 月 30 日。

（2）序号表示法

序号是双精度实数，Visual Basic 会自动将其解释为日期和时间，其中，序号的整数部分表示日期，而序号的小数部分则表示时间，午夜为 0，正午为 0.5。在 Visual Basic 中，用于计算日期的基准日期为公元 1899 年 12 月 31 日，负数表示在此之前的日期，正数表示在此之后的日期。

例如：1.5 表示 1899 年 12 月 31 日中午 12 点，-2.3 表示 1899 年 12 月 28 日上午 7 点 12 分。

可以对日期型数据进行运算。通过加、减一个整数来增加或减少天数；通过加、减一个分数或小数来增加或减少时间。例如，加 20 就是加 20 天，而减掉 1/24 就是减去 1 小时。

4.1.2　用户自定义数据类型

用户自定义数据类型将在本书第 6 章"数组和记录"的 6.4 节"记录类型"中再进行详细介绍。

4.2　常量

常量（Constant）就是在程序运行过程中其值保持不变的量，它在程序运行之前就是已知的。在 Visual Basic 中，常量可分为值常量和符号常量两种，无论是值常量还是符号常量，它们所表示的数据类型均遵从本章 4.1 节中所介绍的数据类型的分类，如图 4.2 所示。

4.2.1　值常量

值常量就是用数据本身的值所表示的常量。

例如：4.31，123，12.5，1.6E5，"Visual Basic"，Ture，#3-6-93 13:20#等。

4.2.2　符号常量

值常量有时数码比较长，多次重复输入时，

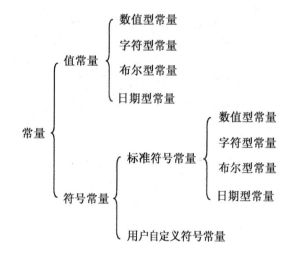

图 4.2　常量类型示意图

既费事又很容易出错。另外，当某一值常量在程序中多次重复出现时，如果要改变此值常量的值，就需要改动程序中的许多地方，既麻烦又很容易遗漏。这时就可以用一个容易理解和记忆的符号来表示该常量，在程序中，凡出现该常量的地方，都用此符号代替。这样不但易于输入，不易出错，还便于理解此常量的含义，而且如果要改变某一常量的值，也只需改变程序中声明该符号常量的一条语句就可以了，既方便又省事。此常量就称为符号常量。它由程序设计人员在编写程序时命名。当然常量名最好应具有一定的含义，能够做到见名知义，以便于理解和记忆。符号常量必须先声明，然后才能在程序中使用。

符号常量可分为标准符号常量和用户自定义符号常量两大类。

1. 标准符号常量

标准符号常量是 Visual Basic 已经定义好的、用户不经定义就可以直接使用的符号常量。

在"视图"菜单"对象浏览器"中的 VB（Visual Basic）、VBA（Visual Basic for Applications）和 DAO（Data Access Object）对象库中列出了 Visual Basic 中常用的标准符号常量，其他提供对象库的应用程序（如 Microsoft Excel 和 Microsoft Project）也提供了常量列表，在每个 ActiveX 控件的对象库中也定义了符号常量，这些符号常量用户可以不经定义而直接使用。

例如：vbTileHorizontal 表示数值 1，vbCrLf 表示回车换行。

标准符号常量的前缀表示定义该符号常量的对象库名，来自 VB 和 VBA 对象库的符号常量均以"vb"开头，而来自数据访问对象库的符号常量均以"db"开头。

2. 用户自定义符号常量

用户自定义的符号常量是当标准符号常量不能满足编程需要时，由程序设计人员按照一定的语法规则自己定义而成的符号常量。它必须先定义，然后才能在程序的代码中使用。

4.2.3 符号常量的定义

语法：[Public|Private] Const 常量名｛<类型说明符>|As <类型说明词>｝=表达式
功能：先计算赋值号右边表达式的值，然后将此值赋给左边的符号常量。

> **说明** ‹‹‹
>
> ① 常量的命名遵从与变量相同的命名规则，如 con、sum、a1、max&和 c$等，都是合法的常量名。
>
> ② 赋值号右边的表达式由数值型、字符串型、布尔型或日期型的数据，用户已定义的符号常量，以及各种运算符组成，但在表达式中不能出现变量和函数运算，也不能出现用户自定义类型数据。例如：
>
> CONST a = x + 2　　（x 为变量）
>
> CONST b = Abs(-9)
>
> 都是错误的。
>
> ③ 可以定义被声明常量的数据类型，其数据类型的种类及遵从的规则与变量完全相同。例如：
>
> CONST a% = 20
>
> CONST a As Integer = 20
>
> ④ 和变量声明一样，常量也有作用域，也遵从与变量作用域相似的规则。
>
> 为创建仅在某一过程内有效的常量，即局部常量，应在该过程内部声明常量；为创建在某一模块内的所有过程中都有效，而在该模块之外都无效的常量，即模块级常量，应在该模块顶部的声明段中使用关键字 Private 声明。另外，与变量声明不同的是，为创建在整个应用程序中都有效的常量，即全局常量，应在标准模块顶部的声明段中使用关键字 Public 或 Global 进行声明，在窗体模块和类模块中是不允许声明全局常量的，这一点应引起注意。

⑤ 虽然在定义符号常量的表达式中可以出现其他已经定义的符号常量，但应注意在两个或两个以上的常量之间不能出现循环定义。例如，在某一过程中定义了以下两个符号常量：

```
Const conA As Integer = conB * 2
Const conB As Integer = conA / 2
```

在定义符号常量 conA 时用到了另一个符号常量 conB，而在定义符号常量 conB 时又用到了符号常量 conA，这时就出现了循环定义，在 Visual Basic 中这是不允许的。

⑥ 另外，需要特别指出的是，虽然用 CONST 语句定义的符号常量的名字与变量名很相似，但它与变量有着本质的区别，那就是不能给已定义的符号常量再赋值。例如：

```
CONST number = 25
LET number = 30
```

第一条语句将 number 定义为常量 25，第二条语句中又给它赋值 30，这是不允许的。常量一经声明，就可在程序的代码中使用了，代码变得更容易被阅读和理解。

【例 4.1】

```
Private Sub Form_Activate()
    Const Pi As Single = 3.14159
    Dim R As Integer
    Dim S As Single
    R = 5
    S = Pi * R ^ 2
    Print S
End Sub
```

说明 <<<

此程序在窗体的 Activate 事件中首先定义了一个表示圆周率的常量 Pi 和两个分别用来表示圆的半径和面积的变量 R 和变量 S，然后计算圆的面积，最后将结果显示出来。

4.3 变量

变量（Variable）就是在程序执行过程中其值可以发生变化的量。在应用程序的执行过程中，常用变量来临时存储数据。

4.3.1 变量的声明

变量声明就是将变量的名称和数据类型事先通知给应用程序，也叫作变量定义。

1. 隐式声明

隐式声明就是在使用一个变量之前并不专门声明这个变量而直接使用。

【例 4.2】 可以书写这样一个函数，其中的变量 TempVal 事先并没有专门声明。

```
Function SafeSqr (num)
```

```
    TempVal = Abs (num)
    TempVal = TempVal+1
    SafeSqr = Sqr (TempVal)
End Function
```

例中的符号"="是赋值号，而不是等号，它表示将赋值号右边表达式的值赋给左边的变量，而并不表示"="号两边相等。例如，语句"TempVal = TempVal + 1"表示将变量 TempVal 的值加 1，然后再赋给变量 TempVal，大家可以看到，"="号的两边并不相等。

在上例中，虽然变量 TempVal 未经声明，但 Visual Basic 会自动创建变量 TempVal。显然，这种方法使用起来很方便，但是如果把变量名拼错了的话，就会出现错误。

【例 4.3】

```
Function SafeSqr (num)
    TempVal = Abs (num)
    TempVal = TempVal+1
    SafeSqr = Sqr (TemVal)
End Function
```

说明 <<<

乍看起来，这两段代码好像没有什么区别，但是由于在倒数第二行中将变量 TempVal 错写为 TemVal，此时 Visual Basic 并不能分辨出这是意味着隐式声明一个新变量，还是仅仅把一个原有的变量名写错了，于是只好用这个名字再创建一个新变量，所以此函数的值总是等于 0。为了克服隐式声明变量的这个缺点，可以在程序中对变量进行显示声明。

2. 显式声明

为了避免因写错变量名而引起的麻烦，可以规定，只要遇到一个未经显式声明的变量名，Visual Basic 就显示错误信息。为此，需要在类模块、窗体模块或标准模块的声明段中加入下面这条语句：

```
Option Explicit
```

可以在"工具"菜单中选取"选项"选项，单击"编辑器"选项卡，再复选"要求变量声明"选项。这样就会在任何新模块中自动插入 Option Explicit 语句，但这种方法不会在已经编写的模块中自动插入上面的语句，所以只能使用手动的方式向已有的模块添加 Option Explicit 语句。

Option Explicit 语句的作用范围仅限于它所在的模块，所以，对每个需要强制显式声明变量的窗体模块、标准模块及类模块，都必须将 Option Explicit 语句放在这些模块的声明段中。

因为 Visual Basic 能够识别出不认识的变量名，从而显示出错误信息，所以此时变量必须先显示声明，然后才能在程序中使用。

语法：

```
{Dim |Static |Public |Private}<变量名> [{<类型说明符> | As <类型说明词>}]
```

功能：显式声明变量及其类型、作用域，以及该变量是动态变量还是静态变量。

① 变量名。每一个变量都有一个名字，称为变量名，Visual Basic 对变量名有以下规定。

➤ 变量名是长度不超过 255 个字符的、以英文字母开头的由英文字母（A~Z）、阿拉伯数字（0~9）和下画线（_）组成的字符序列，并不得含有标点符号和空格等字符，在变量名中不区分英文字母的大小写。

➤ 在同一个范围内变量名必须是唯一的。此处所说的范围指该变量的作用域—— 一个过程、一个窗体等（这个问题将在本节后面的内容中进行详细介绍）。

➤ 变量名不能和 Visual Basic 的关键字同名。关键字是 Visual Basic 中使用的有特殊含义和作用的英文单词，是 Visual Basic 语言的重要组成部分，其中包括语句定义符（如 If、Loop）、函数名（如 Len、Abs）及各种运算符（如 Or、Mod）等，变量名虽然不能与关键字同名，但变量名中可以包含关键字。

例如，a、b2、cde、dima，x$都是合法的变量名，而 3a、dim、cd.e、ab-c、x/y 等都是非法的变量名。

② Dim、Static、Pubic、Private 及 As 为关键字，表示所声明变量的名称、类型和作用域，以及该变量是动态变量还是静态变量。

③ 声明变量时可以同时声明变量的数据类型，变量的数据类型决定了如何将变量的值存储到计算机的内存中。声明变量的数据类型时可以使用类型说明符，也可以使用类型说明词。

➤ 类型说明符及其含义见表 4.1。

例如：Dim a%

　　　声明变量 a 为整型变量。

　　　Private b&

　　　声明变量 b 为长整型变量。

➤ 类型说明词及其含义见表 4.2。

表 4.1　类型说明符及其含义

类型说明符	含　义	类型说明符	含　义
%	整型	#	双精度实型
&	长整型	@	货币型
!	单精度实型	$	字符串型

表 4.2　类型说明词及其含义

类型说明词	含　义	类型说明词	含　义
Byte	字节型	Currency	货币型
Integer	整型	String	字符串型
Long	长整型	Boolean	布尔型
Single	单精度实型	Datc	日期型
Double	双精度实型		

例如：Dim a As Integer

　　　　声明 a 为整型变量。

　　　　Dim b As Double

　　　　声明 b 为双精度实型变量。

④ 变长字符串变量既可使用类型说明符声明，也可使用类型说明词声明。

例如：Dim Name$ 与 Dim Name As String 语句的含义是一样的。

而定长字符串变量只能使用类型说明词声明，声明定长字符串变量时类型说明项的格式为：String * 长度

例如：Dim Name As String * 10

此语句表示声明一个长度为 10 个字符的定长字符串变量，如果赋给该变量 Name 的字符少于 10 个，则用空格将其不足部分填满；而如果赋给该变量的字符串太长，超过了 10 个字符，则自动截去超出部分的字符。

例如：Name= "Hello"，则 Name 的值为 "Hello　　　"。

Name= "Welcome you！"，则 Name 的值为 "Welcome yo"。

⑤ 一条语句可以声明多个变量及其类型，中间用逗号隔开。

例如：Dim I As Integer, Amt As Double

　　　　Private Name As String, Paid As Currency

4.3.2　变量的作用域生存期

1．变量的作用域

从整个应用程序来看，模块（标准模块、窗体模块和类模块）中可以含有变量，过程中同样可以含有变量，那么在程序中就可能出现许多变量，这时自然会提出这样的问题：这些变量的有效范围相同吗？在不同的模块或过程中是否可以出现名字相同的变量呢？这些同名的变量会相互干扰吗？

一个变量的有效使用范围称为该变量的作用域。根据作用域的不同，可以把变量分为过程级变量、全局变量和作用域介于两者之间的模块级变量。

一个变量是过程级变量、模块级变量，还是全局变量，这取决于声明该变量时，变量声明语句所在的位置和所使用的关键字，Visual Basic 允许在声明一个变量时同时指定它的作用域。

（1）过程级变量

过程级变量又叫作局部变量、私有变量或本地变量，只有在声明它们的过程中才能被应用程序识别并使用，用 Dim 或 Static 关键字来声明。其中，用 Dim 关键字声明的变量为动态局部变量，只有在该过程执行时才存在，过程一旦结束，该变量的值也就消失了；用 Static 关键字声明的变量为静态局部变量，在应用程序运行期间将一直保存该变量的值。

例如：Dim intT As Integer

Static intP As Integer

【例 4.4】　在窗体模块的通用段定义两个过程 test1 和 test2，然后在窗体模块中调用这两个过程，如图 4.3 所示。

此程序的执行结果为：

```
5
0
```

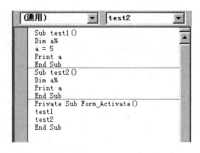

图 4.3　例 4.4 程序

在过程 test1 中定义一个变量 a，并给其赋值 5，然后使用 Print 语句显示该变量的值。在过程 test2 中又定义一变量 a，并显示该变量的值，可以看出，此值与过程 test1 中变量 a 的值并不相同。可见，不同过程中的变量可以同名，但即使如此，分属不同过程的同名变量并不是同一个变量。它们的作用域都只限于定义该变量的过程，一旦出了此过程，这些变量就不起作用了，无法在一个过程中访问另一个过程中的变量。

但是，有时需要使用具有更大作用域的变量。例如，对于某一模块及该模块内的所有过程都有效的变量，这时，就需要声明和使用模块级变量。

（2）模块级变量

模块级变量对该模块中的所有过程都起作用，但对其他模块不起作用。在模块顶部的声明段用 Private 或 Dim 关键字声明，即可将变量声明为模块级变量。

例如：Private intT As Integer

声明模块级变量时，关键字 Private 和 Dim 之间并没有什么区别，但 Private 更好一些，因为很容易从字义上把它和 Public 区别开来，使程序代码更容易理解。

【例 4.5】　在一个新工程中插入一个标准模块 Module1，在该模块顶部声明一个模块级变量 intX，在 Test 过程中给它赋值。

```
Private intX As Integer
Sub Test()
    intX = 1
End Sub
```

在窗体模块中调用标准模块 Module1 中的过程 Test，然后显示其变量 intX。

```
Private Sub Form_Activate()
    Test
    Print intX
End Sub
```

由于变量 intX 是模块级变量，只在声明它的模块中有效，所以此程序并不能显示它的值。

　　为了使变量不只在声明它的模块中有效，而且在其他模块中也有效，也就是使变量在整个应用程序中都有效，这时就需要声明和使用全局变量。

　　局部变量和模块级变量为大型软件的开发提供了便利。因为大型软件很难由单个程序员独自开发完成，而需要由多个程序员分工协作、互相配合，不同的人编写软件的不同部分（过程或模块），最后再把这些部分组合在一起，如果采用局部变量或模块级变量，程序员就不必担心因各部分中使用的变量名相同而导致错误，因为这些变量都只在本过程或本模块中起作用，即使同名也不会相互干扰。

　　（3）全局变量

　　全局变量又叫作全程变量或公有变量，可作用于应用程序的所有模块和过程，与模块级变量一样，也在模块顶部的声明段进行声明，不同的是此时不能使用关键字 Private，而要使用关键字 Public 或 Global。

　　例如：Public intT As Integer

　　　　　Global Paid As Currency

　　全局变量不但可作用于应用程序的所有模块和过程，而且在不同模块中声明的全局变量的变量名可以相同，此时，可以在变量名前加上模块名用以在程序的代码中区分它们。

💡 **提示**

　　不能在过程中声明模块级变量和全局变量，只能在模块顶部的声明段中声明这两种变量，声明这两种变量的位置虽然相同，但所使用的关键字并不同。

　　【例 4.6】　　如果在模块 Module1 中声明了一个名为 intX 的全局变量，在模块 Module2 中也声明了一个名为 intX 的全局变量，则 Module1.intX 表示模块 Module1 中声明的变量，Module2.intX 表示模块 Module2 中声明的变量。

　　在一个新工程中插入两个标准模块，在第一个标准模块 Module1 之中声明一个全局变量 intX，然后在 Test 过程中给它赋值。

```
Public intX As Integer
Sub Test()
    intX = 1
End Sub
```

　　在第二个标准模块 Module2 中声明第二个变量 intX，它与在 Module1 中声明的变量具有相同的名字。然后在名为 Test 的过程中给它赋值。应当注意到，虽然标准模块 Module1 和 Module2 中的过程名都为 Test，但它们是两个不同的过程。

```
Public intX As Integer
Sub Test()
    intX = 2
End Sub
```

在窗体模块中分别调用标准模块 Module1 和 Module2 中的过程 Test，然后分别显示其全局变量 intX。

```
Private Sub Form_Activate()
Module1.Test
Print Module1.intX
Module2.Test
Print Module2.intX
End Sub
```

此程序运行的结果为：

```
1
2
```

说明 <<<

　　可以看出，不但可在一个模块中使用另一模块声明的全局变量，而且在不同模块中声明的全局变量还可以同名。不仅在不同模块中声明的全局变量可以同名，而且作用域不同的变量也可以同名。

【例 4.7】　在窗体通用段的声明部分声明一整型全局变量 Temp，同时在通用段的 Test 过程中声明一同名过程级变量 Temp，然后分别显示这两个变量的值，在窗体的 Activate 事件中调用 Test 过程。

```
Public Temp As Integer
Sub Test()
    Dim Temp As Integer
    Temp = 2
    Print Temp
    Print Form1.Temp
End Sub
Private Sub Form_Activate()
    Temp = 1
    Print Temp
    Test
End Sub
```

运行结果为：

```
1
2
1
```

说明 <<<

　　在窗体模块中显示的变量 Temp 是全局变量，其值为 1；在 Test 过程内直接显示的变量 Temp 是过程级变量，其值为 2；在过程内通过在变量前加模块名的方法显示的也是全局变量，其值为 1。

💡 **提示**

一般来说，当变量名相同而作用域不同时，作用域小的变量就会屏蔽作用域大的变量，即优先访问作用域小的变量。所以，当未使用模块名加以限定时，名为 Temp 的局部变量就会屏蔽同名全局变量。

尽管变量的屏蔽规则很简单，但当不同变量使用相同的变量名时，稍不注意就会带来不必要的麻烦，从而导致难以查找的错误。因此，对于不同的变量应采用不同的变量名，这才是一种良好的编程习惯。

2．变量的生存期

一个变量的有效存续时间，称为该变量的生存期。

在应用程序的运行过程中模块级变量和全局变量的值将自始至终一直保存，也就是说，这两种变量的生存期是整个应用程序的执行过程。但是，对于局部变量，使用关键字 Dim 声明的局部变量为动态变量，仅当声明该局部变量的过程执行时这些局部变量才存在，当退出该过程后，在它内部声明的局部变量也就消失了，而且变量所占据的内存也被释放，当下一次执行该过程时，将重新创建该过程中的所有局部变量。

如果想在应用程序的运行过程中一直保存该过程中声明的局部变量的值，可将该局部变量声明为静态变量。在过程内部使用 Static 关键字声明静态变量，其用法和 Dim 语句的类似。

例如：Static Depth As Integer

【例4.8】　在窗体模块定义过程 Test，在此过程中声明变量 a，然后让变量 a 的值加 1，在窗体模块的 Activate 事件中三次调用该过程。

```
Private Sub Test()
Dim a As Integer
a = a + 1
Print a
End Sub
Private Sub Form_Activate()
Test
Test
Test
End Sub
```

该程序的运行结果为：

```
1
1
1
```

> **说明** ‹‹‹
>
> 　　因变量 a 是使用关键字 Dim 声明的，故此变量是动态变量。在每次调用过程 Test 后，变量 a 的值并不保存，下一次调用过程 Test 时，将重新创建该变量，故三次调用过程 Test，变量 a 的值均为 1。
>
> 　　如果将上例过程 Test 中的变量 a 使用关键字 Static 声明，而不是使用关键字 Dim 声明，即可将变量 a 声明为静态变量，则每次调用过程 Test 时，因以前变量 a 的值仍然存在，所以在以前变量 a 的值的基础上加 1。

故程序运行结果变为：

1

2

3

为了将过程中的所有局部变量均声明为静态变量，可在过程的起始处加上 Static 关键字。

例如：

Static Sub Test()

这就使过程中的所有局部变量都变为静态的，而不论它们是隐式声明的，还是使用关键字 Static、Dim 或 Private 声明的。

在模块顶部的声明段将变量声明为模块级变量或全局变量，也会收到同样的效果，但是，如果这样做就改变了该变量的作用域。这时，由于其他过程或模块也可以访问和改变此变量的值，所以代码将非常难以维护。因此，在 Visual Basic 的应用程序中，只有当没有其他方便途径在过程或窗体之间共享数据时才使用作用域更大的模块级变量或全局变量。

4.3.3 变体（Variant）变量

1. 变体变量

如果在变量声明时没有说明变量的数据类型，则该变量的数据类型将被默认为变体数据类型。Variant 数据类型很像一条变色龙——可在不同场合代表不同的数据类型。当变量为 Variant 类型时，该变量能够存储所有系统已定义的标准类型的数据，所以变体变量可使程序设计人员不必在数据类型之间进行转换，Visual Basic 会自动完成各种必要的数据类型的转换。

【例 4.9】

```
Dim Value
Value = "17"
Value = Value — 15
Value = "U" & Value
```

说明

第一条语句中声明了变量 Value，由于没有说明它的类型，所以默认为 Variant 类型；第二条语句将一字符串赋给该变量，此时，该变量为字符串型；第三条语句将该变量的值减去数值 15，此时 Visual Basic 自动将变量 Value 转化为数值型，然后再相减，结果为数值型；第四条语句中 Visual Basic 又将该变量转化为字符串型，然后与字符串"U"连接，结果仍然为字符串型。

当将值赋给 Variant 类型变量时，Visual Basic 会用最紧凑、最合理的数据类型存储这个值。Variant 变量并不是无数据类型的变量，而是能够随意改变其数据类型的变量。一般情况下，不必了解 Variant 变量正在使用哪一种数据类型，Visual Basic 会自动在各种数据类型之间进行必要的转换。若程序设计人员想了解某一 Variant 变量正在使用哪种数据类型，可使用 VarType 函数或 TypeName 函数来显示其子类型（关于这两种函数的使用方法将在第 5 章"函数"一节中进行详细介绍）。

2. 避免使用 Variant 变量

Variant 变量是 Visual Basic 中的默认变量，并且 Variant 变量可存储任何类型的数据，这对于初学者来说是非常方便的。然而，使用 Variant 变量也会同时带来应用程序运行速度变慢的缺点，因为应用程序在运行时，必须将 Variant 变量的值转化为其他适当的数据类型，这必然要花费一定的时间，从而使应用程序的运行速度减慢。所以，如果想提高应用程序的运行速度，就要避免使用 Variant 变量，而直接使用其他标准数据类型的变量，这样就会避免不必要的转化过程而加快应用程序的运行速度。例如，若要进行数值运算，就应将变量声明为数值型；若要存储人名，就应将变量声明为字符串数据类型，因为名字总是由字符组成的。

由于以上原因，在声明多个变量时就要小心谨慎，因为如果没有使用 As 子语句，它们实际上会被默认为 Variant 变量。例如：

```
Dim X, Y, Z As Long
```

变量 X 和变量 Y 被默认为 Variant 变量，而不是 Long 型变量。

如将变量 X、变量 Y 和变量 Z 均声明为 Long 型变量，则应将上面的语句改为：

```
Dim X As Long, Y As Long, Z As Long
```

4.3.4　变量类型的选择

在声明变量时，对于数值型数据，如何选择变量的类型呢？

① 如果某一变量在程序运行过程中总是存放整数，而不会出现小数点，则应尽量将此变量声明为 Long 型变量，尤其是在循环体中更应如此，因为计算机大多是 32 位计算机，而 Long 型整数是 32 位 CPU 的本机数据类型，所以其运算速度非常快。如果由于某种原因，无法使用 Long 型变量，就要尽量将其声明为 Integer 型或 Byte 型数据。

② 如果某一变量在程序运行过程中可能会出现小数点，这时就应将此变量声明为实数类型，然后根据此变量可能的取值范围及其需要的精度，再决定是将其声明为单精度实数类型变量、双精度实数类型变量，还是货币型变量。Single 型数据和 Double 型数据比 Currency 型数据的有效范围大得多，但实际运算时有可能会产生一些小的误差；当进行对精度要求比较高的货币计算时，一般应将变量声明为货币型。

③ 使用长整型和双精度实型变量，固然会减少"溢出"错误，但同时它们也要占用大量的内存空间，因此，在定义变量时，最好选用既能满足实际需要，又占内存最少的数据类型。

④ 所有数值型变量之间都可相互赋值，也可将其值赋给 Variant 类型变量。在将实数类型数据赋给整数类型变量时，Visual Basic 会将该实数的小数部分四舍五入，而不是将小数部分直接截去。

习题 4

1. 填空题

（1）Visual Basic 中的数据类型可分为＿＿＿＿＿＿和＿＿＿＿＿＿两大类，前者根据其取值的不同，又可分为＿＿＿＿、＿＿＿＿、＿＿＿＿和＿＿＿＿。

（2）字节型数据在计算机中用＿＿＿个字节来存储，表示的数据范围是＿＿＿；整型数据在计算机中用＿＿＿个字节来存储，表示的数据范围是＿＿＿；长整型数据在计算机中用＿＿＿个字节来存储，表示的数据范围是＿＿＿；单精度实型数据在计算机中用＿＿＿个字节来存储，可表示＿＿＿有效数字；双精度实型数据在计算机中用＿＿＿个字节来存储，可表示＿＿＿有效数字；货币类型数据在计算机中用＿＿＿个字节来存储，其小数部分最多有＿＿＿个有效数字；布尔类型数据在计算机中用＿＿＿个字节来存储，可以表示的数据只能是＿＿＿或＿＿＿；日期型数据在计算机中用＿＿＿个字节来存储，表示的数据范围是＿＿＿。

（3）一个英文字母或一个阿拉伯数字是＿＿＿个字符，占＿＿＿个字节的存储空间；一个汉字是＿＿＿个字符，占＿＿＿个字节的存储空间。

（4）日期型数据有＿＿＿＿和＿＿＿＿两种表示方法。

（5）在 Visual Basic 表达式中，对于没有赋值的数值型变量，系统将其当作＿＿＿进行计算；对于没有赋值的字符串型变量，系统将其当作＿＿＿进行计算；对于没有赋值的布尔型变量，系统将其当作＿＿＿进行计算；对于没有赋值的日期型变量，系统将其当作＿＿＿进行计算。

（6）如果在声明变量时没有说明变量的数据类型，则该变量将被默认为＿＿＿类型。

2. 简答题

（1）什么是基本数据类型？什么是用户自定义数据类型？

（2）在 Visual Basic 中，单精度实型和双精度实型数据有哪两种表示方法，分别适合在什么情况下使用？什么叫作规格化的浮点数？什么叫作规格化？浮点数由哪几部分组成？

（3）下列 Visual Basic 数据中，哪些是合法的，哪些是非法的？为什么？

32,45	-15.3E5	E-3	2.4E
"Hello"	'Max'	213	1.5D-18
2.3E+4	0.002	-1.3E2	12a34

（4）将下列数据中的浮点数改写成定点数，定点数改写成规格化的单精度浮点数。

5.67E+4	3487.25	-4.36E6	-215600000
2.78E-5	0.00000423	-0.1678	2.5D+9

（5）什么是字符串？字符串型数据可分为哪几种类型？如果一个字符串不包含任何字符，则称该字符串是什么字符串？

（6）定长字符串变量可以使用类型说明符说明吗？可以使用类型说明词说明吗？变长字符串变量呢？声明一定长字符串变量 Str1，使其能存放 30 个字符。

（7）什么是变量？什么是常量？一个变量一旦声明，可以给它重复赋值，常量可以这样做吗？

（8）Visual Basic 语言对变量名有何规定？下面哪些是合法的变量名？哪些是非法的变量名？为什么？

x2	abs	aver	&&	ab?c
xy/z	m3.5	address	let	abc

（9）什么是变量的声明？变量声明有哪几种方法？它们有什么区别？

（10）类型说明符有哪几种？分别表示什么数据类型？类型说明词有哪几种？分别表示什么数据类型？

（11）下列变量声明语句中，各变量分别是什么类型？

Dim A1, A2, A3 As Integer

（12）什么叫作变量的作用域？根据作用域的不同，可以把变量分为哪几种类型？一个变量属于哪一种类型，取决于什么？

（13）什么是过程级变量？什么是模块级变量？什么是全局变量？它们分别在什么地方声明？分别使用什么关键字？

（14）什么是变量的生存期？模块级变量和全局变量的生存期是怎样的？局部变量的生存期是怎样的？在声明时，分别使用什么关键字声明？

（15）在声明变量时，对于数值型数据，应如何选择变量的类型呢？

（16）常量有无作用域？声明过程级常量、模块级常量和全局常量与声明相应变量的方法有何相同点和不同点？

（17）使用 Variant 变量有何优缺点？

第 5 章
运　算

本章要点

本章主要讲解函数的概念和分类、各种函数的功能及使用方法；表达式的概念、分类，以及各种表达式的运算顺序。

学习目标

1. 了解函数和表达式的概念和分类。
2. 理解各种函数的语法和功能、表达式的书写规则和运算顺序。
3. 掌握常用函数的使用方法。

5.1　函数

函数（Function）是一些特殊的语句或程序段，每一种函数都可以进行一种具体的运算。在程序中，只要给出函数名和相应的参数就可以使用它们，并可得到一个函数值。

在 Visual Basic 中，函数可分为标准函数和用户自定义函数两大类，如图 5.1 所示。

5.1.1　标准函数

标准函数即预定义的函数，是指由 Visual Basic 语言直接提供的函数。由于这些函数所对应的运算程序被设计人员使用得非常频繁，所以 Visual Basic 语言事先已经定义好了这些函数，并提供给程序设计人员使用，程序设计人员使用时只需写上函数名和所需参数就可以了，而不用事先定义。

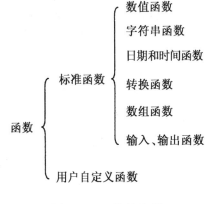

图 5.1　函数的分类

标准函数按其参数及函数值的类型可分为数值函数，字符串函数，日期和时间函数，转换函数，数组函数和输入、输出函数。下面将对一些常用的标准函数及其使用方法逐一进行介绍。

1．数值函数

（1）绝对值函数（Abs）

语法：Abs (参数)

功能：求参数的绝对值。

> **说明** ‹‹‹
>
> ① 参数是任何有效的数值表达式。
>
> ② 函数值类型和参数的类型相同。

例如：Abs(3) = 3

  Abs(-2) = 2

（2）符号函数（Sgn）

语法：Sgn (参数)

功能：求参数的正、负号。如果参数大于 0，则函数值为 1；如果参数等于 0，则函数值为 0；如果参数小于 0，则函数值为–1，如图 5.2 所示。

$$Sgn（参数）=\begin{cases} +1（当参数>0时）\\ 0（当参数=0时）\\ -1（当参数<0时）\end{cases}$$

图 5.2 Sgn（参数）

> **说明** ‹‹‹
>
> ① 参数为数值表达式。
>
> ② 函数值为 Integer 型。

例如：Sgn(+25)= 1

  Sgn(0)= 0

  Sgn(-10) =-1

（3）平方根函数（Sqr）

语法：Sqr (参数)

功能：求参数的算术平方根。

> **说明** ‹‹‹
>
> ① 参数为大于等于 0 的数值表达式。
>
> ② 函数值为 Double 型。

例如：Sqr(9) = 3

Sqr(+25) = 5

（4）指数函数（Exp）

语法：Exp (参数)

功能：求自然常数 e（约 2.718282）的幂。

说明 <<<

① 参数为数值表达式。

② 函数值为 Double 型。

例如：Exp(2)= 7.38905609893065

（5）对数函数（log）

语法：log (参数)

功能：求参数的自然对数值。

说明 <<<

① 参数为大于 0 的数值表达式。

② 函数值为 Double 型。

例如：log(2) =0.693147180559945

提示

自然对数是以自然常数 e 为底的对数，在数学上写为 ln。

如果要求以任意数 n 为底，以数值 x 为真数的对数值，可使用换底公式：

$$\log_n x = \ln(x) / \ln(n)$$

如果以 10 为底，x 的常用对数为：

$$\lg x = \ln(x) / \ln(10)$$

在将数学代数式写为 Visual Basic 表达式时，须将 ln 改写为 log。

log 函数和 Exp 函数互为反函数。

（6）正弦函数（Sin）

语法：Sin (参数)

功能：求参数的正弦值。

说明 <<<

① 参数为数值表达式，表示一个以弧度为单位的角。

② 函数值为 Double 型，取值范围在 −1 ~ 1。

例如：Sin(0)=0

Sin(3.14/2)=0.999999682973602

（7）余弦函数（Cos）

语法：Cos (参数)

功能：求参数的余弦值。

> 说明 ‹‹‹
>
> ① 参数为数值表达式，表示一个以弧度为单位的角。
>
> ② 函数值为 Double 型，取值范围为−1～1。

例如：Cos(0)=1

　　　Cos(3.14)=−0.99999873189461

（8）正切函数（Tan）

语法：Tan (参数)

功能：求参数的正切值。

> 说明 ‹‹‹
>
> ① 参数为数值表达式，表示一个以弧度为单位的角。
>
> ② 函数值为 Double 型。

例如：Tan(0)=0

　　　Tan(3.14)=−1.59255003196647E−3

（9）反正切函数（Atn）

语法：Atn (参数)

功能：求参数的反正切值。

> 说明 ‹‹‹
>
> ① 参数为任何有效的数值表达式。
>
> ② 函数值为 Double 型，表示以弧度为单位的角，范围在$-\pi/2 \sim \pi/2$弧度。
>
> ③ Atn 函数和 Tan 函数互为反三角函数。

例如：Atn(0)=0

　　　Atn(1)= 0.785398163397448

（10）取整函数（Int）

语法：Int (参数)

功能：求小于等于参数的最大整数。

> 说明 ‹‹‹
>
> ① 参数为数值表达式。
>
> ② 函数值的类型和参数的类型相同。

例如：Int(2.6) = 2

　　　Int(−2.6) =−3

（11）截取函数（Fix）

语法：Fix (参数)

功能：将参数的小数部分截去，求其整数部分。

> **说明 〈〈〈**
>
> ① 参数为数值表达式。
> ② 函数值的类型和参数的类型相同。

例如：Fix(2.6) = 2

　　　Fix(−2.6) =−2

💡 **提示**

Int 函数和 Fix 函数的比较：

Int 和 Fix 都会去掉参数的小数部分而得到一个整数。它们的不同之处在于，如果参数为负数，则 Int 返回小于或等于参数的第一个负整数，而 Fix 则会返回大于或等于参数的第一个负整数。

（12）随机函数（Rnd）

语法：Rnd (参数)

功能：求（0,1）的一个随机数。

> **说明 〈〈〈**
>
> ① 参数为大于等于 0 的数值表达式。
> ② 函数值的类型为 Single 型。
> ③ 在使用 Rnd 函数之前，一般先使用无参数的 Randomize 语句初始化随机数发生器，此时该发生器使用系统时钟的秒数作为随机数的种子。
>
> 　　例如：Randomize
>
> 　　　　　Print Rnd (0)
>
> 　　结果为：0.6244165
>
> 　　　　　　Print Rnd (0)
>
> 　　结果为：0.4056818
>
> ④ Rnd 函数后面的圆括号及参数为可选项，可以省略。
>
> 　　例如：Print Rnd
>
> 　　结果为：0.7019922
>
> ⑤ 为了生成某个范围内的随机整数，可使用公式：
>
> Int((上限−下限+1)*Rnd+下限)
>
> 　　例如：要产生 10～20 的随机整数，可使用公式：
>
> Int((20−10+1)*Rnd+10)

（13）IsNumeric 函数

语法：IsNumeric (参数)

功能：判断参数的值是否为数值型。

说明 <<<

① 参数为任何有效的表达式。

② 函数值为 Boolean 型，如果表达式的运算结果为数值型，则函数值为 True，否则函数值为 False。

例如：Dim a As Variant

   a = 10

则 IsNumeric(a) = True

若再给变量 a 赋值：

   a ="string"

则 IsNumeric(a) = False

（14）判断类型函数（VarType）

语法：VarType (参数)

功能：求参数的类型。

说明 <<<

① 参数为任何有效的表达式，表达式中可以包含除用户自定义数据类型的变量之外的任何其他类型的变量。

② 函数值为 Integer 型数值，函数值与数据类型的对应关系见表 5.1。

表 5.1　函数值与数据类型的对应关系

字 符 串	函 数 值	数 据 类 型	字 符 串	函 数 值	数 据 类 型
Empty	0	未初始化	Error	10	错误值
Null	1	无有效数据	Boolean	11	布尔值
Integer	2	整数	Variant	12	变体数组
Long	3	长整数	DataObject	13	数据访问对象
Single	4	单精度浮点数	Decimal	14	十进制数值
Double	5	双精度浮点数	Byte	17	字节型
Currency	6	货币	Array	8192	数组
Date	7	日期	Unknown		未知类型
String	8	字符串			

例如：Dim a，b

   a = 10 : b = 7.5

则，VarType(a)=2， VarType(b)=5

（15）TypeName 函数

语法：TypeName (参数)

功能：求参数的类型。

> **说明 <<<**
>
> ① 参数可以是任何有效的表达式，表达式中可以包含除用户自定义数据类型的变量之外的任何其他类型的变量。
>
> ② 函数值为一个字符串，说明表达式的类型、函数值与数据类型的对应关系见表5.1。

例如：Dim a,b

    a = 10 : b = 7.5

则，TypeName(a)= "Integer"

    TypeName(b)= "Double"

2. 字符串函数

（1）ASCII 码函数（Asc）

语法：Asc (字符串)

功能：求字符串中第一个字符的编码。

> **说明 <<<**
>
> ① 字符串参数为字符串表达式，如果字符串为空串，则会产生错误。
>
> ② 函数值为 Integer 型。

例如：Asc("ABC") = 65

    Asc("xyz") = 120

    Asc("字符串") =-10282

（2）字符函数（Chr）

语法：Chr (数值)

功能：求以数值参数为编码的字符。

> **说明 <<<**
>
> ① 数值参数为数值表达式，表示某一个字符的编码，其范围为 0～255，而在 DBCS 系统中，其范围为 -32768～65536。
>
> ② 函数值为一个字符。

例如：Chr (65) ="A"

    Chr (120) ="x"

    Chr (-10282) = "字"

> **提示**
>
> Asc 函数和 Chr 函数在字符与编码相互转换的功能上互为相反的一对函数。

（3）字符串函数（Str）

语法：Str (数值)

功能：将数值转换为字符串。

说明 <<<

① 数值参数为任何有效的数值表达式。

② 如果该数值为正，则返回的字符串中包含一个前导空格，暗示有一个正号。

③ 函数值为 String 型。

例如：Str(12345) = "12345"

　　　Str(-12345) = "-12345"

（4）数值函数（Val）

语法：Val (字符串)

功能：将字符串参数中的数字字符转换成数值型数据。

说明 <<<

① 字符串参数可以为字符串表达式。

② 当遇到第一个不能被其识别为数字的字符时，即停止转换。另外，逗号"，"和美元符号"$"，都不能被识别；空格、制表符和换行符都将从参数中去掉；当遇到字母 E 或 D 时，将其按单精度或双精度实型浮点数处理。

③ 函数值为 Double 型。

例如：Val("12345abc") = 12345

　　　Val("1615 198th Street N.E.") = 1615198

💡 **提示**

Str 函数和 Val 函数是在数值与字符串相互转换的功能上互为相反的一对函数。

（5）测字符串长度函数（Len）

语法：Len (字符串)

功能：求字符串中包含的字符个数。

说明 <<<

① 字符串参数为字符串表达式。

② 函数值为 Long 型。

例如：Len("Good Morning") = 12

　　　Len("字符串") = 3

💡 **提示**

LenB 函数与 Len 函数功能相近，只不过 LenB 函数求的是字符串的字节数，而不是字符串中字符的个数。

例如：LenB("Good Morning") = 24

LenB("字符串") = 6

（6）大写函数（Ucase）

语法：Ucase (字符串)

功能：将字符串参数中的小写英文字母转换成大写英文字母。

　① 字符串参数为字符串表达式。

　② 函数值为 String 型。

　③ 只有小写英文字母才会被转换成大写英文字母，原有大写英文字母和非英文字母字符将保持不变。

例如：UCase("Computer")="COMPUTER"

UCase("Visual Basic Welcome You！")="VISUAL BASIC WELCOME YOU！"

（7）小写函数（Lcase）

语法：Lcase (字符串)

功能：将字符串参数中的大写英文字母转换成小写英文字母。

　① 字符串参数为字符串表达式。

　② 函数值为 String 型。

　③ 只有大写英文字母才会被转换成小写英文字母，所有小写英文字母和非英文字母字符将保持不变。

例如：LCase("COMPUTER")="computer"

LCase("VISUAL BASIC WELCOME YOU！")="visual basic welcome you！"

💡 **提示**

Ucase 函数和 Lcase 函数是在大写英文字母和小写英文字母相互转换的功能上互为相反的一对函数。

（8）产生空格函数（Space）

语法：Space (数值)

功能：产生指定长度的由空格组成的字符串。

　① 数值参数为任何有效的数值表达式，表示将要产生的字符串中包含的空格数。

　② 函数值为 String 型。

例如：Space(5) = "　　　　　"

Len(Space(5)) = 5

（9）产生字符串函数（String）

语法：String (数值,字符)

功能：产生由某一指定字符组成的指定长度的字符串。

> **说明<<<**
>
> ① 数值参数为数值表达式，表示将要产生的字符串的长度。
>
> ② 字符参数可以为任何有效的数值表达式或字符串表达式，如果为数值表达式，则表示组成字符串的字符的编码；如果为字符串表达式，则其第一个字符将用于产生字符串。
>
> ③ 函数值为 String 型。

例如：String(5,ABC) ="AAAAA"

　　　String(5,66) ="BBBBB"

（10）字符串左截函数（Left）

语法：Left (字符串,长度)

功能：从字符串参数的最左边开始，截取指定长度的子字符串。

> **说明<<<**
>
> ① 字符串参数可以是任何有效的字符串表达式。
>
> ② 长度参数为数值表达式，指出函数值中包含多少个字符。如果其值为 0，则函数值是长度为零的字符串（空串）；如果其值大于或等于字符串参数中的字符个数，则函数值为整个字符串。
>
> ③ 函数值为 String 型。

例如：Left("Computer",5) = "Compu"

💡 **提示**

LeftB 函数与 Left 函数功能相近，只不过 LeftB 函数求的是字符串的字节数，而不是字符串中字符的个数。

例如：LeftB("Computer",10) = "Compu"

（11）字符串右截函数（Right）

语法：Right (字符串,长度)

功能：从字符串参数的最右边开始，截取指定长度的子字符串。

> **说明<<<**
>
> ① 字符串参数可以为字符串表达式。
>
> ② 长度参数为数值表达式，指出函数值中包含多少个字符。如果其值为 0，则函数值为空串；如果其值大于或等于字符串参数中的字符个数，则函数为整个字符串。
>
> ③ 函数值为 String 型。

例如：Right ("Computer",5) = "puter"

💡 提示

RightB 函数与 Right 函数功能相近，只不过 RightB 函数求的是字符串的字节数，而不是字符串中字符的个数。

例如：RightB("Computer",6) = "ter"

（12）字符串中间截取函数（Mid）

语法：Mid (字符串,起始位置,[长度])

功能：从指定字符串参数中指定的起始位置处开始，截取指定长度的字符串。

说明 ≪≪

① 字符串参数为字符串表达式。

② 起始位置参数可以是任何有效的数值表达式，表示开始截取字符的起始位置。如果该参数超过字符串参数中的字符个数，则函数值为空串。

③ 长度参数是可选项，可以是任何有效的数值表达式，表示要截取的字符数。如果省略该参数，则函数值将包含字符串参数中从起始位置到字符串末尾的所有字符。

例如：Mid("Computer",2,3) = "omp"

Mid("Computer",2) = "omputer"

💡 提示

MidB 函数与 Mid 函数功能相近，只不过 MidB 函数求的是字符串的字节数，而不是字符串中字符的个数。

例如：MidB("Computer",5,8) = "mput"

（13）删除字符串前导空格函数（LTrim）

语法：Ltrim (字符串)

功能：删除字符串参数中的前导空格。

说明 ≪≪

① 字符串参数为字符串表达式。

② 函数值为 String 型。

例如：Ltrim ("　BASIC　") = "BASIC　"

（14）删除字符串尾随空格函数（RTrim）

语法：Rtrim (字符串)

功能：删除字符串参数中的尾随空格。

　　① 字符串参数为字符串表达式。

　　② 函数值为 String 型。

例如：RTrim("　BASIC　") = "　BASIC"

（15）删除字符串空格函数（Trim）

语法：Trim (字符串)

功能：删除字符串参数中的前导和尾随空格。

　　① 字符串参数为字符串表达式。

　　② 函数值为 String 型。

例如：Trim("　BASIC　") = "BASIC"

💡 **提示**

　　因为将一个字符串赋值给一个定长字符串变量时，如字符串变量的长度大于字符串的长度，则用空格填充该字符串变量尾部多余的部分，所以在处理定长字符串变量时，删除空格的 Trim 函数和 RTrim 函数是非常有用的。

（16）字符串比较函数（StrComp）

语法：StrComp (字符串 1,字符串 2, [比较类型])

功能：比较字符串 1 和字符串 2 的大小。

　　① 字符串 1 和字符串 2 参数为字符串表达式。

　　② 比较类型为可选参数，指定字符串的比较类型，比较类型可以是 0、1 或 2。若指定比较类型为 0，则执行二进制数据比较，此时，英文字母区分大小写；若指定比较类型为 1，则执行文本比较，此时，英文字母不区分大小写；比较类型为 2 时执行基于数据库信息的比较，仅对 Microsoft Access 起作用。若省略该参数，则默认比较类型为 0。

　　③ 当字符串 1 小于字符串 2 时，函数值为−1；当字符串 1 等于字符串 2 时，函数值为 0；当字符串 1 大于字符串 2 时，函数值为 1。

例如：StrComp("BASIC","basic",1) = 0

　　　　StrComp("BASIC","basic",0) = −1

　　　　StrComp("basic","BASIC",0) = 1

3. 日期和时间函数

（1）Now 函数

语法：Now

功能：求当前的系统日期和系统时间。

此函数无任何参数，函数值为 Date 型。

假如当前的日期和时间为 1999 年 8 月 30 日下午 2 时 18 分，则执行：

```
Print Now
```

其结果为：1999-8-30 14:18:00

（2）日期函数（Date）

语法：Date

功能：求当前的系统日期。

此函数无任何参数，函数值为 Date 型。

假如当前的日期为 1999 年 8 月 30 日，则执行：

```
Print Date
```

其结果为：1999-8-30

（3）时间函数（Time）

语法：Time

功能：求当前的系统时间。

此函数无任何参数，函数值为 Date 型。

假如当前的时间为下午 2 时 18 分 30 秒，则执行：

```
Print Time
```

其结果为：14:18:30

（4）年份函数（Year）

语法：Year (日期)

功能：求日期参数的年份。

① 日期参数可以是任何能够表示日期的数值表达式、字符串表达式或它们的组合。

② 函数值为 Integer 型。

假如当前的日期为 1999 年 8 月 30 日，则执行：

```
Print Year(Date)
```

其结果为：1999

（5）月份函数（Month）

语法：Month (日期)

功能：求日期参数的月份。

> **说明《《《**
>
> ① 日期参数可以是任何能够表示日期的数值表达式、字符串表达式或它们的组合。
> ② 函数值为 Integer 型，其值为 1～12 的整数。

假如当前的日期为 1999 年 8 月 30 日，则执行：

```
Print Month(Date)
```

其结果为：8

（6）日函数（Day）

语法：Day (日期)

功能：求日期参数的日期。

> **说明《《《**
>
> ① 日期参数可以是任何能够表示日期的数值表达式、字符串表达式或它们的组合。
> ② 函数值为 Integer 型，其值为 1～31 的整数。

假如当前的日期为 1999 年 8 月 30 日，则执行：

```
Print Day(Date)
```

其结果为：30

（7）星期函数（Weekday）

语法：Weekday (日期)

功能：求日期参数是星期几。

> **说明《《《**
>
> ① 日期参数为能够表示日期的数值表达式、字符串表达式或它们的组合。
> ② 函数值为 Integer 型，其数值与星期的对应关系见表 5.2。

表 5.2　数值与星期的对应关系

数　值	星　期	数　值	星　期
1	星期日	5	星期四
2	星期一	6	星期五
3	星期二	7	星期六
4	星期三		

假如当前为星期一，则执行：

```
Print Weekday(Now)
```

其结果为：2

（8）小时函数（Hour）

语法：Hour (时间)

功能：求时间参数中的小时数。

> **说明 <<<**
>
> ① 时间参数可以是任何能够表示时间的数值表达式、字符串表达式或它们的组合。
>
> ② 函数值为 Integer 型，其值为 0~23 的整数。

假如当前的时间为下午 2 时 18 分 30 秒，则执行：

```
Print Hour(Now)
```

其结果为：14

（9）分钟函数（Minute）

语法：Minute (时间)

功能：求时间参数中的分钟数。

> **说明 <<<**
>
> ① 时间参数可以是任何能够表示时间的数值表达式、字符串表达式或它们的组合。
>
> ② 函数值为 Integer 型，其值为 0~59 的整数。

假如当前的时间为下午 2 时 18 分 30 秒，则执行：

```
Print Minute(Now)
```

其结果为：18

（10）秒函数（Second）

语法：Second (时间)

功能：求时间参数中的秒数。

> **说明 <<<**
>
> ① 时间参数可以是任何能够表示时间的数值表达式、字符串表达式或它们的组合。
>
> ② 函数值为 Integer 型，其值为 0~59 的整数。

假如当前的时间为下午 2 时 18 分 30 秒，则执行：

```
Print Second(Now)
```

其结果为：30

（11）DateAdd 函数

语法：DateAdd (时间单位,时间,参考日期)

功能：求参考日期加上一段时间之后的日期。

> **说明 <<<**
>
> ① 时间单位为一个字符串，表示所要加上的时间的单位，其取值及含义见表5.3。

表5.3　时间单位的取值及含义

时 间 单 位	含　义	时 间 单 位	含　义
yyyy	年	ww	周
q	季	h	时
m	月	n	分
d	日	s	秒

② 时间参数可以为任何有效的数值表达式，表示所要加上的时间，其值可以为正数（可得到未来的日期），也可以为负数（可得到过去的日期）。如果该值包含小数点，则在计算时先四舍五入，然后再求函数值。

③ 参考日期参数为 Date 型数据。

假如当前的系统日期为 1999 年 8 月 30 日，则执行：

```
Print DateAdd("m", 1, Date)
```

其结果为：1999-9-30

```
Print DateAdd("yyyy", 1, Date)
```

其结果为：2000-8-30

```
Print DateAdd("q", 1, Date)
```

其结果为：1999-11-30

（12）DateDiff 函数

语法：DateDiff(时间单位,日期1,日期2)

功能：求两个指定日期之间的间隔时间。

> **说明 《《**
>
> ① 时间单位参数同 DateAdd 函数的时间单位参数。
>
> ② 日期 1 和日期 2 为 Date 型数据，表示要计算时间间隔的两个日期。
>
> ③ 函数值为 Long 型数据。如果日期 1 比日期 2 早，则函数值为正数，否则函数值为负数。

例如：DateDiff("m",#8/30/1999#,#8/30/2000#) = 12

　　　DateDiff("m",#8/30/2000#,#8/30/1999#) = -12

（13）IsDate 函数

语法：IsDate (参数)

功能：判断参数是否可以转换成日期。

> **说明 《《**
>
> ① 参数可以是任何类型的表达式。
>
> ② 函数值为 Boolean 型。如果参数的值可转化成日期型数据，则函数值为 True，否则函数值为 False。有效日期范围随操作系统的不同而不同，在 Microsoft Windows 中，其范围为公元 100 年 1 月 1 日至公元 9999 年 12 月 31 日。

例如：IsDate(99-8-30) = False

IsDate("99-8-30") = True

4．转换函数

转换函数可将一种类型的数据转换成另一种类型的数据。常见转换函数的函数名及函数值的类型见表 5.4。

表 5.4　常见转换函数的函数名与函数值的类型

函　数　名	函数值类型	函　数　名	函数值类型
CBool	Boolean	CInt	Integer
CByte	Byte	CLng	Long
CCur	Currency	CSng	Single
CDate	Date	CVar	Variant
CDbl	Double	CStr	String

语法：函数名 (参数)

功能：将参数从一种数据类型转换成另一种数据类型。

> **说明 <<<**
>
> ① 函数名为表 5.4 中所列函数名中的任何一种。
>
> ② 参数可以是任何类型的表达式，究竟为哪种类型的表达式，需根据具体函数而定。
>
> ③ 如果转换之后的函数值超过其数据类型的范围，将发生错误。
>
> ④ 当参数为数值型，且其小数部分恰好为 0.5 时，CInt 和 CLng 函数会将它转换为最接近的偶数值。例如，将 0.5 转换为 0，将 1.5 转换为 2。
>
> ⑤ 当将一个数值型数据转换为日期型数据时，其整数部分将转换为日期，小数部分将转换为时间。

例如：

Dim A As Single,B As Long

A = 3.6: B = 10.5

CCur(A) = 3.6

CDate(B) = 1900-1-9

TypeName(CCur(A)) = Currency

TypeName(CDate(B)) = Date

5．数组函数

（1）Array 函数

语法：Array (元素列表)

功能：求一个 Variant 型数组。

① 元素列表是一个用逗号隔开的各种类型数据的列表，这些数据用于给所求 Variant 型数组的各元素赋值。如果元素列表不包含任何元素，则该函数创建一个元素个数为 0 的空数组。

② 数组元素由变量名、一对圆括号及括号中的下标组成。

③ 没有被声明为数组的 Variant 型变量也可以表示数组。除了定长字符串及用户自定义类型数据之外，Variant 变量可以表示任何类型的数组。

例如：Dim MyWeek, MyDay

　　　　MyWeek = Array("Mon","Tue","Wed","Thu","Fri","Sat","Sun")

　　　　MyDay = MyWeek(3)

第一条语句声明了两个 Variant 型变量 MyWeek 和 MyDay，第二条语句将一个数组赋给变量 MyWeek，最后一条语句将该数组的第四个元素（下标从零开始）的值 Thu 赋给另一个变量 MyDay。

（2）下界函数（LBound）

语法：Lbound (变量,[维数])

功能：求数组指定维数的最小下标。

① 变量参数为数组变量名。

② 维数是可选参数，可以是任何有效的数值表达式，表示求哪一维的下界。1 表示第一维，2 表示第二维，以此类推；如果省略该参数，则默认为 1。

③ 函数值为 Long 型数据。

例如，声明如下数组：

Dim A(1 To 100, −3 To 4)

则：LBound(A,1) = 1

　　　LBound(A,2) = −3

（3）上界函数（UBound）

语法：Ubound (变量,[维数])

功能：求数组指定维数的最大下标。

① 变量参数为数组变量名。

② 维数是可选参数，可以是任何有效的数值表达式，表示求哪一维的上界。如果省略该参数，则默认为 1。

③ 函数值为 Long 型数据。

例如，声明如下数组：

Dim A(1 To 100,−3 To 4)

则：UBound(A,1) = 100

　　　UBound(A,2) =4

💡 **提示**

UBound 函数通常与 LBound 函数一起使用，用来确定一个数组的大小。

（4）IsArray 函数

语法：IsArray (变量)

功能：判断一个变量是否为数组变量。

说明 ‹‹‹

　① 变量参数为一个变量的变量名。

　② 函数值为 Boolean 型。如果参数是数组变量，则该函数的值为 True，否则为 False。

例如：Dim A(1 To 100,−3 To 4) As Long

　　　Dim B As Integer

则：IsArray(A) = True

　　　IsArray(B) = False

5.1.2　自定义函数

当标准函数不能满足程序设计人员的实际需要时，程序设计人员可以按照一定的语法规则自己定义函数，这称为自定义函数。这类函数必须先定义，然后才能在程序中使用，关于自定义函数将在第 7 章"控制结构"的 7.4 节"过程"中详细叙述。

5.2　表达式

Visual Basic 表达式是用运算符和一对圆括号将常量、变量和函数按照一定的语法规则连接而成的有一定意义的式子。

一个独立的常量、变量或一个函数也可以被看作是一个简单的表达式。表达式无论简单还是复杂，都要按照规定的运算顺序进行运算，最后得到的结果称为表达式的值。

根据表达式中使用的运算符及表达式的值的类型，可以将表达式分为算术表达式、字符串表达式、关系表达式和逻辑表达式。

5.2.1 算术表达式

1．算术运算符

算术运算符就是在进行算术运算时所使用的运算符。

Visual Basic 中包括+、 -、 *、 /、 \、 MOD 和^七种算术运算符。其中：+、-、*、/与数学中的加、减、乘、除运算符的含义及用法基本相同。

例如：A+5*B -10

> 💡 **提示**
>
> 将一个 Date 型数据加减任何能够转化成 Date 型的其他类型的数据，其结果仍为 Date 型，表示一个日期经过一定天数之后或在一定天数之前的日期和时间。

例如：Date-12.5 = 1999-10-16 12:00:00

　　　　CDate("1999-8-30")+15 = 1999-9-14

在减法运算中，如果两个数据均为 Date 型，则结果为 Double 型，表示两个日期之间间隔的天数。

例如：CDate("1999-8-30")-CDate("1999-7-20") = 41

　　　　CDate("1999-8-30 12:00:00")-CDate("1999-7-20") = 41.5

\ 是整除运算符，其结果为两数四舍五入之后相除所得的商的整数部分。

例如：15\4=3， 20\3=6， 19.7\4.2=5

> 💡 **提示**
>
> 由于浮点运算需要转移到数值协处理器上进行，而整数运算则不需要，所以整数运算总是比浮点数运算快，因此进行除法运算时，如果不需要小数部分，最好使用整除运算符。
>
> MOD 是模除运算符，也叫作取余运算符，其结果为两数四舍五入之后相除所得的余数，其结果为整型。

例如：7 MOD 3=1， 3.5 MOD 2=0， 23.4 MOD 4.6=3

^是乘方运算符，X^3 相当于数学中的 x^3。

例如：3^2=9， 2^-2=0.25

2．算术表达式

算术表达式，又叫数值表达式。它是用算术运算符和一对圆括号将数值型的常量、变量和函数连接起来的有意义的式子，算术表达式的运算结果为数值型。

3．表达式的书写规则

Visual Basic 中的算术表达式就相当于数学中的代数式，但与数学中代数式的书写方法不同，所以应当引起特别的注意。

① 在 Visual Basic 表达式中，所有字符都必须一个接一个地并排写在同一行上，不能在右上角写次方，也不能在右下角写下标。例如，x^2 和 a_3 等都是错误的。

② 代数式中省略的乘号在书写成 Visual Basic 表达式时必须补上。例如，代数式"$2x+y$"写成 Visual Basic 表达式时应改为"2*x+y"。

③ 代数式中的分式写成 Visual Basic 表达式时要改成除式，并且不能改变原代数式的运算顺序，必要时应加上括号。例如，在将代数式"$\dfrac{x+2}{y}$"写成 Visual Basic 表达式时，若写成"x+2/y"就错了，而应写成"(x+2)/y"。

④ 所有的括号，包括花括号 {}、方括号 [ ] 和尖括号 <> 都必须用圆括号 ( ) 代替，圆括号必须成对出现，并且可嵌套使用。

⑤ 要把数学代数式中的 Visual Basic 不能表示的符号，如α、β、π 等，用 Visual Basic 可以表示的符号代替。

数学代数式和 Visual Basic 表达式的对照见表 5.5。

表 5.5　数学代数式和 Visual Basic 表达式的对照

数学代数式	Visual Basic 表达式
$3x^2+2x-\dfrac{\sin a}{5}$	3 * x ^ 2 + 2 * x – SIN(a) / 5
$\dfrac{-b+\sqrt{b^2-4ac}}{2a}$	(–b + SQR(b ^ 2 – 4 * a * c))/(2 * a)
$\dfrac{y+2}{x-4}$	(y + 2)/(x-4)
$\sqrt{\lvert\cos x\rvert}$	SQR(ABS(COS(x)))
$\sqrt[3]{a^2+b^2}$	(a ^ 2 + b ^ 2) ^ (1 / 3)

4. 表达式的运算顺序

当程序中出现一个算术表达式时，它里面的每一个变量都必须已经在前面被赋过值，否则，对于数值型变量，将自动赋 0 值参加运算。

【例 5.1】　编写如下程序。

```
Private Sub Form_Activate()
    Dim A As Integer
    Print 2 * A + 5
End Sub
```

说明 <<<

　　此程序首先在窗体的 Activate 事件过程中声明一个整型变量 A，然后使用 Print 语句显示表达式的值，由于没有给变量 A 赋值，所以此程序的执行结果为 5。

对于后面要讲的其他表达式中出现的变量，同样也都必须在该表达式出现之前被赋过值，否则，对于 String 型变量，将自动赋值空串参加运算；对于 Date 型变量，将自动赋值 1899 年 12 月 30 日 0 时 0 分 0 秒参加运算；对于 Boolean 型变量，将自动赋值 False 参加运算；对于 Variant 型变量，将自动赋值 Empty 参加运算，读者可自行验证。

在一个表达式中可以出现多个运算符，因此必须确定这些运算符的运算顺序，因为对于同一个表达式，如果运算顺序不同，所得的结果也就不同。

① 算术运算符的运算顺序如图 5.3 所示。

② 同级运算按自左至右顺序进行。

③ 括号内的运算最优先。

→乘方（^）→乘（*）、除（/）→整除（\）→模除（MOD）→加（+）、减（−）

图 5.3　算术运算符的运算顺序

【例 5.2】　表达式(−b+SQR(b^2−4*a*c))/(2*a)的运算顺序如图 5.4 所示。

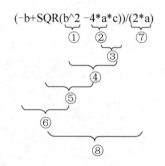

图 5.4　【例 5.2】运算顺序

5. 不同类型数据的混合运算

在一个算术表达式中，可能会包含各种不同类型的数值型数据，如"28% + 37&"，"21% * 3.6!"等，那么，它们运算的结果是什么类型呢？

Visual Basic 规定。

① 相同类型的数据进行运算时，其结果的数据类型不变。

例如，"a% + b%"的运算结果的数据类型仍为整型数据，但应注意，运算结果的数值不能超过该类型数据所表示的数值范围，否则将出现"溢出"错误。例如，"12345%*12345%"，其数值结果应为 152399025%，超过了整型数据所能表示的数值范围，故屏幕上将提示"溢出"错误。

② 不同类型的数据进行运算时，其运算结果与表示数据最精确的数据类型相同。

在加、减法运算中，数据类型的精确度由低到高的顺序是 Byte 型、Integer 型、Long 型、Single 型、Double 型、Currency 型。在乘、除法运算中，数据类型的精确度与加、减法运算中的精确度顺序略有不同：在加、减法运算中，Double 型数据的精确度低于 Currency 型的，而在乘、除法运算中 Double 型数据的精确度高于 Currency 型的。例如，整型和长整型数据在一起进行运算的，其运算结果为长整型数据；单精度型实数和双精度型实数在一起进行运算，其运算结果为双精度型实数；长整型和单精度型运算时，其结果为单精度型数据。

③ 如果运算结果的数据类型是 Variant 型，但数值超过本身子类型数据所能表示的数据的数值范围时，则自动转换成表示数据的数值范围更大的子类型。

如果运算结果的数据类型为 Variant (Byte)变体类型，但数值超过了 Byte 子类型所能表示的数据的数值范围时，则自动转换成 Variant (Integer)类型；与此相类似，如果结果为 Variant (Integer)变体类型，但数值超过 Integer 子类型所能表示的数据的数值范围时，则转换成 Variant (Long)类型。

④ 除此之外，也有一些例外情况。例如，在加法和乘法运算中，一个 Single 型数据和一个 Long 型数据相加或相乘，其结果不是 Single 型数据，而是 Double 型数据等，在此不再一一详述，请程序设计人员在实际应用过程中及时注意总结。

5.2.2 字符串表达式

1. 字符串运算符

字符串运算符就是在进行字符串运算时所使用的运算符。

Visual Basic 中有两个字符串运算符，即"+"运算符和"&"运算符，这两个运算符都是用于进行字符串连接运算的，但为了与算术运算符中的加法相区别，通常使用"&"运算符。

2. 字符串表达式

字符串表达式是用字符串运算符和圆括号将字符串常量、变量和函数连接起来的有意义的式子，它的运算结果仍为字符串。

语法：<字符串 1> & <字符串 2>

功能：将字符串 1 和字符串 2 连接起来，组成一个新的字符串。

> **说明 «**
>
> ① 字符串 1 和字符串 2 为两个字符串数据，也可以是字符串表达式。例如，"Com" & "puter" 结果为 "Computer"；"Good" & " Morning" 结果为 "Good Morning"。
>
> ② 在字符串连接之前，必须给字符串变量赋值，否则将发生错误。
>
> ③ 字符串表达式的书写规则与算术表达式的书写规则完全相同。

5.2.3 关系表达式

1. 关系运算符

关系运算符又称比较运算符，是进行比较运算所使用的运算符。

Visual Basic 中包括 >（大于）、<（小于）、=（等于）、>=（大于等于）、<=（小于等

于）和<＞（不等于）6种关系运算符。

其中大于、小于和等于运算符与数学上相应的运算符写法完全一样，另外三种运算符与数学上相应的运算符的写法虽不完全一样，但其含义是完全一样的。

2．关系表达式

用关系运算符和圆括号将两个相同类型的表达式连接起来的有意义的式子，称为关系表达式，简称关系式。

关系表达式的一般语法为：<表达式1> <关系运算符> <表达式2>

功能：先计算表达式1和表达式2，得出两个相同类型的值，然后再进行关系运算符所规定的关系运算。

说明 〈〈〈

① 关系运算符可以是上述6种关系运算符中的任意一种。

② 表达式1和表达式2是两个类型相同的表达式，可以是算术表达式，也可以是字符串表达式，还可以是另外的关系表达式等。

③ 在运算此关系表达式时，对于数值型数据，按其数值的大小进行比较；对于字符串数据，从左到右依次按其每个字符的编码值的大小进行比较，如果对应字符的编码值相同，则继续比较下一个字符，如此往复，当遇到第一个不相等的字符时即停止比较，得出最后结果，如果关系式成立，则结果为True，否则为False。

例如：3+5>15–6

这是由两个算术表达式组成的关系式。在运算时，先计算表达式"3+5"得8，再计算表达式"15–6"得9，最后判断"8>9"不成立，故其最后的运算结果为False。

又如："ABC"<="ABD"

由于前两个字符相等，所以继续比较第三个字符，因为字符"C"的编码值小于字符"D"的编码值，故其结果为True。

再如："ABC"<>"ABCDE"

由于字符串"ABC"与字符串"ABCDE"的前三个字符相等，但后者的长度大于前者，故这两个字符串不相等，其结果为True。

④ 所有比较运算符的优先顺序均相同，如果要想改变运算的先后顺序，需使用一对圆括号括起来。

⑤ 关系表达式的书写规则与算术表达式的书写规则相同。

5.2.4 逻辑表达式

1．逻辑运算符

逻辑运算符是进行逻辑运算所使用的运算符。

Visual Basic中包括Not（逻辑非）、And（逻辑与）、Or（逻辑或）及Xor（逻辑异或）4种逻辑运算符。

2．逻辑表达式

用逻辑运算符将两个关系式连接起来的有意义的式子，称为逻辑表达式。

语法 1：Not <表达式>

功能：先计算表达式的值，得出结果为真或假，然后再将其进行逻辑非运算。

语法 2：<表达式 1> {And|Or|Xor} <表达式 2>

功能：先计算表达式 1 和表达式 2 的值，然后再进行逻辑运算符所规定的逻辑运算，最后得出结果为真或假。

说明 〈〈〈

① 表达式、表达式 1 和表达式 2 为关系表达式，也可以是另外的逻辑表达式。

② 逻辑表达式的书写规则与算术表达式的书写规则相同。

③ 逻辑运算符及其真值见表 5.6，其中用 A 和 B 代表两个关系表达式的值。

表 5.6　逻辑运算符及其真值

A	B	NOT A	A AND B	A Or B	A Xor B
True	True	False	True	True	False
True	False	False	False	True	True
False	True	True	False	True	True
False	False	True	False	False	False

➤ 对于逻辑非（Not）运算，如果表达式的值为 True，则结果为 False；反之，如果表达式的值为 False，则结果为 True。

例如：NOT（3>5）= True

➤ 对于逻辑与（And）运算，如果表达式 1 和表达式 2 的值都是 True，则结果为 True；如果其中一个表达式的值是 False，则结果为 False。

例如：Dim A,B,C,D,E

　　　　A = 10：B = 8：C = 6

　　　　D = A > B And B > C

　　　　E = B > A And B > C

则变量 D 的值为 True，变量 E 的值为 False。

➤ 对于逻辑或（Or）运算，如果两个表达式中有一个为 True，则结果为 True；只有当两个表达式均为 False 时，其结果才为 False。

例如：Dim A,B,C,D,E

　　　　A = 10：B = 8：C = 6

　　　　D = A > B Or B > C

　　　　E = B > A Or B > C

则变量 D 的值为 True，变量 E 的值也为 True。

➤ 对于逻辑异或（Xor）运算，如果两个表达式的值相同，则结果为 False；如果两个表达式的值不同，则结果为 True。

例如：Dim A,B,C,D,E

```
A = 10: B = 8: C = 6
D = A > B Xor B > C
E = B > A Xor B > C
```

则变量 D 的值为 False，变量 E 的值为 True。

④ 在一个逻辑表达式中，如果出现多个不同的逻辑运算符，应首先进行逻辑非运算（Not），然后进行逻辑与（And）运算，最后进行逻辑或（Or）和逻辑异或（Xor）运算。

5.2.5 复合表达式的运算顺序

在一个表达式中可以出现多种运算符，如算术运算符、关系运算符和逻辑运算符等，这时，Visual Basic 将首先处理算术运算符，然后处理关系运算符，最后处理逻辑运算符。各种运算符的运算顺序见表 5.7。

表 5.7　各种运算符的运算顺序

算术运算符	关系运算符	逻辑运算符
指数运算 (^)	相等 (=)	Not
负数 (−)	不等 (<>)	And
乘法和除法 (*、/)	小于 (<)	Or
整数除法 (\)	大于 (>)	Xor
求模运算 (Mod)	小于相等 (<=)	
加法和减法 (+、−)	大于相等 (>=)	

（高 ↑ ... 低 ↓）

字符串连接运算符（&）的运算顺序介于算术运算符和关系运算符之间。

例如：2+5>7−3 And 3*2=6

先进行算术运算："2+5"和"7−3"，分别得 7 和 4；然后进行关系运算："7>4"的结果为 True；再进行算术运算："3*2"得 6；接着进行关系运算："6=6"的结果为 True；最后进行逻辑 And 运算，得最终结果为 True。

习题 5

1. 填空题

（1）Visual Basic 的标准函数可分为＿＿＿函数、＿＿＿＿函数、＿＿＿函数、＿＿＿函数、＿＿＿函数和＿＿＿＿＿函数。

（2）Visual Basic 的表达式可分为＿＿＿表达式、＿＿＿＿表达式、＿＿＿＿表达式和＿＿＿＿表达式。

2. 简答题

（1）什么是函数？什么是标准函数？什么是用户自定义函数？

（2）请写出下列函数的函数值，并指出其值是什么数据类型？

Abs(-5.4)	Sgn(-23)	Sqr(27)
Int(7.3)	Fix(7.3)	Exp(0)
Int(-7.3)	Fix(-7.3)	CInt(3.8)
Log(1)	VarType(8.4)	TypeName(8.4)
Asc("abc")	Chr(66)	Len("程序设计")
Val(X201)	DateDiff("d",5.2,2.3)	IsDate(25.2)

（3）什么是 Visual Basic 表达式？

（4）算术运算符包括哪些？它们的运算顺序是怎样的？关系运算符和逻辑运算符呢？

（5）将下列数学代数式转化为 Visual Basic 表达式。

$x + y^2$
$\qquad$ lgsin$x$
$\qquad$ e^{x+1}

$2\sin^2(x+y)$
$\qquad$ $\dfrac{x+3}{y-5}$
$\qquad$ $\sqrt{|\sin x|}$

$\dfrac{(2\sin\dfrac{\pi}{4})^2}{e^2\ln 5}$
$\qquad$ $G \cdot \dfrac{m1 \cdot m2}{r^2}$
$\qquad$ $\sqrt[3]{A^2+B^2}$

（6）将下列 Visual Basic 表达式转化为数学代数式。

a * x ^ 2 + b * x + c

Sqr(s * (s-a) * (s-b)*(s-c))

5 * Abs(6 ^ 3 / 2) + 4

Sin(2 * Int(7-Sqr(Exp(2) / 3 * 2)))

Log(Abs(Exp(5) / 2))

（7）计算下列表达式的值，并指出其值是什么数据类型。

(5 + 6 * 2) / 3

Abs(-12) + 24

"How do" & "you do!"

3 * 4 <= 24 / 3

Int(28.2 + 12.5) > Fix(42.35-Abs(-2))

((10 < 8) And (10 > 8)) Or ((5 >= 4) Xor (-3 <-2))

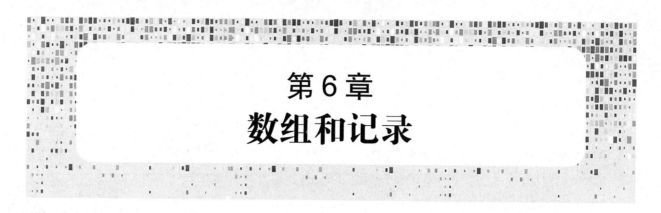

第 6 章
数组和记录

 **本章要点**

本章主要讲解数组和记录的概念、分类，数组的声明，记录的定义，以及数组和记录的使用方法。

 **学习目标**

1. 了解数组和记录的概念、分类。
2. 理解数组和记录的功能。
3. 掌握数组和记录的定义、声明及使用方法。

6.1 数组的概念

Visual Basic 中的数组和数学中的数组的概念基本类似，都是由一批互相联系的、有一定顺序的数据组成的集合。与数学中的数组不同的是，Visual Basic 中的数组必须先声明，然后才能在程序中使用。有了数组，就可以用一个相同的变量名来表示一系列数据，并用一个序号（相当于下标）来区分它们。使用数组可以大大缩短和简化用户的应用程序，并使程序的可读性更强。

一个数组中的所有数据被称为该数组的数组元素。一般情况下数组元素应具有相同的数据类型，当然，当数组元素的数据类型为 Variant 时，各个数组元素也可以包含不同类型的数据，如数值型、字符串型等。数值型既可以是整型，也可以是长整型；字符串型既可以是定长字符串，也可以是变长字符串等。

在 Visual Basic 中，根据数组占用内存的不同方式，可以将数组分为常规数组和动态数组两种类型。

6.2 常规数组

常规数组是大小固定的数组。常规数组中包含的数组元素的个数和大小都不变，所以它占有的存储空间将保持不变。

6.2.1 常规数组的声明

语法：

{Dim|Static|Public|Global|Private}<数组名>[类型说明符]（[下界] To 上界[,[下界] To 上界] [,..]）[As < 类型说明词 >]

功能：声明常规数组的数组名、维数、上下界及其类型。

> **说明 <<<**
>
> ① 数组的命名与变量的命名所遵循的规则完全相同。
>
> ② 声明数组时，在数组名之后有一个用圆括号括起来的上界和下界。上、下界均不得超过 Long 型数据可表示的数值范围（–2147483648～2147483647），数组元素的下标在其上、下界内是连续的。
>
> 例如：Dim Count(1 To 15) As Integer
>
> Dim Sum&(10 To 20)
>
> 其中，第一个语句声明了一个名为 Count 的整型数组，它有 15 个元素，其序号为 1～15。第二个语句声明了一个名为 Sum 的长整型数组，它有 11 个元素，其序号为 10～20。
>
> ③ 与变量类似，数组也有作用域，也遵循与变量声明相同的规则，即全局数组应在模块的声明段使用 Public 或 Global 关键字进行声明；模块级数组应在模块的声明段使用 Private 或 Dim 关键字进行声明；局部数组应在过程内部使用 Dim 或 Static 关键字进行声明。
>
> ④ 声明数组时，其下界可以省略。当省略下界时，其默认下界为 0。
>
> 例如：Dim Count(15) As Integer
>
> 声明一个名为 Count 的数组，其序号为 0～15，共 16 个元素。

默认数组下界从 0 开始，符合西方人的习惯，因为西方人计数常从 0 开始，而对于东方人则不太习惯，东方人更希望数组下界从 1 开始，这时可以使用 Option Base 语句。

语法：Option Base 1

功能：声明数组下标的默认下界为 1。

> **说明 <<<**
>
> ① 此语句必须在模块顶部的声明中使用，必须位于所有数组声明语句之前，且只影响该语句所在模块中数组的下界。
>
> ② 一个模块中只能出现一次 Option Base 语句。
>
> ③ Option Base 语句对 Array 函数不起作用，使用 Array 函数所创建的数组下标的下界始终为 0。

【例 6.1】 编写如图 6.1 所示程序。

此程序的运行结果为：

2
3

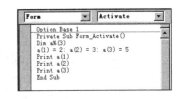

图 6.1 【例 6.1】程序

5

> **说明** <<<
>
> 在此程序中，由于在模块的声明部分使用了 Option Base 语句，所以在此模块中声明的数组下标的下界被默认为1。

6.2.2 多维数组

具有两个或两个以上序号的数组被称为多维数组。例如，如果需要描述平面上或空间中某一点的坐标，或者描述全班 50 名同学中每名同学全部 6 门课程的成绩等问题，为了方便对数据的处理，这时就可以使用多维数组来存储数据。

例如：

Dim Matri(1 To 10,1 To 10) As Double

> **说明** <<<
>
> 该语句声明了一个名为 Matri 的二维数组，其两个序号的范围均为 1～10，共有 10×10 个数组元素。

同一维数组一样，当省略下界时，其默认下界为0。

例如：

Dim Matri(9,9) As Double

> **说明** <<<
>
> 该语句同样声明了一个名为 Matri 的二维数组，也同样有 10×10 个数组元素，所不同的是，其两个序号的范围为 0～9，而不是 1～10。

同样也可以声明二维以上的数组。

例如：

Dim Multi(3,1 To 10,1 To 15)

> **说明** <<<
>
> 此语句声明了一个名为 Multi 的三维数组，其数组元素总数为三个维数大小的乘积（ 4×10×15），总共 600 个数组元素。

💡 **提示**

在增加数组的维数时，数组元素的个数会大幅度增加，其所占的存储空间随即也会急剧增大，因此在程序中使用多维数组时千万要慎重，能不用尽量不用。

6.2.3 数组数据的输入和输出

因为数组元素下标的顺序在其上、下界的范围内是连续的，所以可以使用循环语句来

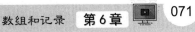

控制数组数据的输入和输出。

【例6.2】

```
Private Sub Form_Activate()
    Dim Count(1 To 15) As Integer
    Dim I As Integer
    For I = 1 To 15
        Count(I) = I * 10
    Next I
    For I = 1 To 15
        Print Count(I)
    Next I
End Sub
```

此程序的运行结果为：

```
10
20
30
40
·
·
·
```

说明 <<<

此程序在窗体的 Activate 事件过程中声明了一个名为 Count 的一维整型数组，然后又声明了一个整型变量作为该数组的序号，随后使用 For 循环语句为该数组的所有数组元素赋值，最后将其值全部显示出来。

如果要处理的数组是多维数组，则必须使用循环嵌套，即循环内套循环，对该数组进行输入、输出处理。

【例6.3】

```
Private Sub Form_Activate()
    Dim I As Integer, J As Integer
    Dim Matri&(1 To 10, 1 To 10)
For I = 1 To 10
        For J = 1 To 10
            Matri(I, J) = I * 10 + J
        Next J
    Next I
    For I = 1 To 10
        For J = 1 To 10
            Print Matri(I, J)
        Next J
    Next I
End Sub
```

此程序的运行结果为：

```
11
```

```
12
13
 .
 .
 .
```

在此程序中，因声明的数组 Matri 是二维数组，所以必须使用两层 For 循环语句嵌套起来为 Matri 数组中的每个数组元素赋值，并将其值全部显示出来。

6.2.4　包含其他数组的数组

在程序设计过程中，一个数组中可以包含其他已声明的数组，被包含的数组的类型可以相同也可以不同；如果不同，则必须将此数组声明为 Variant 数据类型。

【例 6.4】　声明一个 Variant 数组，它有两个数组元素，一个为整数类型，另一个为字符串类型，且每一个数组元素又都分别是一个数组。

```vb
Private Sub Form_Activate()
    Dim count1(5) As Integer
    Dim I As Integer
    For I = 0 To 5
        count1(I) = I
    Next I
    Dim count2(5) As String
    For I = 0 To 5
        count2(I) = "hello"
    Next I
    Dim arr(1 To 2) As Variant
    arr(1) = count1()
    arr(2) = count2()
    For I = 1 To 5
            Print arr(1)(I)
        Next I
        For I = 1 To 5
            Print arr(2)(I)
        Next I
End Sub
```

此程序的运行结果为：

```
1
2
3
4
5
hello
hello
hello
hello
hello
```

此程序首先在窗体的 Activate 事件过程中分别定义了数组 count1 和 count2，数组类型分别为整型和字符串型，然后使用 For 循环语句分别为两个数组的数组元素赋值，接着又定义了一个有两个数组元素的 Variant 数组 arr，并将前面定义的数组 count1 和 count2 赋给数组 arr，最后使用两个 For 循环语句将数组 arr 的所有数组元素的值显示出来。

 提示

因为 arr 数组的数组元素也是数组，所以 arr 数组的第一个数组元素中的第 1 个数组元素用 arr(1)(I)表示。

 ## 6.3 动态数组

在对数组进行声明时，其大小是个很难控制和预见的问题。在对常规数组进行声明时，为了满足实际需要，应将其声明得尽可能大一些。但是，如果数组声明得太大，将会占用大量的内存，很容易导致程序的运行速度减慢，甚至将导致用户的应用程序根本无法运行；而如果数组声明得太小，就有可能无法满足程序的需要。为解决这一矛盾，常常希望在程序运行过程中，能够随时调整数组的大小，从而既可以满足实际需要，又不至于造成内存空间的浪费，这时就需要使用动态数组。

在 Visual Basic 中，动态数组的使用非常方便，并有助于节省内存，从而加快应用程序的运行速度。当程序需要时，可以声明一个比较大的数组，然后在不使用这个数组时，再将该数组占用的内存空间部分或全部释放出来。

6.3.1 动态数组的声明

在声明数组时，在数组名的后面附加一个空的维数表，即可将数组声明为动态数组。

语法：{Dim|Static|Public|Private}<数组名>[类型说明符]( )As [<类型说明词>]

功能：声明动态数组的数组名及其类型。

声明动态数组与声明常规数组所遵循的规则完全一样。

例如：

```
Dim DynArray() As Integer
```

此语句声明一个整型的动态数组。

```
Private Dyncount&()
```

此语句声明一个长整型动态数组。

6.3.2 为动态数组分配实际可用空间

语法：ReDim [Preserve] <数组名>（[下界] To 上界[,[下界] To 上界][,...]）

功能：声明动态数组的维数和上、下界范围，为动态数组分配实际可用空间。

说明 <<<

① ReDim 语句只能出现在过程中。

② 对于每一维数，ReDim 语句能够改变其上、下界，进而达到改变数组元素个数的目的，但是数组的维数不能改变。

例如：ReDim DynArray (4 To 12)

【例6.5】

```
Option Base 1
    Private Sub Form_Activate()
    Dim M() As Integer
    ReDim M(5)
    Dim I As Integer
    For I = 1 To 5
        M(I) = InputBox("请输入数组元素的值")
    Next
    Print UBound(M, 1), LBound(M, 1)
    For I = 1 To 5
        Print M(I);
    Next
    Print
    ReDim M(3)
    Print UBound(M, 1), LBound(M, 1)
    For I = 1 To 3
        Print M(I);
    Next
End Sub
```

如果给数组元素分别赋值为1、2、3、4、5，则此程序的运行结果为：

```
5           1
1 2 3 4 5
3           1
0 0 0
```

说明 <<<

此程序在窗体的 Activate 事件中声明一动态整型数组 M，随后确定其大小为 5 个数组元素，接着使用 InputBox 函数通过键盘为其所有元素赋值，并显示其下标的上界、下界和所有元素的值，然后改变此动态数组的大小为 3 个数组元素，并显示其下标的上界、下界和所有元素的值。

可以看到，第一条 Print 语句后面的两个数据之间用的是逗号，所以按固定格式输出，并且该语句的最后一个数据后面没有任何标点符号，所以执行完该语句之后自动换行，下一条 Print 语句的输出结果从下一行输出；第二条 Print 语句的数据后面用的是分号，所以按紧凑格式输出，且输出完一个数据之后并不换行，下一个数据从本行紧接着连续输出；第三条 Print 语句后面没有任何数据，目的是输出一个空行，使第四条 Print 语句后面的数据另起一行，从下一行输出；第四条 Print 语句仍然是固定格式输出；第五条 Print 语句仍然是紧凑格式输出。

6.3.3 保留动态数组中的数据

从例 6.5 中可以看到，ReDim 语句可多次执行，以便随时调整数组的大小，但每次执行 ReDim 语句时，当前存储在数组中的数据就会全部丢失。此时对于数值型数组，Visual Basic 将其数组元素的值全部置为 0；对于字符串型数组，Visual Basic 将其数组元素的值全部置为空串，所以例 6.5 最后显示的动态数组 M 的所有元素的值均为 0。

但是有时希望在调整数组大小时，不丢失数组中的原有数据。为了达到此目的，在为动态数组分配实际空间时必须使用带有 Preserve 关键字的 ReDim 语句。

例如：

```
ReDim Preserve DynArray(20)
ReDim Preserve DynArray(UBound(DynArray) + 1)
```

说明 〈〈〈

第一条语句将动态数组 DynArray 的上界改为 20；第二条语句使用 Ubound 函数使动态数组 DynArray 的上界加 1，从而增加一个数组元素，而原有数组元素的值并未丢失。

使用带有 Preserve 关键字的 ReDim 语句，虽然不丢失数组中的原有数据，但此时只能改变数组中最后一维的上界，而不能改变最后一维的下界，更不能改变其他维的上界、下界及数组的维数。如果改变了其他维的上、下界或最后一维的下界，程序在运行时将会出错。

例如：

```
ReDim Preserve Matrix(UBound(Matrix, 1) + 1, 10)
```

此语句是错误的，因为它改变了第一维的上界。

而语句：

```
ReDim Preserve Matrix(10, UBound(Matrix, 2) + 1)
```

是正确的，因为它改变的是最后一维的上界。

【例 6.6】 将例 6.5 中的第二条 ReDim 语句加上 Preserve 关键字，使其成为：

```
ReDim Preserve M(3)
```

则上面程序的运行结果为：

```
5             1
1  2  3  4  5
3             1
```

1　2　3

> **说明**《《《
>
> 可以看到，由于在 ReDim 语句中加上了 Preserve 关键字，所以在调整动态数组 M 的大小时，此数组中原有的数据并未丢失。

6.4　记录类型

一般情况下，数组中各个数组元素的数据类型应该是相同的，而在实际工作和生活中，所要描述的对象往往由若干互相联系的、不同类型的数据项组合而成。虽然可以通过将数组声明为 Variant 型使各个数组元素存放不同类型的数据，但这样将会大大降低应用程序的运行速度。为了解决这一矛盾，可以将这些描述同一对象的数据声明为用户自定义数据类型。

用户自定义数据类型，又叫作记录数据类型，简称记录类型，是指当基本数据类型不能满足实际需要时，由程序设计人员在应用程序中以基本数据类型为基础，并按照一定的语法规则定义而成的数据类型。

 提示

用户自定义数据类型必须先定义，然后才可以像基本数据类型那样在程序中使用。

6.4.1　记录类型的定义

语法：

```
{Public|Private}Type <记录名>
    <数据项> As <类型>
        ⋮
End Type
```

功能：声明记录类型数据。

> **说明**《《《
>
> ① 关键字 Type 表示记录类型定义的开始，End Type 表示记录类型定义的结束，两者必须成对出现，缺一不可。
>
> ② 关键字 Private 表示声明模块级记录类型，关键字 Public 表示声明全局记录类型，不能声明过程级记录类型。
>
> ③ 记录名是程序设计人员所要定义的记录类型的名称，其命名规则与变量名的命名规则完全相同。
>
> ④ 数据项是记录中所包含的数据的名称，其命名规则也与变量名的命名规则完全相同。

⑤ 类型用来说明记录中数据项的数据类型，它是基本数据类型的类型说明词（如 Inetger、Long 等），或者是其他已定义的记录数据类型的名称。

⑥ 该语句必须置于模块的声明部分，而不能置于过程内部。

【例 6.7】 声明一个关于学生情况的记录类型，该记录类型中包括学生的学号、姓名、性别、年龄和入学成绩 5 个数据项。

```
Private Type Student
    Num As String * 2
    Name As String * 6
    Sex As String *2
    Age As Integer
    Score As Single
End Type
```

说明 ‹‹‹

其中的 Student 是该记录类型的名称，Num、Name、Sex、Age 和 Score 是该记录类型中的 5 个数据项的名称，它们分别是字符串型、整型和单精度实型数据中的一种。

【例 6.8】 声明一个有关计算机系统信息的记录类型。

```
Public Type SystemInfo
    CPU As Variant
    Memory As Long
    VideoColors As Integer
    Cost As Currency
    PurchaseDate As Date
End Type
```

说明 ‹‹‹

其中 SystemInfo 是记录名，该记录类型中含有 CPU、Memory、VideoColors、Cost 和 PurchaseDate 共 5 个数据项，它们分别是变体型、长整型、整型、货币型和日期型。

6.4.2 记录类型的使用

1. 用户自定义数据类型变量的声明

经过定义的记录类型可以像基本数据类型一样使用，将变量声明为这种记录类型的方法与将变量声明为基本数据类型的方法基本类似，但要注意声明语句所在的位置略有不同：不能在窗体模块和类模块中声明全局型的记录类型变量，全局型的记录类型变量必须在标准模块中进行声明。

表 6.1 说明了可以在什么地方声明记录数据类型，可以在什么地方声明该类型的变量及其记录数据类型和该类型变量的作用域。

表6.1　记录数据类型及其变量与作用域的关系

过程/模块	记录类型的作用域	记录类型变量的作用域
过程	—	局部
窗体模块	该模块	该模块
类模块	该模块	该模块
标准模块	全局或该模块	全局或该模块

说明 ‹‹‹

　　从表中可以看出，Type 语句只能在模块中使用，不能在过程内部声明记录类型。而且在窗体模块和类模块中声明的记录类型的作用域，只能是该模块，而不能是整个应用程序。在标准模块声明的记录类型的作用域，既可以是该模块，也可以是整个应用程序，这根据所使用的关键字而定。

例如：Dim Stud As Student

说明 ‹‹‹

　　此语句将变量 Stud 说明为 Student 记录类型，当然 Student 记录类型在此语句之前必须已被定义。

2．记录类型变量的使用

当一个变量被说明为记录类型后，就可以在程序中使用该变量及该变量中任一数据项中的数据了。

语法：<记录类型变量名>.<数据项>

例如：Stud.Name = "张伟"

【例6.9】　编写如图 6.2 所示程序。

此程序的运行结果为：

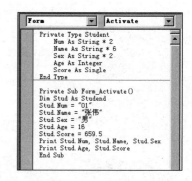

图6.2　例 6.9 程序

```
01          张伟          男
16          659.5
```

说明 ‹‹‹

　　此程序首先在窗体模块的说明部分定义了一个模块级记录数据类型 Student，然后在窗体的 Activate 事件过程中将变量 Stud 声明为该记录类型，接下来给变量 Stud 的各个数据项赋值，最后将变量 Stud 的各个数据项的值显示出来。

3．记录数组

数组也可以被声明为记录类型，声明语句所在位置同将变量声明为记录类型所在位置相同。如果一个数组中各元素的数据类型均为记录类型，则称此数组为记录数组。

例如：

```
Dim Stud(1 TO 50) As Student
```

　　此语句将一个包含 50 个元素的数组 Stud 声明为 Student 记录类型，当然 Student 记录类型必须在此之前已被声明。

记录数组元素的使用方法与记录变量的使用方法类似。

语法：<记录数组的元素名>.<数据项>

【例6.10】

```
Private Type Student
    Num As String * 2
    Name As String * 6
    Age As Integer
    Score As Single
End Type
Private Sub Form_Activate()
    Dim Stud(1 To 50) As Student
    Dim I As Integer
    For I = 1 To 50
        Print "第"; I; "名学生"
        Stud(I).Num = InputBox("请输入学号:")
        Stud(I).Name = InputBox("请输入姓名:")
        Stud(I).Age = InputBox("请输入年龄:")
        Stud(I).Score = InputBox("请输入成绩:")
    Next I
    Print "学号", "姓名", "年龄", "学习成绩"
    For I = 1 To 50
        Print Stud(I).Num, Stud(I).Name, Stud(I).Age, Stud(I).Score
    Next I
End Sub
```

下面是该程序的运行结果：

学号	姓名	年龄	学习成绩
01	张伟	15	72
05	李丽	16	85
10	孙胜	15	90
. . .			

　　此程序首先定义一个记录类型 Student，然后将一个包含 50 个元素的数组 Stud 声明为该记录类型，接下来在 For 循环语句中使用 InputBox 函数给该数组的所有元素的各个数据项赋值，最后使用 For 循环语句将该数组的各个元素的各个数据项的值显示出来。

 **习题** 6

1．填空题

（1）根据占用内存方式的不同，可将数组分为_____和_____两种类型。

（2）数组元素下标的下界默认为是_____，如要想改变其默认值，应使用_____语句。

2．简答题

（1）什么是数组？什么是数组元素？

（2）数组数据的输入和输出常使用什么语句进行控制？

（3）使用动态数组有什么优点？

（4）要想保留动态数组中的数据应使用什么关键字？此时能改变最后一维的上、下界吗？能改变其他维的上、下界吗？能改变数组的维数吗？如不保留动态数组中的数据，能改变最后一维的上、下界吗？能改变其他维的上、下界吗？能改变数组的维数吗？

（5）什么是用户自定义数据类型？用户自定义数据类型又叫作什么数据类型？可以在过程内部定义用户自定义数据类型吗？

（6）全局型的用户自定义类型数据和用户自定义类型数据的变量分别应在什么地方声明？

3．编程题

（1）声明一个有 20 个元素的一维数组 A，使用 InputBox 函数为其所有元素赋值，然后将其所有元素的值及其下标显示出来。

（2）定义一个描述教师情况的用户自定义类型数据 Teacher，其中包括姓名、年龄、学科、工作年限和基本工资 5 个数据项，然后在窗体的 Activate 事件中将一包含 20 名教师的数组 T 声明为此记录类型，接着使用 InputBox 函数给数组 T 中的每个数组元素的各个数据项赋值，最后将其值全部显示到屏幕上。

第 7 章
控 制 结 构

本章要点

本章主要讲解各种控制结构的含义和使用的语句，过程的概念、分类、定义及调用方法。

学习目标

1. 了解各种控制结构的含义及过程的概念和分类。
2. 理解各种控制结构所使用的语句的功能，函数过程和子程序过程的定义、调用方式。
3. 掌握各种控制结构、函数过程和子程序过程的使用方法。

Visual Basic 中的程序按其语句代码执行的先后顺序，可分为顺序程序结构、条件判断结构和循环程序结构。前面学习的程序都是顺序执行的，即按照语句代码书写的先后顺序从前往后依次执行，这种程序结构属于顺序程序结构，它是最简单的一种程序结构。

 ## 7.1 条件判断结构

在解决一些实际问题时，往往需要计算机按照给定的条件进行分析和判断，然后根据判断结果的不同情况，执行程序中的不同程序代码，这就需要使用条件判断结构。

条件判断结构也叫分支结构或选择结构，它有多种形式，分别使用不同的语句。如果判断结构比较简单，只有两个分支，这时就可以使用 If...Then...Else 语句。

7.1.1 If...Then...Else 语句

If...Then...Else 语句有单行式和区块式两种形式。

1. 单行式

语法：

```
If 条件表达式 Then 语句 1 [Else 语句 2]
```

功能：当条件表达式成立时，执行关键字 Then 后面的语句 1，否则执行关键字 Else 后面的语句 2。

① If...Then...Else 是关键字，其中文含义是：如果……那么……否则。

② 条件表达式可以是任何运算结果为逻辑型数据的关系表达式或逻辑表达式，如果表达式的值为 True，则表示条件成立；反之，如果表达式的值为 False，则表示条件不成立。例如：

If Score >= 60 Then Print "及格" Else Print "不及格"

此外，条件表达式也可以是数值表达式，此时，如果表达式的值为零，则表示条件不成立；反之，如果表达式的值为其他任何非零值，则表示条件成立。

③ 关键字 Else 及其后面的语句 2 是可选项，可有可无，需根据实际情况而定。

④ 如果关键字 Then 或 Else 后面有两条或两条以上的语句时，必须在语句之间使用冒号 "："将各语句隔开。例如：

If Score >= 60 Then Str1="及格"：Print Str1

【例 7.1】

```
Private Sub Form_Activate()
    Dim Score As Single
    Score = InputBox("请输入分数：")
    If Score >= 60 Then Str1="及格" Else Print "不及格"
End Sub
```

此程序首先声明了一个表示学生学习成绩的单精度实型变量 Score，接着使用 InputBox 函数为其赋值，然后使用 If...Then...Else 语句进行判断，并将判断的结果显示出来。

执行此程序时，首先出现如图 7.1 所示的输入窗口。

如果输入的分数是 60 分（包括 60 分）以上，单击"确定"按钮，则在输出窗口显示"及格"；如果输入的分数是 60 分以下，则在输出窗口显示"不及格"。

使用单行式 If...Then...Else 语句，如果关键字 Then 或 Else 后面需要执行的语句比较多时，程序就变得难以阅读理解，如果要克服这个缺点，可以使用区块式的 If...Then...Else 语句。

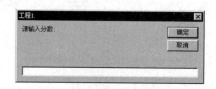

图 7.1 　【例 7.1】的输入窗口

2. 区块式

语法：

```
If 条件表达式 Then
    语句序列 1
[Else
    语句序列 2]
End If
```

功能：当条件表达式成立时，执行关键字 Then 后面的语句序列 1，否则，执行关键字 Else 后面的语句序列 2。无论执行的是语句序列 1 还是语句序列 2，执行完以后都要执行 End If 后面的语句。

说明 <<<

　　① 条件表达式的要求及含义与单行式 If...Then...Else 语句完全相同。

　　② 语句序列 1 和语句序列 2 由一条或多条语句组成。

　　③ 关键字 Else 及其后面的语句序列 2 是可选项，可有可无，需根据实际情况而定。

　　④ 关键字 If...Then 和关键字 End If 必须成对使用，两者缺一不可。

　　⑤ 在编程的习惯上，常把夹在关键字 If、Then 和 Else 之间的语句序列以缩排的方式排列，这样会使程序更容易阅读理解。

【例 7.2】 将例 7.1 中的单行式 If...Then...Else 语句改写为区块式的 If...Then...Else 语句。

```
Private Sub Form_Activate()
    Dim Score As Single
    Score = InputBox("请输入分数:")
    If Score >= 60 Then
        Print "及格"
    Else
        Print "不及格"
    End If
End Sub
```

7.1.2　If...Then...ElseIf 语句

无论是单行式的 If...Then...Else 语句，还是区块式的 If...Then...Else 语句，都只有一个条件表达式，都只能根据一个条件表达式进行判断，因此最多只能产生两个分支。如果程序需要根据多个条件表达式进行判断，从而产生多个分支时，就需要使用 If...Then...ElseIf 语句。

语法：

```
If 条件表达式1 Then
    语句序列1
[ElseIf 条件表达式2 Then
    语句序列2]
        ·
        ·
        ·
[Else
    语句序列n+1]
End If
```

功能：首先测试条件表达式 1，如果其值为 True，则执行语句序列 1，然后跳过关键字

ElseIf 至 End If 之间的语句，而执行关键字 End If 后面的语句；反之，如果条件表达式 1 的值为 False，则测试条件表达式 2，以此类推，直到找到一个值为 True 的条件表达式，并执行其后面的语句序列，然后接着执行 End If 后面的语句；如果条件表达式的值都不是 True，则执行关键字 Else 后面的语句序列 n+1，然后接着执行 End If 后面的语句。

说明 ◀◀◀

① 条件表达式和语句序列的要求及功能与 If...Then...Else 语句完全相同。

② 语法中的

"ElseIf 条件表达式 Then

语句序列"

子语句既可以只有一个，也可以有任意多个，还可以一个都没有。如果省略了该子语句，则 If...Then...ElseIf 语句就转化成了 If...Then...Else 语句，所以 If...Then...Else 语句只是 If...Then...ElseIf 语句的一个特例。

③ 语法中的关键字 Else 及其后面的语句序列是可选项，既可以有，也可以没有，需根据实际情况而定。

【例 7.3】

```
Private Sub Form_Activate()
    Dim Score As Single
    Score = InputBox("请输入成绩:")
    If Score >= 90 Then
        Print "优"
    ElseIf Score >= 80 Then
        Print "良"
    ElseIf Score >= 60 Then
        Print "可"
    Else
        Print "差"
    End If
End Sub
```

说明 ◀◀◀

此程序使用 If...Then...ElseIf 语句判断学生的学习成绩，如果学习成绩大于等于 90 分，则显示"优"；如果学习成绩小于 90 分而大于等于 80 分，则显示"良"；如学习成绩小于 80 分而大于等于 60 分，则显示"可"；如果学习成绩小于 60 分，则显示"差"。

7.1.3 Select Case 语句

If...Then...ElseIf 语句可以包含多个 ElseIf 子语句，这些 ElseIf 子语句中的条件表达式一般情况下是不同的。但是当每个 ElseIf 子语句后面的条件表达式都相同，而条件表达式的值并不相同时，使用 If...Then...ElseIf 语句编写程序就显得很烦琐，在这种情况下可以使用 Select Case 语句。

语法：

```
Select Case 表达式
    [Case 取值1
        语句序列1]
    [Case 取值2
        语句序列2]
        ⋮
    [Case Else
        语句序列n+1]
End Select
```

功能：先计算表达式，然后将表达式的值依次与语法中的每个 Case 关键字后面的取值进行比较，如果相等，就执行该 Case 后面的语句序列；如果不相等，则执行 Case Else 子语句后面的语句序列。无论执行的是哪一个语句序列，执行完后都要接着执行关键字 End Select 后面的语句。

说明 ‹‹‹

① 表达式可以是任何数值表达式或字符串表达式。

② 每一个 Case 后面的取值都是表达式可能取得的结果，其取值的格式有以下 3 种。

➤ 数值型或字符串型常量值。

➤ 数值或字符串区间。

➤ Is 表达式：这种方法适用于取值为含有关系运算符的式子，在实际输入时，加或不加 Is 都可以，光标一旦离开该行，Visual Basic 会自动将它加上。例如：

Case 1 To 9, 11, 25, Is > MaxNum

其中，数值 11 和数值 25 是数值型常量，1 To 9 为数值区间，Is > MaxNum 为 Is 表达式。

③ 如果不止一个 Case 后面的取值与表达式相匹配,则只执行第一个与表达式匹配的 Case 后面的语句序列。

④ Case Else 子语句为可选项，既可以有，也可以没有，需根据实际情况而定。

⑤ 关键字 Select Case 与关键字 End Select 必须成对出现，二者缺一不可。

【例7.4】 将例 7.3 中的 If...Then...ElseIf 语句改写为 Select Case 语句。

```
Private Sub Form_Activate()
    Dim Score As Single
    Score = InputBox("请输入成绩:")
    Select Case Score
        Case Is >= 90
            Print "优"
        Case Is >= 80
            Print "良"
        Case Is >= 60
            Print "可"
```

```
        Case Else
            Print "差"
    End Select
End Sub
```

在此程序中，表达式为一数值型变量，可看作一个最简单的数值表达式；关键字 Case 后面的取值为 Is 表达式。

7.2　循环程序结构

在条件判断结构中，虽然可以产生多个分支，但每个分支中的语句或语句序列只能执行一次，然而在解决实际问题时，常常需要重复某些相同的操作，即对某一语句或语句序列重复执行多次，如果要解决此类问题，就要用到循环程序（Loop）结构。

7.2.1　For...Next 语句

语法：

```
For 计数变量 = 初值 To 终值 [Step 增量值]
    语句序列        ⎫
    [Exit For]     ⎬  循环体
    语句序列        ⎭
Next [计数变量]
```

功能：重复执行 For 语句和 Next 语句之间的语句序列。

循环语句的执行过程。

① 计数变量取初值。

② 若增量值为正，则测试计数变量的值是否大于终值，若大于终值，则退出循环；若增量值为负，则测试计数变量的值是否小于终值，若小于终值，则退出循环。

③ 执行语句序列。

④ 计数变量加上增量值，即计数变量 = 计数变量 + 增量值。

重复过程②到过程④。

① For...To...Step...Next 是关键字，其中文含义是"对于计数变量，每取得初值到终值范围内的一个值，自动执行关键字 For 和 Next 之间的语句序列一次，然后计数变量的值自动加上增量值作为新的计数变量值，直到计数变量的值超过终值为止"。这里的"超过"是指沿变化的方向超过终值，当增量值为正时，循环变量变化的方向是由小到大，此时的"超过"就意味着大于；反之，当增量值为负时，循环变量变化的方向是由大到小，此时的"超过"就意味着小于。

② 计数变量、初值、终值和增量值都是数值型的常量或变量，但不能是数组的数组元素。其中，增量值可正可负，如果增量值为正，则终值必须大于等于初值，否则不能执行循环体内的语句序列；如果增量值为负，则终值必须小于等于初值，否则不能执行循环体内的语句序列；如果没有关键字 Step 和其后的增量值选择项，则默认增量值为 1。

③ 可以在循环中的任意位置放置任意个 Exit For 子语句，以便随时退出循环，而转去执行关键字 Next 之后的语句。Exit For 子语句通常放在条件判断语句之后使用。

④ 关键字 Next 后面的循环变量可以省略，但如果出现的话，要与关键字 For 后面的循环变量一致。例如：

```
For I = 1 To 45
...
Next J
```

上面的循环语句是错误的，因为关键字 For 后面的循环变量和关键字 Next 后面的循环变量不一致。

【例 7.5】

```
Private Sub Form_Activate()
    Dim Score As Single
    Dim I As Integer
    For I = 1 To 45
        Score = InputBox("请输入成绩:")
        Select Case Score
            Case Is >= 90
                Print "优"
            Case Is >= 80
                Print "良"
            Case Is >= 60
                Print "可"
            Case Else
                Print "差"
        End Select
    Next I
End Sub
```

说明 <<<

此程序在例 7.4 的基础之上增加了一条 For...Next 语句，使程序中的输入学生学习成绩并判断成绩等级的操作重复执行 45 遍，因为每班学生有 45 人。

【例 7.6】

```
Private Sub Form_Activate()
    Dim Score As Single
    Dim I As Integer
    For I = 1 To 45
```

```
        Score = InputBox("请输入成绩:")
        If Score < 0 Then Exit For
        Select Case Score
            Case Is >= 90
                Print "优"
            Case Is >= 80
                Print "良"
            Case Is >= 60
                Print "可"
            Case Else
                Print "差"
        End Select
    Next I
End Sub
```

说明 <<<

　　此程序在例 7.5 的基础之上，在使用 InputBox 函数给 Score 变量赋值的语句后面增加了一个条件判断语句：If...Then，当输入的学生成绩小于 0 时，则退出循环。当某一班的学生人数不足 45 人时，这种做法是很有用的。

7.2.2　For Each...Next 语句

For Each...Next 循环语句与 For...Next 循环语句类似，都是对数组中的每一个数组元素重复执行同一组语句序列。如果不知道一个数组中有多少个数组元素，使用 For Each...Next 语句是非常方便的。

语法：

```
For Each 变量 In 数组
    语句序列          ⎤
    [Exit For]        ⎬ 循环体
    语句序列          ⎦
Next [变量]
```

功能：变量每取数组中的一个元素，都重复执行关键字 For Each 和 Next 之间的语句序列。

说明 <<<

　　① 关键字 For Each 后面的变量必须是 Variant 类型。
　　② Exit For 语句的用法及要求与 For...Next 语句相同。
　　③ Next 后面的变量可以省略。

【例 7.7】

```
Private Sub Form_Activate()
    Dim Score(1 To 45) As Single
    Dim I As Integer
```

```
    For I = 1 To 45
        Score(I) = InputBox("请输入成绩:")
    Next I
    For Each S In Score
    Select Case S
            Case Is >= 90
                Print "优"
            Case Is >= 80
                Print "良"
            Case Is >= 60
                Print "可"
            Case Else
                Print "差"
            End Select
    Next S
End Sub
```

说明 <<<

此程序首先在窗体的 Activate 事件过程中声明了一个名为 Score 的 Single 型数组,其数组元素有 45 个,然后声明了一个整型变量 I 作为循环控制变量,接着在 For 循环中为数组的所有元素赋值,随后在 For Each 循环中使用 Select Case 语句判断每一名学生的成绩是优、良、可,还是差,并将结果显示出来。由于变量 S 未经专门声明而直接使用,所以是 Variant 型变量。

7.2.3 Do...Loop 语句

在 For...Next 语句中,循环变量的终值只能是单个的常量或变量。当终止条件是一个复杂的表达式时,就不能使用 For...Next 语句了,这时就需要使用 Do...Loop 语句。Do...Loop 语句分为当型和直到型两种形式。

1. 当型 Do...Loop 语句

语法:

```
Do [While 条件表达式]
    [语句序列]  ┐
    [Exit Do]  ├ 循环体
    [语句序列]  ┘
Loop [While 条件表达式]
```

功能:当条件表达式成立时,重复执行关键字 **Do** 和关键字 **Loop** 之间的语句序列,当条件表达式不成立时,则结束循环,转去执行关键字 **Loop** 后面的语句。

说明 <<<

① 条件表达式和语句序列的要求及功能同 If...Then...Else 语句。

② Do While...Loop 或 Do...Loop While 为关键字,其中文含义是"当……的时候执行循环"。

③ 关键字 Do 和关键字 Loop 后面的"While 条件表达式"子语句只能选择一个，不能都选。如果选择的是关键字 Do 后面的"While 条件表达式"子语句，则称此 Do...Loop 语句为前测试条件的 Do...Loop 语句；而如果选择的是关键字 Loop 后面的"While 条件表达式"子语句，则称此 Do...Loop 语句为后测试条件的 Do...Loop 语句。两者的区别是，前测试条件的 Do...Loop 语句在执行时先测试条件表达式，只有当条件表达式成立时，才执行语句序列；而后测试条件的 Do...Loop 语句是先执行语句序列一次，然后再测试条件表达式。所以，前测试条件的 Do...Loop 语句中关键字 Do 和 Loop 之间的循环体有可能一次也不执行，而后测试条件的 Do...Loop 语句中至少要执行关键字 Do 和 Loop 之间的循环体一次。

④ Exit For 语句的用法及要求与 For...Next 语句相同。

⑤ 关键字 Do 和关键字 Loop 要成对出现，两者缺一不可。

【例 7.8】　将例 7.5 中的 For 循环语句改用 Do...Loop 循环语句实现。

```
Private Sub Form_Activate()
    Dim Score As Single
    Dim I As Integer
    I = 1
    Do While I <= 45
        Score = InputBox("请输入成绩:")
        Select Case Score
            Case Is >= 90
                Print "优"
            Case Is >= 80
                Print "良"
            Case Is >= 60
                Print "可"
            Case Else
                Print "差"
        End Select
        I = I + 1
    Loop
End Sub
```

> **说明** ‹‹‹
>
> 此程序首先声明一个名为 Score 的单精度实型变量，用来表示学生的学习成绩，然后声明一整型变量 I，在表达式中用来作为循环控制变量，并给其赋初值 1。以上属于循环初始化部分，为循环的正常执行做好必要的准备。接下来使用 Do...Loop 语句进行循环，在循环体中输入学生的学习成绩，判断其成绩等级并显示出来，这属于循环工作部分，或称循环处理部分，是循环程序最重要的组成部分。另外，值得一提的是，在循环体的末尾还要修改循环控制变量 I 的值，使其加 1，以免造成死循环，这属于循环修改部分。

提示

任何使用 Do...Loop 语句或后面要介绍的 While...Wend 语句编写的循环程序都由循环初始化部分、循环工作部分和循环修改部分组成，其中循环初始化部分位于循环语句之前，而循环工作部分和循环修改部分位于循环体中。

2. 直到型 Do...Loop 语句

语法：

```
Do [Until 条件表达式]
    [语句序列]
    [Exit Do]      } 循环体
    [语句序列]
Loop [Until 条件表达式]
```

功能：重复执行关键字 **Do** 和关键字 **Loop** 之间的语句序列，直到条件不成立时，则结束循环，转去执行关键字 **Loop** 后面的语句。

说明 <<<

① 条件表达式和语句序列的要求及功能同 If...Then...Else 语句。

② Do Until...Loop 或 Do...Loop Until 为关键字，其中文意思是"执行循环，直到……的时候"。

③ 与当型 Do...Loop 语句相同，直到型 Do...Loop 语句中关键字 Do 和 Loop 后面的条件表达式同样也只能两者选其一，不能都选。两者的区别是，前测试条件的直到型 Do...Loop 语句，其循环体有可能一次也不执行，而后测试条件的直到型 Do...Loop 语句，则至少要执行循环体一次。

④ Exit For 语句的用法及要求与 For...Next 语句相同。

⑤ 关键字 Do 和关键字 Loop 要成对出现，两者缺一不可。

【例 7.9】 将例 7.8 中的当型 Do...Loop 语句改为用直到型 Do...Loop 语句实现。

```
Private Sub Form_Activate()
    Dim Score As Single
    Dim I As Integer
    I = 1
    Do
        Score = InputBox("请输入成绩:")
        Select Case Score
            Case Is >= 90
                Print "优"
            Case Is >= 80
                Print "良"
            Case Is >= 60
                Print "可"
            Case Else
                Print "差"
```

```
        End Select
        I = I + 1
    Loop Until I > 45
End Sub
```

说明<<<

此程序由于使用的是直到型的 Do...Loop 语句，所以关键字 Until 后面的条件表达式也应进行相应的修改，否则将产生错误。

提示

在当型的 Do...Loop 语句中，当条件成立时执行循环体，当条件不成立时终止循环；而在直到型的 Do...Loop 语句中正好相反，当条件不成立时执行循环体，当条件成立时终止循环。

7.2.4 While...Wend 语句

语法：

```
While 条件表达式
    语句序列
Wend
```

功能： 当条件成立时，重复执行语句序列，否则转去执行关键字 Wend 后面的语句。

说明<<<

① While...Wend（While End 的缩写）是关键字，其中文意思是"当……的时候，执行循环"。

② 条件表达式和语句序列的要求及功能同 If...Then...Else 语句。

③ 关键字 While 和关键字 Wend 必须成对出现，两者缺一不可。

【例 7.10】 编写如下程序。

```
Private Sub Form_Activate()
    Dim Score As Single
    Dim I As Integer
    I = 1
    While I <= 45
        Score = InputBox("请输入成绩:")
        Select Case Score
            Case Is >= 90
                Print "优"
            Case Is >= 80
                Print "良"
            Case Is >= 60
                Print "可"
            Case Else
                Print "差"
```

```
        End Select
        I = I + 1
    Wend
End Sub
```

 提示

While...Wend 语句是前测试当型 Do...Loop 语句的简化形式，因此 While...Wend 语句完全可以由 Do...Loop 语句代替。

7.3 控制结构的嵌套

可以把一个控制结构放入另一个控制结构之中，这称为控制结构的嵌套，例如本章 7.2 节中所举的例子就在循环结构中嵌套了条件判断结构。其中，例 7.5 是在 For...Next 语句中嵌套了一条 Select Case 语句，例 7.6 是在 For...Next 语句中嵌套了一条 If...Then 语句和一条 Select Case 语句。

当然，也可以在一个 For...Next 语句中嵌套另一个 For...Next 语句，组成嵌套循环，不过在每个循环中的循环控制变量应使用不同的变量名，以避免互相影响。

【例 7.11】 输入全班 45 名学生的语文、数学和外语三门课程的学习成绩，并将其显示出来。

```
Private Sub Form_Activate()
    Dim Score(1 To 45, 1 To 3) As Single
    Dim I As Integer, J As Integer
    For I = 1 To 45
        For J = 1 To 3
            Score(I, J) = InputBox("请输入成绩:")
        Next J
    Next I
    For I = 1 To 45
        For J = 1 To 3
            Print Score(I, J)
        Next J
        Print
    Next I
End Sub
```

说明 «‹

此程序首先声明了一个二维单精度数组 Score，其中第一维表示学生，第二维表示课程，然后使用两个嵌套的 For...Next 语句为其赋值，其中的第一个 Next 语句关闭了内层的 For 循环，而后面的 Next 语句关闭了外层的 For 循环。最后又使用两个嵌套的 For...Next 语句将数组的值显示出来，其中的第二个 Print 语句使同一学生的成绩显示在同一行上。

此程序的运行结果为：

87	78	90
76	83	67
74	92	86
...		

说明 ◀◀◀

　　同理，在 If 语句的嵌套中，End If 语句自动与最邻近的前一个 If 语句相匹配，嵌套的 Do...Loop 语句的工作方式也是一样的，最内层的 Loop 语句与最内层的 Do 语句相匹配。

 # 7.4　过程

　　在一个大型程序中，需要完成许多功能。这些功能相互之间是彼此独立的，可以用不同的程序段来实现不同的功能，而 Visual Basic 语言的程序设计，就如同搭积木一般，是由这若干个程序段按照一定的方式有机组合而成的，这就是结构化程序设计的方法。这其中的每一个程序段都称为一个过程，每个过程都有一个名字，每个过程既可以调用其他过程，也可以被其他过程调用。

　　结构化程序设计就是在编写应用程序时使用过程，其主要的优点如下。

　　① 将烦琐的软件开发工作简单化。将大型程序化整为零，分而治之，便于多人合作，共同开发一个软件，而且过程可将应用程序划分成许多功能彼此独立的程序段，其中的每个程序段都比无过程的整个应用程序容易调试。

　　② 提高过程的通用性。这些过程不但可以在本工程的本模块中被调用，而且本工程的其他模块也可以调用。不只如此，这些过程往往不必修改或只需稍作修改便可以成为另一个工程中的过程，使这些过程可以多次重复使用。

　　③ 使复杂的应用程序变的层次清晰，简明易读。

　　总之，结构化程序设计是提高编程质量的一个有效途径，在学习过程中，应很好地领会和掌握这种方法。

　　在 Visual Basic 语言中，过程可以分为 Function 过程、Sub 过程、Property 过程和 Event 过程四种。

7.4.1　Function 过程

　　Function 过程即函数过程，又叫用户自定义函数。在第 5 章的 5.1 节中介绍了函数的分类，并对一些常用标准函数的使用方法进行了详细讲解。有些运算在实际工作过程中使用非常频繁，Visual Basic 语言事先已经将这些运算定义为标准函数，并提供给用户，用户使用时只需直接写上函数名和相应的参数即可，而不需要事先定义。与此相对应，还有一些运算使用并不频繁，Visual Basic 语言事先并没有定义好这些函数，但对于某一个或某一些

用户来说，这种运算可能使用很频繁，这时用户自己就可以把这些运算按照一定的语法规则定义为函数。

为了与标准函数相区别，把这些由用户自己定义的函数称为用户自定义函数。这些函数必须先定义，然后才能像标准函数那样使用。这里所说的定义，也就是为函数命名并规定它的计算公式及所使用的参数。

【例 7.12】　计算 $S=\dfrac{a}{1+a+a^2}+\dfrac{b}{1+b+b^2}+\dfrac{c}{1+c+c^2}$ 的值。

根据前面所学的知识，编程如下：

```
Private Sub Form_Activate()
    Dim a%, b%, c%, s!
    a = 3: b = 5: c = 2
    s = a / (1 + a + a ^ 2) + b / (1 + b + b ^ 2) + c / (1 + c + c ^ 2)
    Print S
End Sub
```

说明 <<<

赋值语句中赋值号后面的表达式很长，这不但使程序显得烦琐，而且也容易出错，能不能将它写得更简单一些呢？学习了 Function 过程之后，就会很容易实现这个目标了。

1．Function 过程的定义

格式：

```
[Public|Private][Static]Function 过程名[类型说明符][(形参表)][As 类型说明词]
语句序列
[Exit Function]          ┐
语句序列                  ├ 过程体
函数名=表达式             ┘
End Function
```

功能：声明 Function 过程的名称、形式参数，以及构成该过程的语句序列。

说明 <<<

① Function 语句表示 Function 过程定义的开始，End Function 语句表示 Function 过程定义的结束，两者缺一不可。

② 关键字 Public 表示定义全局过程，应用程序的所有模块均可调用该过程；关键字 Private 表示定义的过程仅限于本模块使用，其他模块无法使用；若省略这两个关键字，则默认为声明全局过程。

③ 关键字 Static 表示声明过程中的局部变量为静态变量，否则默认为动态变量，其作用与声明变量时所使用的 Static 关键字相同，本节后面再详细讲解。

④ 过程名由用户自己命名，命名规则与变量名的命名规则完全相同，即以英文字母开头的、英文字母、阿拉伯数字和下画线组成的、长度不超过 255 个字符的字符序列。

　　由于Function过程的过程名同时兼作存放函数值的变量，所以过程名也有类型，可以使用类型说明符或类型说明词进行声明，其使用方法与变量名的类型使用方法相同，如果没有声明过程名的类型，则默认为Variant型。例如：

　　过程名Exam%和Test As Integer都表示过程名为整型。

　　另外，过程名在过程体中应至少被赋值一次，而最后一次赋给该函数名的值就是该函数的最终结果。

　　⑤ 形式参数简称形参，是过程中使用的自变量，与其他变量一样，形式参数也有数据类型，其使用方法与其他变量一样，如果没有声明这些形式参数的类型，则默认为Variant型。之所以称这些自变量为形式参数，是因为在定义过程时，这些自变量并不具有确定的值，它们只是在形式上存在的自变量，在调用该过程时，这些形式参数要被一个确定的值，即实在参数所代替。对于某一个具体过程来说，既可以有形式参数，也可以没有形式参数；既可以有一个形式参数，也可以有多个形式参数，如果有多个形式参数，各个形式参数之间要用逗号隔开。

　　可以看到，此程序中的赋值语句比起例7.12中的赋值语句不但简单，而且清晰。此程序首先定义了一个Function过程，然后在窗体的Activate事件中三次调用此Function过程。方法与调用标准函数的方法完全相同，其执行过程如下。

　　第一步：用变量a的值（在这里称为实在参数）代替Function过程中的形参x。

　　第二步：计算过程中表达式的值，并赋给过程名Exam。

　　第三步：将Exam的值代入Activate事件中的赋值语句。

　　第四步：重复第一、第二、第三步，分别用变量b和c的值代替Function过程中的形参x，调用过程Exam，求出表达式的值，并赋给过程名Exam，然后将三次调用所得的结果相加求出变量s的值，最后使用Print语句将变量s的值打印出来。

　　另外，定义一个Function过程，实际上是定义一个函数关系，与此过程中使用的形式参数是什么没有关系，如下面的两个过程。

```
Private Functionexam!(x)
exam = x / (1 + x + x ^ 2)
End Function
```

　　和

```
Private Functionexam!(y)
exam = y / (1 + y + y ^ 2)
End Function
```

　　以上实际上是同一过程。但是要注意形式参数应与过程中使用的变量保持一致。如果上面的过程写成：

```
Private Functionexam!(x)
exam = y / (1 + y + y ^ 2)
End Function
```

　　就错了。

　　⑥ 在过程体中可以使用Exit Function语句提前退出过程，该语句常常放在条件判断语句之后使用。

　　【例7.13】 例7.12中的表达式可以分为1/(1+a+a^2)，1/(1+b+b^2)和1/(1+c+c^2)三个

部分，每一部分的计算公式都是相同的，只是所使用的变量不同罢了。可以将这相同的公式定义为一个 Function 过程，然后调用此过程三次，每次使用不同的参数，得到三个不同的函数值，最后将这三个函数值加起来，就是所要求的结果，因此可以将例 7.12 改写为如图 7.2 所示的程序。

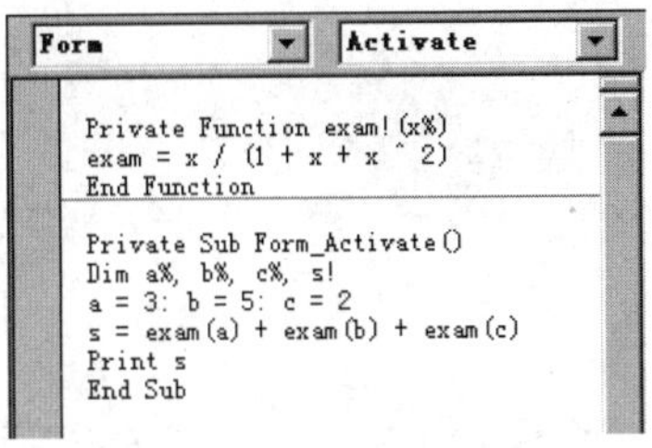

此程序与例 7.12 中的程序的运行结果均为：

```
Form              ▼    Activate              ▼

Private Function exam! (x%)
exam = x / (1 + x + x ^ 2)
End Function

Private Sub Form_Activate()
Dim a%, b%, c%, s!
a = 3: b = 5: c = 2
s = exam(a) + exam(b) + exam(c)
Print s
End Sub
```

图 7.2　例 7.12 的程序

```
6777738
```

💡 **提示**

表达式越复杂，被调用的次数越多，使用 Function 过程的优越性就越明显。

2．Function 过程的创建

创建 Function 过程有两种方法。

① 通过"工具"菜单中的"添加过程"命令。

图 7.3　"添加过程"对话框

➢ 执行"工具"菜单中的"添加过程"命令，出现如图 7.3 所示的"添加过程"对话框。

➢ 在此对话框中输入过程的名称，并选择其类型为"函数（F）"，然后确定其范围及是否将过程中的局部变量声明为静态变量等内容，最后单击"确认"按钮，就会在"代码"窗口中出现过程定义开始语句（Function 语句）和过程定义结束语句（End Function 语句）。

➢ 在形式参数表中输入所需参数。

➢ 在 Function 语句和 End Function 语句之间输入过程所需语句。

② 在"代码"窗口中直接输入 Function 语句

➢ 在"代码"窗口中直接输入 Function 语句并按回车键，系统会自动为其加上 End Function 语句。

➢ 在两条语句之间输入过程所需语句。

3．Function 过程的调用

Function 过程一旦被声明，就可以像标准函数那样在程序中调用了，即在表达式中写上该过程的名称及相应的实在参数即可。

【例 7.14】　编一个程序，打印 1～100 的所有奇数的常用对数。

由于程序中多次用到求常用对数的运算，因此将其定义为一个 Function 过程，然后在窗体 Form 的 Activate 事件过程中调用它。

```
Private Sub Form_Activate()
```

```
    Dim I%, A%
    For I = 1 To 50
        A = 2 * I - 1
        Print A, Lg(A)
    Next I
End Sub
Private FunctionLg!(X%)
    Lg = Log(X) / Log(10)
End Function
```

此程序的运行结果为：

```
1          0
3          .4771213
5          .69897
...
```

说明 ‹‹‹

　　在程序中，不但可以调用本模块中的 Function 过程，而且还可以调用其他模块中的全局 Function 过程，其调用方法取决于被调用过程所在的模块。

　　① 调用其他窗体模块中的 Function 过程。调用其他窗体模块中的 Function 过程时，应在过程名前加上该过程所在窗体模块的模块名。例如，调用窗体模块 Form1 中的名为 Exam 的 Function 过程，其过程名应写为 Form1.Exam。

　　② 调用其他标准模块中的 Function 过程。如果其他标准模块中的过程名是唯一的，则在调用时过程名前不必加模块名，而直接调用。如果过程名不唯一，即在两个或两个以上的标准模块中含有同名的过程，在调用时必须在过程名前加上该过程所在标准模块的模块名。例如，标准模块 Module1 和 Module2 中都有名为 Exam 的过程，要想调用标准模块 Module1 中的过程，则其过程名应写为 Module1.Exam。

　　③ 调用其他类模块中的 Function 过程。调用其他类模块中的 Function 过程时，应在过程名前加上指向该类的变量名。例如，调用类模块 Class1 中的名为 Exam 的 Function 过程，应首先声明指向该类的变量，如：

```
Dim DemoClass As Class1
```

　　然后，调用时在过程名前写上变量名 DemoClass，如 Print DemoClass. Exam。

7.4.2 Sub 过程

　　Sub 过程又叫子程序过程。这种程序不能单独运行，必须由其他程序调用才能执行。从 7.4.1 节讲的 Function 过程可以看出，Function 过程可以完成一定的运算，而且必须得到且只能得到一个函数值。有时需要重复地进行一些操作，这些操作可以返回一个值，也可以不返回值，或者返回一个以上的值，如果仍然使用 Function 过程，就会感到很不方便，这时可以使用 Visual Basic 语言提供的另一种过程——Sub 过程，即可实现这种操作。

1. Sub 过程的定义

　　格式：

```
[Public|Private][Static]Sub 过程名[形式参数表]
语句序列
[Exit Sub]          过程体
语句序列
End Sub
```

功能：声明 Sub 过程的名称、形式参数，以及构成该过程的语句序列。

说明 <<<

① Sub 语句表示 Sub 过程定义的开始，End Sub 语句表示 Sub 过程定义的结束，两者缺一不可。

② 过程名的命名规则及要求与 Function 过程的过程名类似，只不过 Sub 过程的过程名并不兼作存放结果的变量，所以 Sub 过程的过程名没有类型之分。

③ 形式参数表的意义及要求同 Function 过程的形式参数表。

④ 在语句序列的任何地方都可以使用 Exit Sub 语句提前退出过程，该语句常常放在条件判断语句之后使用。

⑤ Sub 过程的创建方法与 Function 过程的创建方法类似，同样也有两种方法。如果使用第一种方法，在选择类型时，要选择"子程序(S)"，而不要选择"函数(F)"；如果使用第二种方法，要将关键字 Function 改为 Sub。

2．Sub 过程的调用

前面讲过调用 Function 过程与调用标准函数一样，即在表达式中写上 Function 过程的过程名及相应的实在参数即可，而调用 Sub 过程则不同，调用 Sub 过程需使用一条独立的语句。

Sub 过程的调用方法有两种。

（1）使用关键字 Call

语法：Call 过程名[实在参数表]

说明 <<<

实在参数表是传递给 Sub 过程的常量、变量或表达式，实在参数的个数应和过程定义语句中的形式参数的个数相同。与形式参数一样，实在参数如果有多个，各个实在参数之间应使用逗号隔开。

【例 7.15】

```
Private Sub Form_Activate()
    Exam(3)
End Sub
Private Sub Exam(X%)
    Dim I%
    For I = 1 To X
        Print "欢迎您使用 Visual Basic 语言"
    Next
```

```
End Sub
```

此程序的运行结果为：

欢迎您使用 Visual Basic 语言
欢迎您使用 Visual Basic 语言
欢迎您使用 Visual Basic 语言

说明 《《

　　此程序首先定义了一个 Sub 过程 Exam，在过程中显示字符串"欢迎您使用 Visual Basic 语言" X 遍，然后在窗体 Form 的 Activate 事件中调用该过程，并给过程 Exam 中的形式参数 X 传递数值 3，使其将字符串"欢迎您使用 Visual Basic 语言"显示三遍。

（2）省略关键字 Call

语法：过程名[实在参数表]

说明 《《

　　使用此方法，在省略关键字 Call 的同时，实在参数表外面的圆括号也要一同省去。例如，上面的过程调用语句可改为：

```
Exam 3
```

提示

建议初学者应尽量采用第一种方法，而少采用第二种方法。

所有的 Function 过程都可以写为 Sub 过程。

【例 7.16】　将例 7.14 用 Sub 过程来实现。

```
Private Sub Lg(X%, Y!)
    Y = Log(X) / Log(10)
End Sub
Private Sub Form_Activate()
    Dim I%, A%, B!
    For I = 1 To 50
        A = 2 * I - 1
        Call Lg(A, B)
        Print A, B
    Next I
End Sub
```

说明 《《

　　由于 Sub 过程的过程名并不兼作存放结果的变量，所以在参数表中必须设置一个存放运算结果的参数。此程序中的 Sub 过程 Lg 中共有两个形式参数，其中形参 X 在调用该过程时要接受调用程序通过实在参数 A 传递过来的原始数据，形参 Y 将运算之后所得的常用对数值传递给对应的实参 B。

提示

因为 Function 过程必须返回一个值，而 Sub 过程既可以返回值，也可以不返回值，既可以返回一个值，也可以返回多个值，所以对于需返回一个值的过程，一般写为 Function 过程要简单方便一些，而对于不返回值或者返回多个值的过程，一般写为 Sub 过程要简单方便一些。

7.4.3 Static 选项

如果使用 Static 关键字，那么过程（包括 Function 过程和 Sub 过程）中的局部变量就被声明为静态变量。在应用程序运行期间，它们的值将保持不变。也就是说，当该过程被调用并修改过程中变量的值，然后退出此过程后，由于该变量所占内存单元并没有被释放，所以该变量的值仍被保留，以后程序再次调用此过程时，原来变量的值仍然可以继续使用。如果省略该关键字，那么过程中的局部变量则默认为动态变量。只有当调用此过程时，系统才为这些变量分配内存单元，经过一系列处理并退出该过程后，该变量所占的内存单元也就自动被释放，所以在下一次调用该过程时，过程中的所有局部变量将被重新创建。换句话说，静态变量的生存期为整个程序运行期间，而动态变量的生存期为过程被调用期间。

【例 7.17】

```
Private Sub Exam()
    Dim N%, S$
    N = N + 1
    S = S & "A"
    Print "N="; N, "A$="; S$
End Sub
Private Sub Form_Activate()
    For I = 1 To 5
      Exam
    Next I
End Sub
```

程序执行结果为：

```
N= 1            A$=A
N= 1            A$=A
N= 1            A$=A
N= 1            A$=A
N= 1            A$=A
```

说明 <<<

此程序中的 Sub 过程没有任何参数，称为无参子程序。

由于在定义 Sub 过程 Exam 时，没有使用 Static 关键字，过程中的变量 N 和 A$ 均被默认为是动态的，所以每次进入此过程时，变量 N 都被初始化为 0，执行语句 N=N+1 后，N 的值变为 1，因此子程序被调用 5 次，打印出 5 个 1 来；字符型变量 A$ 被初始化成空字符串，执行语句 S = S & "A"后，S 的值变为 "A"，因此子程序被调用 5 次，打印出 5 个 "A" 来。

如果在定义 Exam 子程序时加上关键字 Static，使 Sub 语句变为：

```
Private Static Sub Exam()
```

则程序运行结果为：

```
N= 1          A$=A
N= 2          A$=AA
N= 3          A$=AAA
N= 4          A$=AAAA
N= 5          A$=AAAAA
```

说明 <<<

　　加上关键字 Static 之后，过程中的变量 N 和 S 就成为静态的。每次调用此过程时，原来变量 N 和 S 的值仍然有效，所以 N 的值从 0 开始累加，依次打印出 5 个不同的数值，S 的值从空串开始连接，故依次打印出 5 个不同的字符串。

7.4.4　参数传递

1．形式参数与实在参数

参数是过程与外界通信的媒介，负有与外层程序互相传递信息的特殊使命。参数分为形式参数和实在参数，形式参数是指出现在 Sub 语句和 Function 语句中的参数，简称形参；实在参数是指在调用 Sub 过程或 Function 过程时所使用的参数，简称实参。实参表与形参表中的参数名可以相同也可以不同，但实参表中的实参的类型与形参表中对应的形参的类型必须相同。在调用 Sub 过程或 Function 过程时，参数一般是按照它们在参数表中的位置一一对应传递的，即实参表中的第一个实参的值传递给形参表中的第一个形参，第二个实参的值传递给第二个形参，以此类推。

2．参数传递方式

在 Visual Basic 语言中，根据参数的值能否回传，也就是说，根据运算后的形参的值能否再传递给与它相对应的实参，而把参数传递分为两种方式：按值传递和按地址传递。

（1）按值传递

这种传递方式只能将实参的值传递给形参，而不能将运算后形参的值再传递给实参，即这种传递只能是单向的，即使形参的值发生了改变，此值也不会影响到调用该过程的语句中实参的值。

如果实参是常量或表达式，则默认采用的是值传递方式，在传递时先计算表达式的值，然后将该值传递给对应的形参。

【例 7.18】

```
Private Sub Form_Activate()
    Const A% = 5
    Print 3, A, 3 * 5
    Call exam1(3, A, 3 * 5)
```

```
    Print 3, A, 3 * 5
End Sub
Private Sub exam1(X, Y, Z)
    X = X + 2
    Y = Y-3
    Z = Z ^ 2
    Print X, Y, Z
End Sub
```

程序运行结果为：

```
3          5          15
5          2          225
3          5          15
```

说明 《《《

实参 3 是值常量，实参 A 是符号常量，实参 "3 * 5" 是表达式，它们都是固定的值。过程在被调用时对形参的任何改变都不会影响到实参，如实参 "3 * 5" 的值总是等于 15，即使对应的形参 Z 变成了 225，实参 "3 * 5" 的值也不会发生任何变化。

（2）按地址传递

这种传递方式不是将实参的值传递给形参，而是将存放实参值的内存中的存储单元的地址传递给形参，因此形参和实参具有相同的存储单元地址，也就是说，形参和实参共用同一存储单元。在调用 Sub 过程或 Function 过程时，如果形参的值发生了改变，那么对应的实参的值也将随着改变，并且实参会将改变后的值带回调用该过程的程序中，即这种传递是双向的。

如果实参是变量，则默认采用按地址传递方式。

【例 7.19】

```
Private Sub Exam(X, Y, Z)
    X = X + 2
    Y = Y - 3
    Z = Z ^ 2
    Print X, Y, Z
End Sub
Private Sub Form_Activate()
    Dim A%, B%, C%
    A = 1: B = 2: C = 3
    Print A, B, C
    Call Exam(A, B, C)
    Print A, B, C
End Sub
```

程序运行结果为：

```
1          2          3
```

3	-1	9
3	-1	9

此程序首先在窗体 Form 的 Activate 事件过程中声明了三个整型变量 A、B 和 C，接着给这三个变量赋值，并显示其值，然后调用 Sub 过程 Exam，将实参 A 的值传递给对应的形参 X，实参 B 的值传递给对应的形参 Y，实参 C 的值传递给对应的形参 Z。在过程 Exam 中形参 X、Y 和 Z 的值均发生了改变，调用结束后，形参 X、Y 和 Z 又将其值传递给了对应的实参 A、B 和 C，所以变量 A、B 和 C 的值也发生了改变。

提示

如果实参是变量，但又想采用按值传递方式，此时只需在定义该过程的形参表中的该变量的前面加上关键字 ByVal，或将调用过程语句的实参表中的该变量用圆括号括起来即可。其他既没有在形参表中加关键字 ByVal，也没有在实参表中用括号括起来的变量仍采用按地址传递方式。

在调用一个 Sub 过程或 Function 过程时，可以根据需要对不同的参数采用不同的传递方式。

【**例 7.20**】 将例 7.19 定义过程语句中的形参 **X** 前面加上关键字 **ByVal**，将调用该过程的语句中的实参 **B** 用圆括号括起来，使其成为：

```
Private Sub Exam(ByVal X, Y, Z)
    X = X + 2
    Y = Y - 3
    Z = Z ^ 2
    Print X, Y, Z
End Sub
Private Sub Form_Activate()
    Dim A%, B%, C%
    A = 1: B = 2: C = 3
    Print A, B, C
    Call Exam(A, (B), C)
    Print A, B, C
End Sub
```

则程序运行结果变为：

1	2	3
3	-1	9
1	2	9

由于形参 X 前面加上了关键字 ByVal，实参 B 用圆括号括了起来，所以参数 A 和 B 采用按值传递方式，尽管过程中对应的形参 X 和 Y 的值变成了 3 和-1，但过程调用结束后，实参 A 和 B 的值却并没有改变，仍为 1 和 2；因既没有在形参 Z 前面加关键字 ByVal，也没有将实参 C 用圆括号括起来，故实参 C 仍采用按地址传递方式。

（3）命名传递

前面讲的按值传递和按地址传递，是按照形参和实参在参数表中的位置一一对应传递的。有时在调用过程语句的实参表中所写的实参和在过程定义语句的形参表中所写的形参位置并不一一对应，这时就需要使用命名传递。

使用命名传递时，在调用过程语句的实参表中的参数格式为：

<形式参数>:=<实在参数>

其含义为：将右边实参的值传递给左边的形参。

【例 7.21】

```
Private Sub Exam(X, Y)
    X = X + 2
    Y = Y - 3
    Print X, Y
End Sub
Private Sub Form_Activate()
    Dim A%, B%
    A = 1: B = 2
    Print A, B
    Call Exam(Y:=A, X:=B)
    Print A, B
End Sub
```

程序运行结果为：

```
1           2
4          -2
-2          4
```

说明 《《

　　此程序首先在窗体 Form 的 Activate 事件过程中声明了两个整型变量 A、B，接着分别给其赋值 1 和 2，并显示其值，然后调用 Sub 过程 Exam，将实参 A 的值 1 传递给形参 Y，实参 B 的值 2 传递给形参 X。因实参 A 和 B 均为变量，所以按地址传递。在过程 Exam 中形参 X、Y 的值分别变为了 4 和 -2。调用结束后，又将形参 X 的值 4 传递给实参 B，形参 Y 的值 -2 传递给实参 A，所以实参 A 的值变为了 -2，实参 B 的值变为了 4。

提示

命名传递并不是按照形参和实参在参数表中的位置一一对应传递的。但命名传递是采用按值传递，还是按地址传递，仍然遵从前面的规定，即常量和表达式默认采用按值传递，变量默认采用按地址传递。

过程不能嵌套定义，即不允许在一个过程中再定义另外的过程，但可以在一个过程中调用另外的过程，即可以嵌套调用。

7.4.5 Property 过程

Visual Basic 语言中的对象（窗体和控件）均具有许多属性，如 Name、Caption 和 Text 等。Property（属性）过程不但可以用来给一个属性赋值，也可以获取一个属性的值，此外，Property 过程还可以设置关于某一个对象的引用。

7.4.6 Event 过程

Visual Basic 语言中的对象不但具有属性，而且还包含许多事件，如 Load、Activate 和 Click 等。当某一对象发生某一事件时，便自动执行相应的事件过程，这些事件过程称为标准的（或称为预定义的）事件过程。另外，程序设计人员还可以使用 Event（事件）语句定义用户自定义的事件过程，这些事件过程必须先定义，然后才能在程序中使用。

关于 Property 过程和 Event 过程的使用方法，感兴趣的读者请参考有关的书籍和资料，在此不再详述。

 习题 7

1. 填空题

（1）Visual Basic 程序按其语句代码执行的先后顺序，可以分为_____结构、_____结构和_____结构。

（2）条件判断结构可以使用_____语句、_____语句和_____语句。

（3）If...Then...Else 语句是_____语句的特例。

（4）实现循环程序结构时，可以使用_____语句、_____语句、_____语句和_____语句。

（5）在 Visual Basic 语言中，过程可以分为_____过程、_____过程、_____过程和_____过程。

（6）参数传递有_____方式、_____方式和_____方式。常量默认采用_____方式，变量默认采用_____方式，表达式默认采用_____方式。

2. 简答题

（1）在 Select Case 语句中，关键字 Case 后面的取值的格式有哪几种？试举例说明。

（2）简述 For...Next 语句的执行过程。

（3）在 Do...Loop 语句中，根据条件表达式前面使用的关键字的不同，可将 Do...Loop 语句分为哪两种形式？在每一种形式中，根据表达式所在位置的不同，又可将 Do...Loop 语句分为哪两种形式？这两种形式的 Do...Loop 语句在执行时有什么区别？

（4）结构化程序设计有哪些优点？

（5）Sub 过程和 Function 过程有哪几种创建方法？

3．编程题

（1）从键盘输入任意三个数 A，B，C，找出其中的最大数。

（2）从键盘输入任意三个数 A，B，C，将其按由大到小的顺序显示出来。

（3）编写程序，从键盘输入任意 X 的值，求分段函数 $Y=\begin{cases}2X & X>0 \\ 0 & X=0 \\ |X| & X<0\end{cases}$ 的值。

（4）铁路对旅客随身携带行李的计算标准为：行李重量在 20 千克以内时免收行李费；若行李重量在 40 千克以内时，则 20 千克以内仍免费，超过 20 千克的部分按 0.2 元/千克的标准收费；若行李重量在 40 千克以上时，除按上述标准收费外，超过 40 千克的部分加倍收费。试编写一个计算旅客的行李费的程序。

（5）声明一个有 20 个元素的一维数组 A，使用 InputBox 函数为其所有元素赋值，然后将其中最小元素的值及其下标显示出来。

（6）通过键盘输入 20 个学生的学号和考试成绩，显示出所有高于平均分的学生的学号和成绩。

（7）有 5 名学生，进行了 6 门功课的考试。编一程序，求每个学生的平均分是多少？每门功课的平均分是多少？

（8）编写程序计算 $s=\sum_{i=1}^{100}a_i^2=1^2+2^2+\cdots+100^2$ 。

（9）某工厂 1995 年的产值为 100 万元，计划年增长率为 5%，计算并输出 2000 年、2005 年、2010 年和 2015 年的产值。

（10）某班学生 45 人，编写程序统计该班学生的 Visual Basic 课程的考试成绩，并显示出 60 分以下、60～70 分、70～80 分、80～90 分及 90 分以上的学生人数各是多少？

（11）从键盘输入 20 个整型数据，将其中的负数及负数的和显示出来。

（12）编写程序计算 $S=20!$ 的值。

（13）编写程序求 $S=1+2+3+\cdots$，直到 $S>1000$ 为止。

（14）编写程序求当 $\frac{1}{n^2}>10^{-5}$ 时，$1+\frac{1}{2^2}+\frac{1}{3^2}+\cdots+\frac{1}{n^2}$ 的值。

（15）编写程序计算 $Y=A!+B!+C!$ 的值，其中 $A=6$，$B=8$，$C=5$。

程序中定义了一个多行 DEF 函数，其功能是求自变量 x 的阶乘，在主程序中调用此函数 3 次，分别求出 $A!$，$B!$，$C!$，3 个函数加起来的和就是所求结果。

（16）编写程序，求半径从 1～5 的 5 个圆的面积之和。

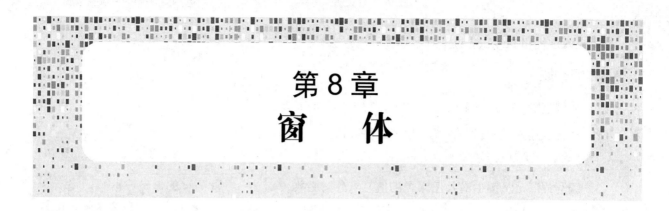

第8章
窗　体

 本章要点

本章主要讲解 Visual Basic 窗体的常用属性、事件和方法，以及使用窗体进行 Visual Basic 应用程序界面设计的方法。此外还要学习如何在一个 Visual Basic 应用程序中使用多个窗体进行界面设计及多文档界面（MDI）窗体的相关知识。

 学习目标

1. 了解多文档界面（MDI）窗体的相关知识。

2. 理解如何在一个 Visual Basic 应用程序中使用多个窗体进行界面设计。

3. 掌握 Visual Basic 窗体的常用属性、事件和方法，以及使用窗体进行 Visual Basic 应用程序界面设计的方法。

8.1　窗体简介

窗体是 Visual Basic 应用程序运行界面的重要组成部分，任何一个应用程序都至少应有一个窗体。

通常情况下，窗体包括以下几个基本组成部分，如图 8.1 所示。

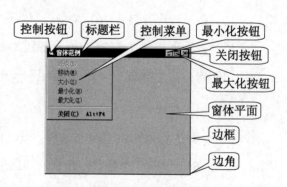

图 8.1　窗体的基本组成部分

➤ 标题栏：位于窗体最上方，用于标识该窗体的名称或窗体中显示的内容，也可以用来改变窗体的显示位置。

➤ 控制按钮：位于窗体左上角，用于打开窗体的控制菜单。

➤ 最小化按钮：位于窗体右上角，用于将窗体缩到最小。

➤ 最大化按钮：位于窗体右上角，用于将窗体放大到占据整个屏幕。

➤ 关闭按钮：位于窗体右上角，用于将窗体及对应程序关闭。

➤ 边框及边角：位于窗体四周，用于改变窗体的大小。

➤ 窗体平面：位于窗体中央，用于显示加入到窗体中的各个对象（如菜单、列表框等）。

除了以上几个基本组成部分以外，窗体还可以包含多个对象（如按钮、滚动条等）。在程序运行时，操作者可以对窗体中的对象进行键盘或鼠标操作来完成不同的任务。

8.2　窗体的属性

窗体本身实际上是一种对象，可以通过属性定义窗体的外观，通过方法定义窗体的行为，通过事件定义窗体与程序使用者之间的交互。

下面我们首先学习窗体的属性及属性的设置方法。

8.2.1　窗体的属性及其设置

1．窗体属性的设置方法

在进行程序设计时，每当建立一个工程文件，Visual Basic 都会给出一个默认名为 Form1 的窗体。窗体的设计界面如图 8.2 所示。

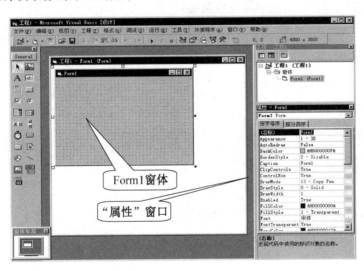

图 8.2　窗体的设计界面

窗体生成后的属性自动设置为默认值，如果要改变窗体的属性值，可以在该窗体上右击，在弹出的菜单中单击"属性窗口"选项或单击窗体并按下 F4 键来激活"属性"窗口（如图 8.2 所示），然后就可以在"属性"窗口中设置窗体的属性了。

窗体的属性设置也可以在程序运行时由程序代码来实现。

所谓"设计时"是指在 Visual Basic 编程环境中进行应用程序开发的任何时刻，而"运行时"是指应用程序正在实际运行中的任何时刻。

2．窗体的常用属性（按照字母顺序介绍）

（1）Name 属性

语法：object.Name

功能：返回或设置在程序代码中用于标识窗体的名字，即在编写代码时用于称呼某个窗体的代号。该属性在运行时不可见。

说明《《《

object 代表一个对象（如 Form），如果 object 被删去，则与活动窗体模块相联系的窗体被默认为是 object。

💡 **提示**　　　　　　　　　　　　　　　　　　　　　　　　　　　　　　◎

新对象的默认名称由对象类型加上一个唯一的整数组成。例如，第一个新的窗体（Form）对象的名称是 Form1。

一个对象的名称属性必须以一个字母开始并且最长可达 40 个字符。它可以包括数字和带下画线的字符，但不能包括标点符号或空格。

虽然 Name 属性的取值可以是一个关键字、属性名字或别的对象的名字，但这会在代码中产生冲突，应尽量避免使用。

在设计时不能有两个窗体使用相同的名字。

Visual Basic 经常将名称（Name）属性作为 Caption、LinkTopic 和 Text 等属性的默认值使用，设计者可以改变这些属性的取值，这对别的属性没有影响。

（2）Appearance *属性*

语法：object.Appearance [=Value]

功能：返回或设置窗体或窗体上的控件（如按钮）的显示效果。

说明《《《

object 代表一个对象。

Appearance 属性的设置值如下。

0：窗体及窗体上的控件显示为平面效果。

1：窗体及窗体上的控件显示为立体效果，为默认值。

💡 **提示**　　　　　　　　　　　　　　　　　　　　　　　　　　　　　　◎

在多窗体设计时，将 MDIForm（多文挡界面窗体）对象的 Appearance 属性设置为 1，只对 MDI 父窗体产生影响。要使 MDI 子窗体具有立体效果，必须将每个子窗体的 Appearance 属性设置为 1。MDI 窗体设计可参阅本章 8.6 节"多文档界面（MDI）窗体"。

（3）AutoRedraw *属性*

语法：object.AutoRedraw[=boolean]

功能：返回或设置对象的自动重绘是否有效。

说明《《《

object 代表一个对象。

boolean 代表布尔表达式，指定是否重绘对象，设置值如下。

True：使对象的自动重绘有效。此时对象显示到屏幕上，并以图像形式存储在内存中，必要时，用存储在内存中的图像在屏幕上对该对象进行重绘。

False：默认值，使对象的自动重绘无效。当需要重画该对象时，Visual Basic 会激活预先设定的对象绘制事件。

💡 **提示**

使用下列图形方法，如 Circle、Cls、Line、Point、Print 和 Pset 工作时，AutoRedraw 属性极为重要。利用这些方法，在改变对象大小或隐藏在另一个对象后又需重新显示被隐藏部分的情况下，设置 AutoRedraw 为 True，将在窗体中自动进行重绘输出。

设置 AutoRedraw 为 False 时，以前的显示内容成为背景的一部分，此时用 Cls（清除）方法清除绘图区时不会删除背景图形；把 AutoRedraw 改回 True 后，使用 Cls 方法将清除背景图形。

（4）BackColor 和 ForeColor 属性

语法：

```
object.BackColor[=color]
object.ForeColor[=color]
```

功能：

BackColor 返回或设置对象的背景颜色。

ForeColor 返回或设置对象中显示的图片和文本的前景颜色。

说明 <<<

object 代表一个对象。

color 是一个值或常数，指定对象前景或背景的颜色。

颜色的有效取值范围为 0 ~ 16777215(&HFFFFFF)。数的高字节为 0，较低的 3 个字节从低字节到高字节依次表示红、绿和蓝的成分，分别由一个介于 0 ~ 255（&HFF）之间的数来表示。可在代码中用表 8.1 中的常数作为 color 值。

表 8.1　color 常数的取值

常　　数	值	对 应 颜 色
vbBlack	0×0	黑色
vbRed	0×FF	红色
vbGreen	0×FF00	绿色
vbYellow	0×FFFF	黄色
vbBlue	0×FF0000	蓝色
vbMagenta	0×FF00FF	紫红色
vbCyan	0×FFFF00	青色
vbWhite	0×FFFFFF	白色

color 取值的另一种设置方法是单击 BackColor 或 ForeColor 属性右边的箭头调出如图 8.3

所示的"颜色"下拉列表，在"系统"选项卡中选择窗体的某个组成部分，在"调色板"选项卡中对该组成部分进行颜色的选择。

图8.3　"颜色"下拉列表

💡 **提示**

在窗体对象中设置 BackColor 属性，则窗体中的所有文本和图片将被擦除，设置 ForeColor 属性不影响已显示的图片或打印输出。

（5）BorderStyle 属性

语法：object.BorderStyle[=value]

功能：返回或设置对象的边框样式。

说明 <<<

object 代表一个对象。

value 是一个值或常数，用于决定边框样式，设置值如下。

➤ 0：无。没有边框及与边框相关的元素。

➤ 1：固定单边框。可以包含控制菜单框、标题栏、最大化按钮和最小化按钮。只能用最大化和最小化按钮改变窗体大小。

➤ 2：可调整的边框（默认值）。可以使用控制菜单框、标题栏、最大化按钮和最小化按钮改变窗体大小。

➤ 3：固定对话框。可以包含控制菜单框和标题栏，不能包含最大化和最小化按钮，不能改变窗体大小。

➤ 4：固定工具窗口。不能改变大小，显示关闭按钮，窗体在 Windows 的任务条中不显示。

➤ 5：可变尺寸工具窗口。可改变大小，显示关闭按钮，窗体在 Windows 的任务条中不显示。

💡 **提示**

BorderStyle 属性决定了窗体的主要外观特征：通常设置值2（可调整的边框）用于定义普通样式的标准窗口，设置值3（固定对话框）用于定义标准对话框，设置值4（固定工具窗口）和5（可变尺寸工具窗口）用于定义工具箱样式的窗口。

窗体的 BorderStyle 属性值设置为 1（固定单边框）或 2（可调整的边框）时，MinButton（最小化按钮）、MaxButton（最大化按钮）和 ShowInTaskbar（任务条中的显示）属性自动设置为 True。BorderStyle 设置为 0（无）、3（固定对话框）、4（固定工具窗口）或 5（可变尺寸工具窗口）时，MinButton、MaxButton 和 ShowIn Taskbar 属性自动设置为 False。

带有菜单的窗体被设置为 3（固定对话框）时，该窗体将按设置值 1（固定单边框）显示。

（6）Caption 属性

语法：object.Caption[=string]

功能：设置显示在窗体的标题栏中的文本。当窗体被最小化时，该文本将显示在 Windows 的任务条中相应窗体的图标上。

说明 <<<

object 代表一个对象，如果 object 被省略，则默认为与活动窗体模块相联系的窗体。

string 是字符串表达式，指明被显示为标题的文本内容。

💡 提示

一个新对象被建立时，该对象的 Caption 属性自动设置为其名称（Name）属性的默认取值，即自动设置为对象名和一个整数的形式。例如，窗体被设置为 Form1。一般应对 Caption 属性进行必要的设置，以便更清楚地描述窗体中的内容。

窗体的 Caption 属性最多 255 个字符。当设置的标题超出窗体标题栏的宽度时，超宽的部分将被显示为省略号。

为窗体设置标题时，应将窗体的 BorderStyle 属性设置为 1（固定单边框）、2（可调整的边框）或 3（固定对话框）。

（7）ClipControls 属性

语法：object.ClipControls[=boolean]

功能：返回或设置一个值，指定 Paint 事件中的图形方法是对整个窗体有影响，还是只对窗体中新显露出的区域有影响。

说明 <<<

object 表示一个对象。

boolean 表示一个布尔表达式，指定如何进行重绘，设置值如下。

➤ True：指定 Paint 事件中的图形方法绘制整个窗体。注意：在绘制之前，将自动在该窗体中非图形控件的周围创建剪裁区。

➤ False：指定 Paint 事件中的图形方法只绘制窗体中新显露出的区域。在绘制之前，不在该窗体非图形控件的周围创建剪裁区。

💡 **提示**

创建剪裁区可以确定对窗体的哪一部分进行重绘。如果将窗体的 ClipControls 属性设置为 False，可以加快加载和重绘复杂窗体的速度。

（8）ControlBox *属性*

语法：object.ControlBox [=boolean]

功能：返回或设置一个值，指示在程序运行时窗体中是否显示控制菜单框。

说明 ≪≪

object 代表一个对象。

ControlBox 属性设置值如下。

➤ True：显示控制菜单框（默认值）。

➤ False：不显示控制菜单框。

💡 **提示**

为了显示控制菜单框，还必须将窗体的 BorderStyle 属性值设置为 1（固定单边框）、2（可调整的边框）或 3（固定对话框）。

相关属性的取值将决定窗体控制菜单框中可以使用的命令。例如：将 MaxButton（"最大化"按钮）属性和 MinButton（"最小化"按钮）属性设置为 False，控制菜单中的最大化和最小化命令将变为无效。

当 ControlBox 属性设置为 False 时不显示控制菜单框，此时窗体右上角将不显示"最大化"按钮、"最小化"按钮和"关闭"按钮。

（9）Enabled *属性*

语法：object.Enabled[=boolean]

功能：返回或设置窗体是否能够对键盘或鼠标产生的事件做出反应。

说明 ≪≪

object 代表一个对象，如果 object 被省略，则默认为与活动窗体模块相联系的窗体。

boolean 代表一个布尔表达式，用来指定对象（object）是否能够对用户产生的事件做出反应。设置如下。

➤ True：设置 object 对事件做出反应（默认值）。

➤ False：设置 object 对事件不做反应。

💡 **提示**

Enabled 属性可以设置在程序运行时窗体对事件不做反应，此时窗体不能被改变大小和位置，对键盘鼠标操作不予接受。

（10）Font 属性

语法：object.Font

功能：返回一个 Font 对象。

说明 <<<

> object 代表一个对象。

提示

窗体的 Font 属性可以决定在窗体中显示的文本（如标签、文本框等）所使用的字体。

要设置窗体 Font 属性，可以单击该窗体并按下 F4 键激活"属性"窗口，再单击 Font 属性右边的按钮，弹出如图 8.4 所示的"字体"对话框，进行字体的设定。

图 8.4　"字体"对话框

（11）Height、Width 属性

语法：

```
object.Height[=number]
object.Width[=number]
```

功能：返回或设置窗体的高度和宽度。

说明 <<<

> object 代表一个对象。
>
> number 为数值表达式，指定窗体的外部高度和宽度，其中包括边框和标题栏。

提示

使用 ScaleHeight 和 ScaleWidth 属性也可以设置窗体的高度和宽度，但是高度和宽度中不包括边框和标题栏。

（12）Icon 属性

语法：object.Icon[=LoadPicture (iconpath)]

功能：返回或设置程序运行时窗体处于最小化状态时显示的图标。在 Windows 中可以在窗体的左上角看到窗体的图标。

> **说明** ‹‹‹
>
> object 表示一个对象。
>
> LoadPicture 为装入图片函数，iconpath 为 LoadPicture 的参数，指明被装入的图片文件的路径。

💡 **提示**

被装入的图片文件将作为该窗体最小化时的图标，图片文件必须有.ico 文件扩展名和格式。Visual Basic 自身提供了若干图标文件，存放在 Visual Basic 安装目录下的 samples\visdata 子目录下。

在设计窗体时，可以单击该窗体"属性"窗口中 Icon 属性右边的按钮，弹出如图 8.5 所示的"加载图标"对话框，此时可以选择图标文件作为窗体最小化时的图标。

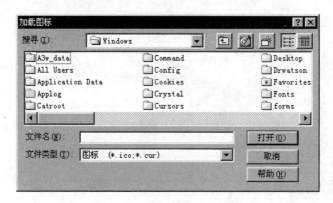

图 8.5　"加载图标"对话框

如果没有设置 Icon 属性，窗体将使用 Visual Basic 的默认图标。

在创建可执行文件时，可以使用该应用程序中的任意一个窗体的 Icon 属性给这个应用程序指定一个图标。

只有窗体的 BorderStyle（边框）属性设置为 1（固定单边框）或 2（可调整的边框），并且 MinButton（"最小化"按钮）属性设置为 True 时，窗体最小化时图标才可见。

在程序运行时，可以将一个对象的 Icon 属性赋值给另一个对象的 Icon 属性。

（13）Left 和 Top 属性

语法：

```
object.Left[=value]
object.Top[=value]
```

功能：Left 返回或设置窗体内部的左边与它的容器的左边之间的距离。"容器"指可以含有其他对象的对象。

Top 返回或设置窗体的内侧顶边和它的容器的顶边之间的距离。

object 代表一个对象。

value 为用于指定距离的数值表达式。

提示

Left 和 Top 属性分别决定了窗体在水平方向和垂直方向上的相对位置，也可以在窗体的"窗体布局"窗口中用鼠标拖动显示器图示中的窗体图示来改变窗体的相对位置。

【例 8.1】 编写程序代码：在窗体被加载时将窗体面积设置为屏幕大小的一半，并使窗体位于屏幕中央。

```
Private Sub Form_Load()
    Width=Screen.Width * .5          '设置窗体的宽度
    Height=Screen.Height * .5        '设置窗体的高度
    Left=(Screen.Width-Width)/2      '设置窗体在水平方向上居中
    Top=(Screen.Height-Height)/2     '设置窗体在垂直方向上居中
End Sub
```

（14）Moveable 属性

语法：object.Moveable=boolean

功能：返回或设置窗体的位置是否可以被移动。

object 为一个对象。

boolean 代表布尔表达式，设置对象是否可以移动。设置如下。

➤ True 或-1：窗体的位置可以被移动。

➤ False 或 0：窗体的位置不能被移动。

（15）MaxButton 属性

语法：object.MaxButton

功能：返回一个值，确定窗体的"最大化"按钮是否有效。

object 表示一个对象。

MaxButton 属性设置值如下。

➤ True：窗体的"最大化"按钮有效（默认值）。

➤ False：窗体的"最大化"按钮无效。

提示

当"最大化"按钮有效时，单击窗体的"最大化"按钮可以将窗体扩大到占据整个屏幕。当"最大化"按钮无效时，"最大化"按钮显示为灰色，单击"最大化"按钮时窗体没有任何反应。

要在窗体中显示"最大化"按钮，应将 BorderStyle 属性设置为 1（固定单边框）、2（可调整的边框）或 3（固定对话框），且 ControlBox 属性设置为 True。

窗口被最大化后，该窗体的"最大化"按钮自动地变成"恢复"按钮，单击"恢复"按钮可以将窗体恢复为原来大小，此时"恢复"按钮自动变回"最大化"按钮。

（16）MinButton 属性

语法：object.MinButton

功能：返回一个值，确定窗体的"最小化"按钮是否有效。

> **说明 <<<**
>
> object 表示一个对象。
>
> MinButton 属性设置值如下。
>
> ➤ True：窗体的"最小化"按钮有效（默认值）。
>
> ➤ False：窗体的"最小化"按钮无效。

💡 **提示**

当"最小化"按钮有效时，单击窗体的"最小化"按钮可以将窗体窗口缩小为图标，该图标显示在 Windows 的任务栏上。当"最小化"按钮无效时，"最小化"按钮显示为灰色，单击"最小化"按钮时窗体没有任何反应。

要在窗体中显示"最小化"按钮，应将 BorderStyle 属性设置为 1（固定单边框）、2（可调整的边框）或 3（固定对话框），且 ControlBox 属性设置为 True。

（17）Picture 属性

语法：object.Picture[=picture]

功能：返回或设置窗体中显示的图片。

> **说明 <<<**
>
> object 是一个对象。
>
> picture 为字符串表达式，用于指定图片文件，设置如下。
>
> ➤ None 代表没有图片（默认值）。
>
> ➤ Bitmap、icon、metafile、GIF、JPEG 可以指定一个图片。

💡 **提示**

设计时，单击窗体的"属性"窗口中 Picture 属性右边的按钮，弹出如图 8.6 所示的"加载图片"对话框，可以选择 Bitmap、icon、metafile、GIF、JPEG 等格式的图片文件。在运行时可以再对位图（Bitmap）、图标（icon）等文件使用 LoadPicture（装入图片）函数来设置 Picture 属性。例如，Form1.Picture =

LoadPicture ("c:\windows\clouds.bmp")，通过该语句可以在运行时将 "c:\windows\clouds.bmp" 图片文件设定为名为 "form1" 的窗体的背景图案。

图 8.6　"加载图片"对话框

在设计时进行 Picture 属性设置，图片将被保存并与窗体一同加载，如果建立可执行文件，图片包含在该文件中。在运行时加载图片，图片不和应用程序一起保存，可以使用 SavePicture 语句从窗体中将图片存储到文件中。

（18）StartUpPosition 属性

语法：object.StartUpPosition[=position]

功能：返回或设置窗体首次出现时的显示位置。

> **说明《《《**
>
> object 代表一个对象。
>
> position 是一个整数，设置窗体首次出现时的显示位置。设置如下。
>
> ➤ 0：手动指定取值，窗体的初次显示位置由 Left 和 Top 属性决定。
> ➤ 1：所隶属的对象的中央。
> ➤ 2：屏幕中央。
> ➤ 3：窗口默认（屏幕的左上角）。

💡 **提示**

在设计时，也可以在窗体的"属性"窗口中单击 StartUpPosition 属性右边的按钮来进行设置。

（19）ScaleLeft 和 ScaleTop 属性

语法：

```
object.ScaleLeft[=value]
object.ScaleTop[=value]
```

功能：ScaleLeft 属性返回或设置窗体左边界的水平坐标。

ScaleTop 属性返回或设置窗体上边界的垂直坐标。

> **说明《《《**
>
> object 表示一个对象。

> value 是一个数值表达式，用来指定水平或垂直坐标取值，默认值为 0。

💡 **提示**

通过在代码中使用 Scale 方法也可以设置 ScaleLeft 和 ScaleTop 属性的取值。

ScaleLeft 和 ScaleTop 属性定义的是窗体左边界和上边界的坐标，而 Left 和 Top 属性定义的是窗体左边界和上边界相对于其容器的左边界和上边界的距离，二者的含义是完全不同的。

（20）Visible 属性

语法：object.Visible[=boolean]

功能：返回或设置一个值，用于指明窗体是否可见。

说明 ❮❮❮

object 代表一个对象。

boolean 是布尔表达式，决定对象是可见的还是隐藏的，设置如下。

➤ True：设置窗体是可见的（默认值）。

➤ False：设置窗体是隐藏的。

💡 **提示**

当窗体设置为可见时，该窗体可以对键盘或鼠标事件进行响应，当窗体设置为隐藏时，该窗体对键盘和鼠标事件没有响应。

在设计时可以在窗体的"属性"窗口设置 Visible 属性的初始值，在代码中设置该属性可以在程序运行时使窗体变为可见或隐藏。

使用 Show 或 Hide 方法也可以显示或隐藏窗体，其效果与在代码中将 Visible 属性设置为 True 或 False 的效果相同。

【例 8.2】　当单击窗体时，相应窗体通过设置 Visible 属性被隐藏，并在屏幕上显示提示信息。按照提示信息单击"确定"按钮，该窗体通过设置 Visible 属性重新显示在屏幕上。

```
Private Sub Form_Click()
    Visible=false                          '通过设置 Visible 属性隐藏窗体
    MsgBox "单击"确定"按钮可以显示窗体。"    '显示提示信息
    Visible=true                           '通过设置 Visible 属性显示窗体
End Sub
```

（21）WindowState 属性

语法：object.WindowState[=value]

功能：返回或设置一个数值，用来指定窗体的可视状态。

说明 ❮❮❮

object 表示一个对象。

value 是一个数值表达式，用来指定窗体可视状态的取值，设置如下。

0：窗体以正常方式显示，为默认取值。

1：窗体缩到最小，显示为图标状态。

2：窗体放大到最大尺寸。

8.2.2 通过属性设计窗体的外观

1．与窗体外观有关的属性

在设计时，可以通过在窗体的"属性"窗口中设置属性取值来定义窗体的外观。

与窗体外观设计有关的属性有：Appearance（立体显示）、BackColor（背景颜色）、ForeColor（前景颜色）、BorderStyle（边框样式）、Caption（标题）、Font（显示字体）、Height（高度）、Width（宽度）、Left（左边距）、Top（上边距）、ControlBox（控制按钮）、MaxButton（"最大化"按钮）、MinButton（"最小化"按钮）、WindowState（可视状态）、StartUpPosition（起始位置）等属性。

2．窗体外观设计实例

下面的例子将按照 Windows 应用程序的窗体设计风格给出一种最常用的窗体外观设计方案，供大家参考。

【例 8.3】 建立一个窗体，并对其进行属性设置，使该窗体的外观符合 Windows 应用程序界面风格。

（1）创建窗体

在进行程序设计时，建立一个工程文件时 Visual Basic 会自动创建一个默认名为 Form1 的窗体。窗体生成后的属性自动设置为默认值，此时可以通过设置窗体的属性来设计窗体的外观。

要设置窗体的属性值，可以在该窗体上右击，在弹出的菜单中单击"属性窗口"选项或单击窗体并按下 F4 键来激活"属性"窗口，在"属性"窗口中可以设置窗体的属性。

（2）设置窗体的标题

设置窗体的 Caption（标题）属性取值为"窗体范例"，此时该窗体的标题栏上显示此窗体的标题为"窗体范例"。

（3）设置窗体首次出现时的显示位置

设置窗体的 Left（左边距）属性和 Top（上边距）属性取值分别为 4000 和 2500，使窗体基本上显示在屏幕的中心。也可以在"窗体布局"窗口中用鼠标拖动显示器图示中的窗体图示来改变窗体的相对位置，Visual Basic 会根据"窗体布局"窗口中的改动自动调整 Left 属性和 Top 属性的取值。

💡 **提示**

为了使 Left 和 Top 属性的设置有效，应该将 StartUpPosition（起始位置）属性的取值设置为 0，即设置窗体首次出现时的显示位置由 Left 和 Top 属性决定。0 为默认值，因此可以不进行此项设置。

当然，为了把窗体首次出现时的显示位置设置在屏幕的正中心，也可以将 StartUpPosition 属性的取值设置为 2，此时窗体的显示位置不受 Left 和 Top 属性的取值影响。

在程序运行时，可以在程序代码中改变 Left 和 Top 属性的取值，以便动态地改变窗体的显示位置。

（4）设置窗体首次出现时的大小

设置窗体的 Height（高度）和 Width（宽度）属性取值分别为 7000 和 9300。或者单击窗体，在窗体边缘出现的选中标记（小黑点）上拖动鼠标，在适当位置松开鼠标，Height 和 Width 属性的取值会随之自动做出调整。

💡 **提示**

为了使 Height 和 Width 属性的设置有效，应该将 WindowState（可视状态）属性的取值设置为 0，即设置窗体首次出现时以正常方式显示，而不是以最大化或最小化方式显示，此时窗体首次出现时的大小由 Height 和 Width 属性决定。在 WindowState 属性中 0 为默认值，因此可以不进行此项设置。

在程序运行时，可以在程序代码中改变 Height 和 Width 属性的取值，以便动态地改变窗体的大小。

（5）设置窗体为立体显示

设置窗体的 Appearance（立体显示）属性的取值为 1。1 为默认值，因此可以不进行此项设置。

（6）设置窗体的边框样式

设置窗体的 BorderStyle（边框样式）属性的取值为 2（可调整的边框），即该窗体可以通过控制菜单框、标题栏、"最大化" 和 "最小化" 按钮来改变大小。2 为默认值，因此可以不进行此项设置。

（7）设置窗体显示控制菜单框、"最大化" 和 "最小化" 按钮为可见

设置窗体的 ControlBox（控制按钮）属性的取值为 True。True 为默认值，因此可以不进行此项设置。

（8）设置窗体的 "最大化" 和 "最小化" 按钮有效（即可以响应鼠标操作）

设置窗体的 MaxButton（"最大化" 按钮）属性和 MinButton（"最小化" 按钮）属性的取值为 True。True 为默认值，因此可以不进行此项设置。

（9）设置窗体的背景图案

单击窗体的 "属性" 窗口中 Picture 属性右边的按钮，弹出 "加载图片" 对话框，在该对话框中选择 "C:\WINDOWS\CLOUDS.BMP" 文件作为该窗体的背景图案。

（10）设置窗体的字体样式

单击窗体的 "属性" 窗口中 Font 属性右边的按钮，弹出 "字体" 对话框，在该对话框

中选择字体为"宋体"，字号设置为"小五"，有时为了使界面中的文字更便于观看，常将字号设置为"五号"。

此时窗体的外观如图 8.7 所示。

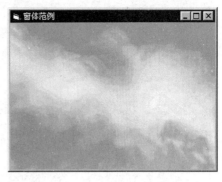

图 8.7　窗体外观设计实例

8.3　窗体的事件

对窗体进行各种操作，都将触发窗体的有关事件。例如，单击窗体会触发窗体的 Click 事件。通过编写事件过程代码，可以定义窗体在不同事件中的反应，从而实现窗体与程序使用者之间的交互。

8.3.1　编写窗体的事件过程代码

单击要编写事件过程的窗体，在"视图"菜单中选择"代码窗口"选项，或在"工程资源管理器"窗口中单击左上角的"查看代码"按钮，可以调出该窗体的代码窗口，如图 8.8 所示。单击代码窗口标题条下面的"对象"下拉列表并选择相应窗体（如 Form），单击"过程"下拉列表并选择相应的事件名称（如 Load），代码窗口中将自动出现相应事件过程的代码，如 Private Sub Form_Load( )和 EndSub 等，此时可以编写窗体的事件过程代码。

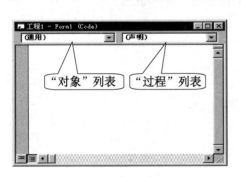

图 8.8　代码窗口

8.3.2　常用事件过程

窗体的事件有 Activate、Deactivate、LostFocus、GotFocus、Click，DblClick、MouseDown、MouseUp、MouseMove、Initialize、Load、Unload、QueryUnload、Paint、Resize、DragDrop、OLECompleteDrag、DragOver、OLEDragDrop、OLEDragOver、OLEGiveFeedback、OLESetData、KeyPress、KeyDown、KeyUp、OLEStartDrag、LinkClose、LinkError、LinkExecute、LinkOpen、Terminate，在本节中将学习窗体的几个最常用的事件。

1．Click 事件

触发条件：当单击窗体的空白区域（无控件的区域，控件的有关知识请参阅第 9 章"控件"）或单击窗体上的一个无效控件时，Click 事件被触发。

语法：Private Sub Form_Click( )

💡 提示

如果为 Click 事件编写了代码，则 DblClick（双击）事件将永远不会被触发，因为 Click 事件总是在 DblClick 事件之前首先被触发。

如果要区分操作中按下的是鼠标左键还是右键，应使用 MouseUp 或 MouseDown 事件。

【例 8.4】 编写一段程序代码实现以下功能：每次用鼠标单击窗体，该窗体的面积将会变大。

```
Private Sub Form_Click()
    Print "窗体发生鼠标单击（Click）事件，窗体将变大"
    Form1.Height = Form1.Height + 60
    Form1.Width = Form1.Width + 80
End Sub
```

2. DblClick 事件

触发条件：当双击窗体的空白区域（无控件的区域，控件的有关知识请参阅第 9 章"控件"）或双击窗体上的一个无效控件时，DblClick 事件被触发。

语法：Private Sub Form_DblClick( )

💡 **提示**

要触发 DblClick 事件，必须保证在系统双击时间限制内连续按下鼠标按钮，否则将被看作单击而触发 Click 事件。在 Windows 的控制面板中设置鼠标的双击速度可以改变双击时间限制。

如果在 Click 事件中有编码，DblClick 事件将永远不会被触发。

3. Initialize 事件

触发条件：当应用程序创建一个窗体时，将触发 Initialize 事件。

语法：Private Sub Form_Initialize( )

💡 **提示**

通过 Initialize 事件可以初始化窗体需要使用的数据。

窗体的 Initialize 事件发生在 Load（装载）事件之前。

4. Load 事件

触发条件：当窗体被装载时，Load 事件被触发。当通过 Load 语句启动应用程序，或调用未装载的窗体属性时，也会触发 Load 事件。

语法：Private Sub Form_Load( )

💡 **提示**

Load 事件过程中一般会含有一个窗体的启动代码，以便给与该窗体有关的控件或变量设置取值。

如果在代码中使用了一个未被装载的窗体的属性，则该窗体将被自动装载但不会自动成为可视窗体。

窗体的 Load 事件发生在该窗体的 Initialize 事件之后。

5．QueryUnload 事件

触发条件：当窗体将要关闭时，QueryUnload 事件被触发。

语法：Private Sub Form_QueryUnload(cancel As Integer,unloadmode As Integer)

> **说明《《**
>
> cancel 表示一个整数。如果该参数的取值被设定为一个非零值，可以在任何已装载的窗体中终止 QueryUnload 事件，以便阻止该窗体和应用程序的关闭。如果取值为 0，该窗体将被关闭。
>
> unloadmode 返回一个整数或一个常数，该参数取值可以指明触发 QueryUnload 事件的原因。unloadmode 参数取值及其含义如表 8.2 所示。

表 8.2　unloadmode 参数取值及其含义

常　　数	整　　数	含义（触发 QueryUnload 事件的原因）
vbFormControlMenu	0	从窗体上的控制菜单中选择"关闭"指令
VbFormCode	1	在代码中调用 Unload（卸载）语句
VbAppWindows	2	当前的 Microsoft Windows 操作环境会话完毕
VbAppTaskManager	3	Microsoft Windows 任务管理器正在关闭应用程序
VbFormMDIForm	4	MDI（多文档界面）子窗体随着 MDI 窗体正在关闭

💡 **提示**

QueryUnload 事件经常用在关闭一个应用程序之前，以便确认该应用程序中的某个窗体是否含有未完成的任务。例如，如果某一窗体中有尚未保存的数据，则可以在 QueryUnload 事件过程中加入相应代码以提示保存该数据。

QueryUnload 事件在窗体卸载之前发生，而 Unload（卸载）事件在窗体卸载时发生。所以，窗体的 QueryUnload 事件发生在该窗体的 Unload 事件之前。

6．Unload 事件

触发条件：当窗体从屏幕上删除时，Unload 事件被触发。

语法：Private Sub Form_Unload(cancel As Integer)

> **说明《《**
>
> cancel 表示一个整数，如果该参数的取值被设定为一个非零值，可以阻止该窗体从屏幕中被删除。如果取值为 0，则该窗体将被删除。

💡 **提示**

通常情况下，下列情况可以触发 Unload 事件。

➤ 在窗体的控制菜单上选择"关闭"选项。

➤ 使用 Unload 语句卸载窗体。

➤ 在 Windows 的"任务"窗口中选择"结束任务"按钮退出应用程序。

➤ MDI（多文档界面）子窗体随着其 MDI 窗体一同被关闭。

➤ 当应用程序正在运行的时候退出 Microsoft Windows 操作环境等。

如果 cancel 的取值被设置为非零值，可以阻止窗体被删除，但不能阻止其他事件。可以通过 QueryUnload 事件阻止其他事件。

窗体的 QueryUnload 事件发生在该窗体的 Unload 事件之前。

在窗体被卸载时，可以通过 Unload 事件过程来完成一些与该窗体卸载有关的必要操作。例如，将该窗体中的数据保存到一个文件中。

7．MouseMove 事件

触发条件：当鼠标移动时，MouseMove 事件被触发。

语法：Private Sub Form_MouseMove (button As Integer,shift As Integer,x As Single,y As Single)。

说明 <<<

button 指出一个用来表示鼠标各个按钮状态的整数。

1：表示鼠标左键处于按下状态。

2：表示鼠标右键处于按下状态。

3：表示鼠标左键和右键同时处于按下状态。

4：表示鼠标中间的按钮处于按下状态。

没有设置取值时，表示没有鼠标按钮处于按下状态。

shift 指出一个用来表示 Shift 键、Ctrl 键和 Alt 键状态的整数。

1：表示 Shift 键处于按下状态。

2：表示 Ctrl 键处于按下状态。

3：表示 Shift 键和 Ctrl 键同时处于按下状态。

4：表示 Alt 键处于按下状态。

没有设置取值时，表示 Shift 键、Ctrl 键和 Alt 键都没有处于按下状态。

x，y 指出鼠标指针当前位置的坐标数。

提示

只要鼠标移动便会触发 MouseMove 事件，随着鼠标的移动将连续不断地产生 MouseMove 事件。当鼠标指针位于窗体边框范围内时，该窗体将接收 MouseMove 事件。

MouseMove 事件只有在鼠标移动时被触发，按下或松开鼠标按钮将触发 MouseDown 和 MouseUp 事件。

8．MouseDown 和 MouseUp 事件

触发条件：当按下鼠标按钮时，MouseDown 事件被触发；当松开鼠标按钮时，MouseUp

事件被触发。

语法：

Private Sub Form_MouseDown(button As Integer,shift As Integer,x As Single,y As Single)

Private Sub Form_MouseUp(button As Integer,shift As Integer,x As Single,y As Single)

说明 <<<

　　button 指出一个整数，该整数表明触发 MouseDown（或 MouseUp）事件的鼠标按钮是左键、右键还是中间的按钮。

　　1：表示是鼠标左键被按下（或被松开）触发了 MouseDown（或 MouseUp）事件。

　　2：表示鼠标右键触发了 MouseDown（或 MouseUp）事件。

　　3：表示鼠标中间的按钮触发了 MouseDown（或 MouseUp）事件。

　　button 的取值只能是上述取值中的一个。

　　shift 指出一个用来表示 Shift 键、Ctrl 键和 Alt 键状态的整数。

　　1：表示 Shift 键处于按下状态。

　　2：表示 Ctrl 键处于按下状态。

　　3：表示 Alt 键处于按下状态。

　　4：Shift 键和 Alt 键被同时按下，则 shift 参数的取值为 5。

　　没有设置 shift 参数的取值时，表示 Shift 键、Ctrl 键和 Alt 键都没有处于按下状态。

　　x，y 指出鼠标指针当前位置的坐标数。

提示

　　与 Click 和 DblClick 事件不同，使用 MouseDown 和 MouseUp 事件能够判断触发事件的是鼠标的左键、右键还是中间按钮，并能够在使用鼠标按钮的同时按下 Shift 键、Ctrl 键或 Alt 键的情况编写事件过程代码。

　　在 MouseDown 和 MouseUp 事件中，button 参数确切地指出触发事件的一个具体的鼠标按钮（触发事件时只能按下或松开一个按钮），在 MouseMove 事件中，button 参数反映的是所有鼠标按钮的当前状态（触发事件时可以同时按下不止一个按钮）。

【例 8.5】　编写一段程序代码实现以下功能：每次用鼠标单击窗体，如果按下的是左键则该窗体的位置将会向左移动；如果按下的是右键则该窗体的位置将会向右移动。

```
 Private Sub Form_MouseDown(Button As Integer, Shift As Integer, X As Single,
Y As Single)
   If Button = 1 Then                              '如果在窗体上按下了鼠标左键
     Print "在窗体上按下了鼠标左键，窗体将向左移动"    '显示提示信息
     Form1.Left = Form1.Left - 100                 '窗体将向左移动
   End If
   If Button = 2 Then                              '如果在窗体上按下了鼠标右键
     Print "在窗体上按下了鼠标右键，窗体将向右移动"
     Form1.Left = Form1.Left + 100
```

```
      End If
   End Sub
```

9. Activate 和 Deactivate 事件

触发条件：当窗体成为活动窗口时触发 Activate 事件。

当窗体变为非活动窗口时触发 Deactivate 事件。

语法：

Private Sub Form_Activate( )

Private Sub Form_Deactivate( )

> **说明 <<<**
>
> 　　用单击窗体，或者在代码中对窗体使用 Show（显示）或 SetFocus（设置焦点）等方法可以使该窗体成为活动窗体。Show 和 SetFocus 方法的有关知识请参阅本章的相关内容。
>
> 　　只有当窗体为可见时，Activate 事件才会被触发。将窗体的 Visible 属性设置为 True 或者使用 Show 方法，可以使窗体可见。
>
> 　　用 Load 语句可以加载窗体，但窗体不一定是可见的。

10. GotFocus 事件

触发条件：当窗体获得焦点时，GotFocus 事件被触发。

语法：Private Sub Form_GotFocus( )

💡 **提示**

在 Windows 和 Windows 的应用程序中，某一时刻只能有一个窗体或控件接收键盘输入或鼠标单击等操作，该窗体或控件以突出方式进行显示（如窗体的标题栏显示为蓝色），此时称该窗体或控件具有焦点。单击窗体或在代码中使用 SetFocus（改变焦点）等方法可以使窗体获得焦点。SetFocus 方法的有关知识请参阅本章的相关内容。

11. LostFocus 事件

触发条件：当窗体失去焦点时，LostFocus 事件被触发。

语法：Private Sub Form_LostFocus( )

💡 **提示**

由于在 Windows 和 Windows 的应用程序中，某一时刻只能有一个窗体或控件具有焦点，所以当其他窗体或控件获得焦点时，原来具有焦点的窗体或控件将产生 LostFocus（失去焦点）事件。

12. Paint 事件

触发条件：当窗体被放大或移动以后，或当一个原本遮盖着该窗体的窗体被移开，并使该窗体部分或完全显露时，Paint 事件被触发。

语法：Private Sub Form_Paint( )

💡 **提示**

当使用 Refresh（刷新）方法时，会触发 Paint 事件，此时可以进行必要的重绘。当窗体的 AutoRedraw（自动重绘）属性设置为 True 时，不必调用 Paint 事件，重新绘图将会自动进行。

如果窗体的 ClipControls 属性设置为 True，在窗体的 Paint 事件过程中使用绘图方法将影响该窗体中未被控件覆盖的所有区域。否则绘图方法仅影响该窗体刚刚显露出的区域。

13．Resize 事件

触发条件：当窗体第一次显示或当窗体的状态发生改变（如一个窗体被最大化、最小化或还原）时，Resize 事件被触发。

语法：Private Sub Form_Resize( )

💡 **提示**

当调整窗体的大小时，可以使用 Resize 事件过程来调整窗体上各部件的显示位置和大小。

在 Resize 事件中使用 Refresh 方法调用 Paint 事件，可以在调整窗体大小时保持图形的大小与窗体的大小成比例。

在下列情况下，使用 Resize 事件比使用 Paint 事件可能更合适。

➤ 移动一个窗体或控件，或者是调整其大小。

➤ 调用 Refresh 方法。

➤ 改变与大小或外观有关的任何属性或变量的取值。

8.4　窗体的方法

在代码中，可以通过窗体的方法定义窗体的各种行为，以便对事件做出响应。

窗体的方法有 Add、Circle、Refresh、Cls、Show、Hide、SetFocus、Move、Line、PopupMenu、Point、PaintPicture、PrintForm、Scale、ScaleX、ScaleY、OLEDrag、Pset、TextHeight、TextWidth、WhatsThisMode、ZOrder 等。本节将对窗体的几种常用方法给予介绍。

8.4.1　窗体的加载、显示、隐藏和卸载

1．窗体的加载

要想加载窗体，可以在代码中使用 Load 语句。Load 语句具有将窗体加载到内存中的功能。

语法：Load object

object 表示一个对象，如窗体。

💡 **提示**

使用 Load 语句只能加载窗体，并不能显示窗体，因此除非在加载窗体时不需要显示窗体，否则不要对窗体使用 Load 语句。例如，在初始化时使用 Load 语句加载所有的窗体，而在必要的时候才显示这些窗体。

当一个应用程序启动时，会自动加载并显示该应用程序的启动窗体。启动窗体的相关知识请参阅本章的有关内容。

当一个窗体尚未加载时，对该窗体的任何引用（除非在 Set 或 If...TypeOf 语句中）都会自动加载该窗体。例如，使用 Show 方法显示窗体时首先会自动加载该窗体。

在加载窗体时，首先自动将窗体的各个属性设置为初始值，然后将执行窗体的 Load 事件过程。

2. 窗体的显示

在代码中使用 Show 方法，可以进行窗体的显示。

语法：object.Show

说明 ‹‹‹

object 表示一个对象，如窗体。

💡 **提示**

如果调用 Show 方法时指定的窗体还没有装载，则 Visual Basic 会自动装载该窗体。可见，使用 Show 方法有自动装载窗体的功能。

如果调用 Show 方法时指定的窗体被其他窗体遮挡在后面，则该窗体会自动显示在最前面。

在代码中调用 Show 方法或者将窗体的 "Visible"（可见）属性设置为 True，都可以使窗体可见。

3. 窗体的隐藏

可以通过在代码中使用 Hide 方法来隐藏窗体。

语法：object.Hide

说明 ‹‹‹

object 表示一个对象，如窗体。

💡 **提示**

使用 Hide 方法隐藏窗体时，窗体从屏幕上消失，同时窗体的 Visible 属性自动设置为 False。

使用 Hide 方法只能隐藏窗体，不能将窗体卸载。如果调用 Hide 方法时该窗体还没有加载，那么 Hide

方法会自动加载该窗体但并不予以显示。

一个窗体被隐藏时，不能访问该窗体中的控件。

【例8.6】　用 Hide 方法和 Show 方法编程，实现两个窗体的交替显示。

建立一个工程，并创建一个标准窗体 Form1，为该窗体添加下面两个事件代码。

```
Private Sub Form_Activate()   '窗体 Form1 变为活动窗体（Activate）的事件代码
    Cls                       '清除本窗体上原有的显示内容
        Print    "本窗体是 Form1 窗体，单击此窗体将切换到 Form2 窗体"
End Sub
Private Sub Form_Click()       '窗体 Form1 被单击（Click）的事件代码
    Form1.Hide
    Form2.Show
    End Sub
```

为此工程添加第二个窗体 Form2（为工程添加多个窗体的方法请参见本章 8.5 节"多个窗体的处理"），并为该窗体添加下面两个事件代码。

```
Private Sub Form_Activate()   '窗体 Form2 变为活动窗体（Activate）的事件代码
    Cls                       '清除本窗体上原有的显示内容
    Print "本窗体是 Form2 窗体，单击此窗体将切换到 Form1 窗体"
End Sub
Private Sub Form_Click()       '窗体 Form2 被单击（Click）的事件代码
    Form2.Hide
    Form1.Show
End Sub
```

运行以上程序，首先显示窗体 Form1，在该窗体上单击，则窗体 Form1 被隐藏并自动显示窗体 Form2，此时在窗体 Form2 上单击，则窗体 Form2 被隐藏并自动显示窗体 Form1，如此可以实现两个窗体的交替显示。

4．窗体的卸载

要想卸载窗体，可以在代码中使用 Unload 语句。Unload 语句具有从内存中卸载窗体的功能。

语法：Unload object

说明 <<<

object 表示一个对象，如窗体。

提示

当卸载窗体时，只是卸载窗体的显示部件，与该窗体模块相关联的代码依旧保存在内存中。

从内存中卸载窗体可以释放窗体占用的内存空间。

在卸载窗体的过程中，首先会触发 Query_Unload 事件过程，然后触发 Unload 事件过程。将事件过程的 cancel 参数设置为 True 可以阻止窗体的卸载。

当窗体被卸载后，在运行时添加到该窗体上的任何控件都不能被访问，在设计时添加到该窗体上的控件将保持不变。

当窗体被卸载后，对该窗体的任何引用（除非在 Set 或 If...TypeOf 语句中）都会自动加载该窗体。当窗体被重新加载时，在运行时对窗体属性的更改及对窗体中各控件的更改将不被保留。

8.4.2 窗体的其他常用方法

1. Move 方法

功能：移动窗体。

语法：object.Move left,top,width,height

> **说明** ≪≪
>
> object 表示一个对象，如窗体。
> left 为单精度数值，表示窗体左边框的水平坐标，即 x 轴坐标，该参数不可省略。
> top 为单精度数值，表示窗体上边框的垂直坐标，即 y 轴坐标，该参数可省略。
> width 为单精度数值，表示窗体的新宽度，该参数可省略。
> height 为单精度数值，表示窗体的新高度，该参数可省略。

💡 **提示**

left、top、width、height 参数中只有 left 参数是必不可少的。如果省略了某个参数，则该参数后面的所有参数都必须一同省略。例如，如果没有指定 top 和 width 参数，就不能指定 height 参数，所以要指定 height 参数就必须首先指定 top 和 width 参数。没有被指定的参数将保持不变。

2. Refresh 方法

功能：对一个窗体进行全部重绘。

语法：object.Refresh

> **说明** ≪≪
>
> object 表示一个对象，如窗体。

💡 **提示**

窗体的绘制一般是自动进行的，并不需要使用 Refresh 方法。如果需要窗体的显示被立即更新（如在当前的目录结构发生变化时，窗体中的目录列表框的内容就需要被立即更新），就有必要使用 Refresh 方法。

3. SetFocus 方法

功能：使窗体获得焦点。

语法：object.SetFocus

object 表示一个对象，如窗体。

💡 提示

窗体调用 SetFocus 方法后将具有焦点，任何输入将指向该窗体。

只有可见的窗体才能具有焦点。即使窗体为可见的，当窗体的 Enabled 属性被设置为 False 时，也不能把焦点移到该窗体上，此时可以先将 Enabled 属性设置为 True，然后再使用 SetFocus 方法使窗体获得焦点。

4．PopupMenu 方法

功能：在窗体上的指定位置或者鼠标当前位置显示弹出式菜单。

语法：[object.]PopupMenu menuname [,flags[,x[,y[,boldcommand]]]]

说明 <<<

其中带有方括号的内容可以省略，各项内容含义如下。

➤ object 表示一个对象，如窗体。

➤ menuname 表示弹出式菜单的名称，注意：指定的菜单中至少含有一个菜单项。

➤ flags 指定一个数值或常数，该参数由位置常数和行为常数组成，可以定义弹出式菜单的显示位置与显示条件。

➤ x，y 指明弹出式菜单相对于指定窗体的横坐标和纵坐标，如果省略 x 和 y，则弹出式菜单显示在鼠标指针的当前位置。

➤ boldcommand 指定在弹出式菜单中以粗体字体显示的菜单控件的名称，如果省略该参数，则弹出式菜单中没有以粗体字显示的内容。

因为 PopupMenu 方法与弹出式菜单的知识有密切联系，所以我们将在第 11 章"菜单设计"的 11.7 节"弹出式菜单"中做进一步的讲解。要全面掌握 PopupMenu 方法的用法请参阅有关章节。

8.5 多个窗体的处理

1．加入新的窗体

为应用程序添加一个窗体的操作步骤如下。

① 在"文件"菜单中选择"新建工程"创建一个工程，或选择"打开工程"打开一个已有的工程。

② 在"工程"菜单中单击"添加窗体"选项，此时屏幕上显示"添加窗体"对话框，如图 8.9 所示。

③ 在"新建"中选择要添加的窗体的类型，或者在"现

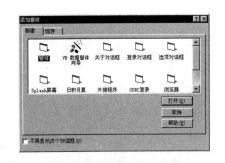

图 8.9 "添加窗体"对话框

存"中选择一个已经存在的窗体文件。

④ 单击"打开"按钮。

2. 启动窗体

当应用程序开始运行时，所显示的第一个窗体称为启动窗体。

（1）设定启动窗体

在没有指定启动窗体时，应用程序中的第一个窗体被默认为该应用程序的启动窗体。如果需要将其他窗体作为应用程序的启动窗体，应该进行以下操作。

① 在"工程"菜单中，选择最后一个选项"工程属性"。

② 在弹出的"工程属性"对话框中单击"通用"。

③ 在"启动对象"下拉列表框中，选择一个窗体作为启动窗体。

④ 单击"确定"按钮。

（2）动态设置启动窗体

有时候需要应用程序在开始运行时不是固定地显示某个窗体，而是根据情况动态地显示窗体。例如，某个应用程序在启动时首先运行装入数据文件的代码，然后再根据数据文件的内容决定显示几个不同窗体中的哪一个。

在标准模块中建立一个名为 Main 的子过程，可以动态地显示窗体。

【例 8.7】　在名为 Main 的子过程中加入下列代码，可以根据不同的情况动态地显示不同的窗体。

```
Sub Main()
    Dim DataStatus As Integer    '通过一个函数过程来获取用户的状态
    DataStatus=GetUserStatus      '根据所获取的状态决定显示哪个启动窗体
    If DataStatus =1 Then
        frmMain.Show              '通过 Show 方法显示 frmMain（主）窗体
    Else
        frmPassword.Show          '通过 Show 方法显示 frmPassword（密码）窗体
    End If
End Sub
```

💡 提示

Main 过程必须是一个子过程，并且不能在窗体模块中。

如果要将 Main 子过程设定为应用程序的启动对象，应该进行以下操作。

① 在"工程"菜单中，选择最后一个选项"工程属性"。

② 在弹出的"工程属性"对话框中单击"通用"。

③ 在"启动对象"下拉列表框中，选择"Sub Main"。

④ 单击"确定"按钮。

（3）快速显示窗体

快速显示窗体是一种窗体，在该窗体中一般显示应用程序的名称、版权信息等内容。

例如，在 Microsoft Word 的启动过程中，首先会显示一个如图 8.10 所示的快速显示窗体。

图 8.10　Microsoft Word 的快速显示窗体

有些应用程序在启动时要装入大量的数据，因此会使应用程序的启动过程较长。在应用程序启动时显示一个快速显示窗体，可以吸引程序使用者的注意，以免产生应用程序运行速度慢的感觉。

💡 提示

作为快速显示的窗体要尽量简洁明快，不要使用大量的图片或控件，否则将会降低快速显示窗体本身的显示速度。

当程序启动后，要卸载快速显示窗体并加载应用程序的第一个窗体。

【例 8.8】　首先按照前面介绍的方法将 Sub Main 过程设定为启动对象，然后在 Sub Main 过程中使用 Show 方法，可以显示快速显示窗体，代码如下。

```
Private Sub Main()
    frmStart.Show          '通过 Show 方法显示快速显示窗体
    ...                    '省略号表示与启动相关的代码，内容由程序设计者决定
    frmMain.Show           '显示 frmMain（主）窗体
    Unload frmStart        '卸载快速显示窗体
End Sub
```

3. 结束应用程序时关闭所有窗体

访问没有加载的窗体或已卸载的窗体的属性或控件，该窗体会被自动加载，此时该窗体是不可见的。要结束一个应用程序，必须保证该应用程序中的所有窗体（包括不可见的窗体）都已经被关闭。

【例 8.9】　在应用程序主窗体的 Unload 事件过程中加入下列代码，可以通过 Forms 集合找到所有窗体，并使用 Unload 方法卸载这些窗体。

```
Private Sub FrmMain_Unload()
    Dim n as integer
    For n=0 to Forms.Count - 1     '通过循环找到所有的窗体，Forms.Count
                                    表示窗体的总数
        Unload Forms(n)            '卸载找到的每个窗体
```

```
        Next
    End Sub
```

8.6　多文档界面（MDI）窗体

由于多文档界面（MDI）窗体的使用相对较少，我们不将其作为学习的重点，本节仅对多文档界面（MDI）窗体的知识进行简要介绍。

1. 程序界面样式

Windows 应用程序主要有两种界面样式：单文档界面（英文缩写为 SDI）和多文档界面（英文缩写为 MDI）。

图 8.11　SDI 窗体（记事本程序）

Windows 中的 Notepad（记事本）应用程序就是一个单文档界面的应用程序，其界面如图 8.11 所示。在该应用程序中，某一时刻最多只能打开一个文档（如一个文本文件），如果要打开另一个文档，则必须首先关闭当前已打开的文档。

Microsoft Word 应用程序是一个多文档界面，其界面如图 8.12 所示。在该应用程序中，可以同时打开多个文档，每一个打开的文档都显示在各自的窗口中。在多文档界面的应用程序中一般都含有一个称为"Window"（中文软件中称为"窗口"）的菜单选项，在该菜单中显示出已经打开的各文档的名称，单击文档名称可以在各文档及其显示窗口之间进行切换，带有对钩标记的文档为当前文档（当前文档具有焦点）。

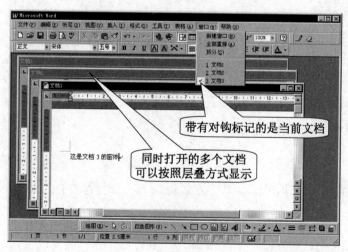

图 8.12　MDI 窗体（Microsoft Word 应用程序）

将应用程序设计成单文档界面还是多文档界面，应该根据应用程序的目的来决定。例如，一个图片浏览和编辑程序一般使用多文档界面，以便能同时查看多个图片并方便地进行图片比较和参照；而计算器程序往往设计成单文档界面，因为一般不会在同一时刻使用两个或更多的计算器。

2. 建立多文档界面（MDI）应用程序

建立多文档界面（MDI）应用程序实际上就是为应用程序创建多文档界面窗体及其子窗体。

（1）创建 MDI 窗体

MDI 窗体通常可以作为应用程序背景窗口。

首先，在"文件"菜单中选择"新建工程"创建一个工程，或选择"打开工程"打开一个已有的工程。然后，在"工程"菜单中单击"添加 MDI 窗体"选项，可以创建一个 MDI 窗体。

💡 **提示**

一个应用程序中最多只能有一个 MDI 窗体。当一个工程中已经存在一个 MDI 窗体时，"工程"菜单中的"添加 MDI 窗体"选项会变为灰色模糊显示，不能被选取。

（2）建立 MDI 子窗体

首先建立一个新窗体或者打开一个已经存在的窗体，然后将该窗体的 MDIChild 属性设置为 True，可以将该窗体定义为一个 MDI 子窗体。

一个应用程序可以有多个 MDI 子窗体。

3. 多文档界面（MDI）窗体的加载与显示

在代码中引用一个窗体的属性将使该窗体被自动装载。

当 MDI 窗体尚未被加载时，一个 MDI 子窗体被加载，则 MDI 窗体和该子窗体将被依次自动加载并且都成为可视的窗体。此时除非使用 Show 方法或将 Visible 属性设置为 True，否则应用程序中的其他窗体不会被显示。当加载 MDI 窗体时，其子窗体不会被自动加载。

将 MDI 窗体的 AutoShowChildren 属性设置为 Ture，则在该 MDI 窗体被加载时，其子窗体将自动显示；将 MDI 窗体的 AutoShowChildren 属性设置为 False，则在该 MDI 窗体被加载时，其子窗体将自动隐藏。

所有 MDI 子窗体被加载时都是可视的。

4. 多文档界面（MDI）窗体的大小和位置

当 MDI 子窗体的边框大小可变时（即 BorderStyle 属性取值为 2），其初始大小及其显示位置由 MDI 窗体的大小决定，与设计时该子窗体的大小无关。当 MDI 子窗体的边框大小不可变时（即 BorderStyle 属性取值为 0、1 或 3），该子窗体的初始大小由设计时的 Height 属性和 Width 属性的取值决定。

MDI 子窗体的设计与 MDI 窗体无关，但在运行时所有的 MDI 子窗体均显示在 MDI 窗体的工作空间内。可以通过移动子窗体改变其显示位置，也可以改变子窗体的大小，但是子窗体的这些改变不能超出 MDI 窗体的工作空间。

MDI 子窗体被最小化时会以图标的形式显示在 MDI 窗体中，但并不显示在 Windows 的任务栏中。当MDI窗体被最小化时，MDI窗体及其所有子窗体将以一个图标的形式显示在Windows的任务栏中。当 MDI 窗体被还原时，MDI 窗体及其所有子窗体将按最小化之前的状态予以显示。

如图 8.13 所示，当一个 MDI 子窗体被最大化时，该子窗体的标题和 MDI 窗体的标题将一同显示在 MDI 窗体的标题栏上，子窗体的"最小化""还原"和"关闭"按钮将显示在 MDI 窗体相应按钮的下面。

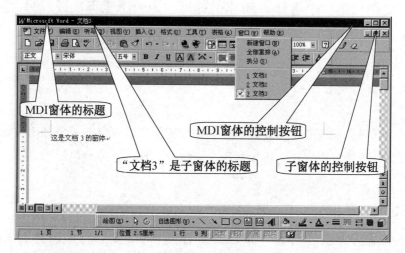

图 8.13　MDI 子窗体被最大化时的 MDI 窗体

5. 多文档界面（MDI）窗体的控件

如果 MDI 子窗体中有菜单，则 MDI 子窗体为活动窗体时，子窗体的菜单栏将自动取代 MDI 窗体的菜单栏。

只有具有 Align（显示方位）属性的控件，如 PictureBox（图片框）控件，或者具有不可见界面的控件，如 Timer（计时器）控件，才能直接放置在 MDI 窗体中。在 MDI 窗体中添加 PictureBox（图片框）控件后，可以在 PictureBox 控件中绘制其他控件。控件的有关知识请参阅第 9 章"控件"。

 **习题** 8

1. 填空题

（1）窗体通常有以下几个基本组成部分：_____、_____、_____、_____、_____、_____、_____和_____。

（2）窗体本身是一种对象，可以通过_____定义窗体的外观，通过_____定义窗体的行为，通过_____定义窗体与程序使用者之间的交互。

（3）每当建立一个工程文件时 Visual Basic 都会给出一个默认名为_____的窗体。

（4）名称属性必须以一个_____开始并且最长可达___个字符，不能包括_____和_____。

（5）Caption 属性可以设置显示在窗体的_____中的文本。

2．简答题

（1）简述窗体属性的设置方法。

（2）简述窗体的常用属性。

（3）如何通过属性设计窗体的外观？请举例说明。

（4）怎样进入窗体事件过程代码的编写状态？

（5）简述窗体的几种常见事件。

（6）如何进行窗体的加载、显示、隐藏和卸载？

（7）如何为应用程序加入新的窗体？

（8）如何设定启动窗体？

（9）举例说明什么是多文档界面（MDI）。

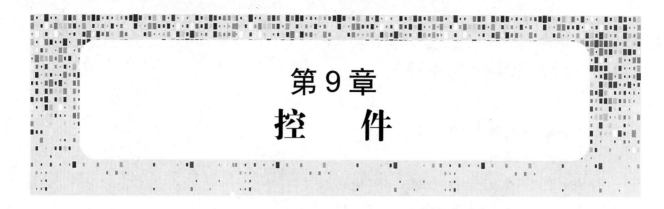

第9章
控　件

本章要点

本章主要讲解控件的分类、常用内部控件及控件数组的功能、用法及使用技巧。

学习目标

1. 了解控件的分类、常用内部控件及控件数组的功能。
2. 理解控件的各种属性、方法和事件的功能及含义。
3. 掌握常用内部控件的使用方法和技巧及控件数组的创建方法。

　　Visual Basic 作为一种面向对象的编程工具，其典型特点是利用大量预定义对象来完成编程任务。控件实际上就是一些包含在窗体中的对象，一般用于在应用程序中输入和显示文本，或者访问其他的应用程序及数据。每种控件都有自己的属性、方法和事件集合，每种控件都可以完成一种特定的任务。

　　在设计时，要将某一控件添加到窗体中，有两种方法：一种方法是双击工具箱中对应的控件图标；另一种方法是单击工具箱中对应的图标，当窗体中的指针变成"十"字形时，在窗体中移动指针，当产生的虚线框大小合适后松开鼠标左键。当相应控件出现在窗体中时，拖动控件可以移动其位置，拖动控件的边角可以改变其大小。

9.1　控件的分类

　　Visual Basic 的控件可分为三种类型：内部控件、ActiveX 控件和可插入对象。

1. 内部控件

　　内部控件是由 Visual Basic 提供的控件，包含在 Visual Basic 的扩展名为.exe 的文件中。内部控件始终显示在工具箱中，不能从工具箱中删除。工具箱中的内部控件如图 9.1 所示。

💡 **提示**

　　指针工具（工具箱中的第一个按钮）用来移动窗体和控件，并可调整它们的大小。但指针工具不是控件。

2. ActiveX 控件

ActiveX 控件是一些扩展名为.ocx 的独立文件。这些控件中有的属于标准 ActiveX 控件，如通用对话框（CommonDialog）控件、数据绑定组合框（DBCombo）控件、数据绑定列表框（DBList）控件和数据绑定网络（DBGrid）控件等。它们包含在 Visual Basic 的学习版、专业版和企业版三个版本中，其他 ActiveX 控件仅在专业版和企业版中提供（如 Listview、Toolbar、Animation 等），或者由第三方提供。

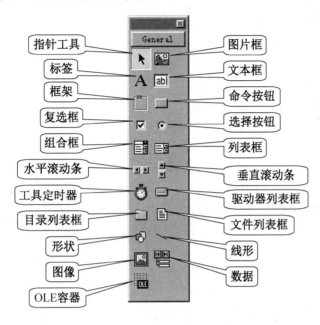

图 9.1 工具箱中的内部控件

3. 可插入对象

可插入对象是一些能够添加到工具箱中并可以作为控件使用的对象。这些对象实际上是由其他应用程序创建的不同格式的数据。例如，BMP 图片、Microsoft PowerPoint 幻灯片等都是可插入对象。

使用可插入对象，就可以通过在 Visual Basic 中编程来控制其他应用程序的对象了。

 ## 9.2　关于控件的几点说明

本节将介绍所有控件共有的几个问题，在各控件的有关章节中将不再重复讲解。

1. 控件的名字（Name）属性

每个控件都有一个名字，用于在程序代码中对其进行标识。通过控件的 Name 属性可以对其名字进行设置。第一次创建控件时，其 Name 属性被设置为默认值。例如，添加到窗体中的第一个文本框（TextBox）控件的 Name 属性被默认地设置为 Text1，第二个为 Text2，第三个为 Text3，等等，以此类推。我们可以保留其默认名称，但是这样的名字不便于记忆，而且如果有多个同类型的控件，就很难通过这样的名字进行区分了，所以最好将控件的 Name 属性设置为具有描述性特点、便于记忆的值。

通常为控件命名可以遵循这样的原则：用前缀描述控件所属的类，其后为控件的描述性名字。例如，txtData 表示用来输入或输出日期的文本框。

同时在为控件命名时还应注意：必须以字母开头，只能包含字母、数字和下画线（_），不允许有标点符号字符和空格，其长度不能超过 40 个字符。

2. 设置控件的位置和大小

（1）Left 属性和 Top 属性

除了线形（Line）控件，其他控件都有 Left 属性和 Top 属性。Left 属性用来设置控件左边缘与窗体左边缘的相对距离，Top 属性用来设置控件上边缘与窗体上边缘的相对距离。

在设计时，可以通过属性窗口设置这两个属性的取值。如果要在运行时动态地移动控件，则可以通过代码动态地改变这两个属性的值。

【例 9.1】　以下两条语句分别用来将标签 lblName 向右和向上移动 500 个像素。

```
lblName.Left=lblName.Left+500
lblName.Top=lblName.Top-500
```

（2）Wideth 属性和 Height 属性

除了线形（Line）控件和定时器（Timer）控件，其他控件都有 Wideth 属性和 Height 属性。Wideth 属性用来设置控件的宽度，Height 属性用来设置控件的高度。

在设计时，可以通过属性窗口设置这两个属性的取值。如果要在运行时动态地改变控件的大小，则可以通过代码动态地改变这两个属性的值。

【例 9.2】　以下两条语句分别用来将标签 lblName 的宽度和高度增加 500 个像素。

```
lblName.Wideth=lblName.Wideth+500
lblName.Height=lblName.Height+500
```

（3）Move 方法

语法：[object.]Move left[,top[,width[,height]]]

功能：主要用来移动窗体或者控件。

> **说明 <<<**
>
> object 为可选参数，表示要移动的对象，如果省略该参数，则移动具有焦点的窗体。
>
> left 为必选参数，用来设定对象的 left 属性的新值。
>
> top、width 和 height 为可选参数，分别用来设置对象的 top、width 和 height 属性的数值。

绝对移动是指将对象移动到指定位置。

【例 9.3】　下列语句用来将标签 lblName 移动到坐标为（100，200）的位置。

```
lblName.Move 100,200
```

相对移动是指通过指定从当前位置开始所移动的距离来移动对象。

【例9.4】 下列语句用来将标签 lblName 从当前位置向右和向下移动 500 个像素。

```
lblName.Move lblName.Left+500, lblName.Top+500
```

3. 设置对象的焦点（Focus）

焦点表示对象接收键盘输入的能力。只有当对象具有焦点时，才可以接收键盘的输入。例如，当同时运行多个应用程序时，只有具有焦点的应用程序才具有激活的标题栏，并能接收键盘的输入。当打开多个窗体时，只有具有焦点的窗体才是活动窗体。在活动窗体中，任一时刻都将只有一个控件具有焦点，即处于激活状态，并能接收键盘的输入。只有当活动窗体的所有控件都不具有焦点时，窗体才具有焦点。

对于某些对象，是否具有焦点可以通过某些特征看出来。例如，当某个命令按钮具有焦点时，标题周围的边框将突出显示。具有焦点的命令按钮如图 9.2 所示。

图 9.2　具有焦点的命令按钮

将焦点赋予某一对象。对于某一对象能否接收焦点，取决于该对象的 Enabled 属性和 Visible 属性的取值。Enabled 属性允许对象响应键盘、鼠标等事件。Visible 属性则决定对象是否显示在屏幕上。只有这两个属性的取值同时均为 True 时，该对象才能接收焦点。

将焦点赋给某一对象有以下两种方法。

① 运行时选择某一对象。

② 在代码中调用 SetFocus 方法。

说明《《《

① 当对象得到焦点时，将激发 GotFocus 事件；反之，当对象失去焦点时，将激发 LostFocus 事件。多数控件都支持这两个事件。

② 框架（Frame）控件、标签（Label）控件、菜单（Menu）控件、线形（Line）控件、形状（Shape）控件、图像（Image）控件和定时器（Timer）控件都不能接收焦点。

---

4. 设置 Tab 键的顺序

Tab 键的顺序就是当按下 Tab 键时，焦点在窗体中的各控件间移动的顺序。每个窗体都具有相应的 Tab 键的顺序。在默认情况下，Tab 键的顺序与控件的建立顺序相同。

例如，依次建立了三个名字分别为"Command1""Command2"和"Command3"的命令按钮，当执行应用程序时，"Command1"首先具有焦点。当我们按下 Tab 键时，焦点将按照控件建立的顺序在控件间移动，即按一下 Tab 键，焦点将从"Command1"移至"Command2"，再按一下 Tab 键，焦点将从"Command2"移至"Command3"。

（1）改变 Tab 键的顺序

要改变 Tab 键在控件间移动的顺序，需要设置控件的 TabIndex 属性值。控件的 TabIndex

属性决定了该控件在 Tab 键顺序中的位置。在默认情况下，第一个建立的控件其 TabIndex 属性值为 0，第二个建立的控件的 TabIndex 属性值为 1，以此类推。

如果一个控件在 Tab 键顺序中的位置发生了改变，那么其他控件在 Tab 键顺序中的位置将被自动重新编号。

例如，如果上例中的命令按钮"Command2"成为 Tab 键顺序中的第一位，即"Command2"的 TabIndex 属性值变为 0，那么其他控件的 TabIndex 属性值将自动进行调整，即"Command1"的 TabIndex 属性值变为 1，"Command3"的 TabIndex 属性值变为 2。

对于不能接收焦点的控件，以及无效的和不可见的控件，没有 TabIndex 属性，不会被包含在 Tab 键顺序中。当按下 Tab 键时，这些控件将被自动跳过。

（2）从 Tab 键顺序中删除控件

通常情况下，应用程序运行时，通过按下 Tab 键可以选择 Tab 键顺序中的每个控件。要将某一控件从 Tab 键顺序中删除，只要将其 TabStop 属性设置为 False 即可。以后再按下 Tab 键时，该控件将自动被跳过，但它在 Tab 键顺序中的实际位置并没有随之改变。

本章后面各节将重点介绍常用的内部控件的使用方法和技巧。

9.3　一般类控件

1. 命令按钮（CommandButton）

（1）基本功能

命令按钮（CommandButton）控件的功能类似于家用电器的功能按钮，按下它就代表要执行某种功能。在 Windows 程序中一般都设有一些命令按钮，单击命令按钮，系统将执行相应的程序，完成一定的任务。

双击工具箱中的命令按钮图标，窗体中将加入命令按钮（Command1），拖动命令按钮可以移动其位置，拖动命令按钮的边角可以改变其大小。加入窗体中的命令如图 9.3 所示。

图 9.3　加入窗体中的命令按钮

（2）常用属性

① Caption 属性。

语法：Command1.Caption[=string]

功能：设置或返回命令按钮上显示的内容。其取值为字符串类型，最大长度为 1024 个字符。

> **说明 <<<**
>
> Command1 是指添加到窗体中的命令按钮的名称。
>
> string 的内容将赋给命令按钮"Command1"的 Caption 属性，即 string 的值将显示在"Command1"按钮上。

💡 提示

在命令按钮的 Caption 属性中，"&" 表示其后的第一个大写字符是快捷键，同时按下 Alt 键和该字母键可触发该命令按钮的相应事件。

【例9.5】 Command1.Caption="确认"（&OK）

说明 《《

此语句表示在命令按钮"Command1"上显示"确认"（OK）字样，单击"Command1"按钮或同时按下 Alt 键和 O 键即可执行"Command1"按钮的功能。

② Enabled 属性。

语法：Command1.Enabled[=boolean]

功能：确定命令按钮控件是否能够响应事件。

说明 《《

其取值为布尔型，默认设置为 True，表示允许命令按钮响应事件。

【例9.6】 Command1.Enabled=False

说明 《《

此语句表示阻止命令按钮响应事件，此时窗体上的命令按钮"Command1"会变灰，如图 9.4 所示，不能通过键盘或鼠标操作该按钮来执行相应的程序。

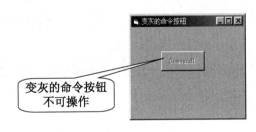

图 9.4　Enabled 属性被设置为 False 的命令按钮

③ Visable 属性。

语法：Command1.Visible[=boolean]

功能：确定对象在窗体中是否可见。

说明 《《

其取值为布尔型，默认设置为 True，表示对象在窗体中是可见的。

【例9.7】 Command1.Visible=False

说明 《《

此语句表示命令按钮是隐藏的，此时窗体上不显示命令按钮"Command1"的图标。

④ ToolTipText 属性。

语法：Command1.ToolTipText[=string]

功能：返回或设置当鼠标光标在命令按钮上停留时，在该命令按钮下面的黄色小方框中显示的提示文本。

> **说明 ＜＜＜**
>
> 其取值为字符串类型。

【**例 9.8**】　Command1.ToolTipText= " 单击此按钮，确认你的选择 "

> **说明 ＜＜＜**
>
> 此语句表示当鼠标光标在命令按钮"Command1"上停留大约 1s 时，在"Command1"按钮下面的小矩形框中提示"单击此按钮，确认你的选择"，如图 9.5 所示。

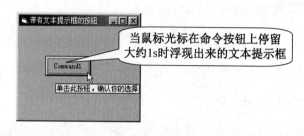

图 9.5　设置了文本提示（ToolTipText）属性的命令按钮

（3）常用方法

命令按钮有 Drag、Move、SetFocus 等多种方法，但最常用的是 Setfocus 方法。

Setfocus 方法用于将焦点移至指定的窗口或控件。

例如，执行 Command1.SetFocus 后，命令按钮"Command1"将具有焦点。此时按回车键将会执行"Command1"对应的程序。

（4）常用事件过程

① Click 单击事件。

触发条件：命令按钮的 Click 事件主要有三种触发条件，第一种是在该命令按钮上单击鼠标左键；第二种是当命令按钮具有焦点时，按下空格（Spacebar）键；第三种是按下相应命令按钮的快捷键。

语法：Private Sub Command1_Click ( )

> **说明 ＜＜＜**
>
> Private Sub 是指一个局部的过程；Command1_Click 表示 Command1 的 Click 事件过程，在这个事件过程中可以编制相应的事件处理程序，完成一定的功能。当触发条件满足时，程序将执行这一事件处理程序。

② Gotfocus。

触发条件：当命令按钮获得焦点时触发该事件。

语法：Private Sub Command1_GotFocus ( )

　　Command1_GotFocus 表示"Command1"命令按钮的 GotFocus 事件过程。通常，GotFocus 事件过程用于指定当控件或窗体获得焦点时发生的操作。例如，根据获取焦点的命令按钮的不同，决定其他控件是否有效。

③ LostFocus。

触发条件：当命令按钮失去焦点时触发该事件。

语法：Private Sub Command1_LostFocus ( )

　　LostFocus 主要有两种用途：一种是使用 LostFocus 可以在命令按钮失去焦点时进行确认；另一种与 GotFocus 事件过程中类似，根据失去焦点的命令按钮的不同，决定其他控件是否有效。

2．标签（Label）

（1）基本功能

标签（Label）控件主要用来在运行时显示一些文本信息，但是在运行时这些文本为只读文本，不能进行编辑。

标签（Label）控件通常用来标注窗体中本身不具有 Caption 属性的对象。

（2）常用属性

① Caption 属性。

语法：Label1.Caption[=string]

功能：设置或返回显示在标签中的内容。其取值为字符串类型，最大长度为 1024 个字符。

　　Label1 是指添加到窗体中的标签的名称。

　　string 的内容将赋给标签 Label1 的 Caption 属性，即 string 的值将显示在 Label1 标签上。

② Alignment 属性。

语法：Label1.Alignment[=number]

功能：返回或设置标签中文本的对齐方式。其取值为整数类型，默认设置为 0，即文本的对齐方式为居左对齐。

　　number 表示一个整数值，其合法取值及含义如表 9.1 所示。

表 9.1　标签的 Alignment 属性的取值及含义

取　值	含　义
0-Left Justify	文本居左对齐
1-RightJustify	文本居右对齐
2-Center	文本居中对齐

【例 9.9】　图 9.6 分别显示了标签中文本的 3 种对齐方式。

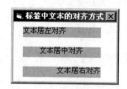

图 9.6　标签中文本的 3 种对齐方式

③ AutoSize 属性。

语法：Label1.AutoSize[=boolean]

功能：决定标签控件是否能够根据输入的文本的长度自动改变尺寸，以适应其内容的要求。其取值为布尔型，默认设置为 False。

> **说明 〈〈〈**
>
> 　　boolean 表示一个布尔值。当其取值为 False 时，表示当输入的文本长度超过标签的宽度时，文本将自动换行，如果文本的高度超过标签的高度时，将自动裁剪掉高出的部分，而不自动改变标签 Label1 的尺寸；反之，如果其取值为 True，标签 Label1 就会根据文本内容的长度进行水平方向的改变。

④ WordWrap 属性。

语法：Label1.WordWrap[=boolean]

功能：决定标签是否能够根据输入的文本的高度自动改变尺寸，以适应其内容的要求。其取值为布尔型，默认设置为 False。

> **说明 〈〈〈**
>
> 　　boolean 表示一个布尔值。当其取值为 False 时，表示当输入的文本的高度超过标签的高度时，将自动裁剪掉高出的部分，而不自动改变标签 Label1 的高度；反之，如果其取值为 True，标签 Label1 就会根据文本内容的高度进行垂直方向的改变。

💡 **提示**

　　WordWrap 属性只是使标签根据其内容进行垂直方向的变化，而其宽度将保持不变。一般情况下，只有 WordWrap 和 AutoSize 属性同时被设置为 True 时，才能够真正动态地改变标签的尺寸。

⑤ BackStyle 属性。

语法：Label1.BackStyle[=number]

功能：返回或设置标签的背景模式。其取值为整数类型，默认设置为 1，即显示标签时覆盖背景。

> **说明 <<<**
>
> number 表示一个整数值，其合法取值可以是 0 和 1。
>
> 0：表示 Transparent，即显示标签时不覆盖背景，而将标签与背景重叠显示。
>
> 1：表示 Opaque，即显示标签时覆盖背景。

⑥ BorderStyle 属性。

语法：Label1.BorderStyle[=number]

功能：返回或设置标签的边界模式。其取值为整数类型，默认设置为 1，即标签具有宽度为 1 的单线边界。

> **说明 <<<**
>
> number 表示一个整数值，其合法取值可以是 0 和 1。
>
> 0：表示 None，即标签无边界。
>
> 1：表示 Fixed Single，即标签具有宽度为 1 的单线边界。

【例9.10】 图 9.7 显示了具有两种边界模式的标签。

图 9.7 标签的两种边界模式

（3）用标签控件为没有 Caption 属性的控件创建访问键

有些控件，如文本框、滚动条、组合框、驱动器列表框、目录列表框（DirListBox）和图像等，本身不具有 Caption 属性。如果要创建访问键，就可以利用标签控件不接收焦点这一特点，通过标签来实现。当同时按下 Alt 键和访问键时，焦点自动移到标签的下一个控件上，从而间接地访问要访问的控件。

用标签控件为没有 Caption 属性的控件创建快捷访问键的具体步骤。

① 将标签和要添加访问键的控件分别添加到窗体中。

② 将标签的 TabIndex 属性设置为控件的 TabIndex 属性减 1。

③ 在标签的 Caption 属性中将被作为访问键的字母前加上一个&符号。如果要在标签中显示&符号，就需要将标签的 UseMnemonic 属性设置为 False。运行时，带下画线的字母

为访问键。

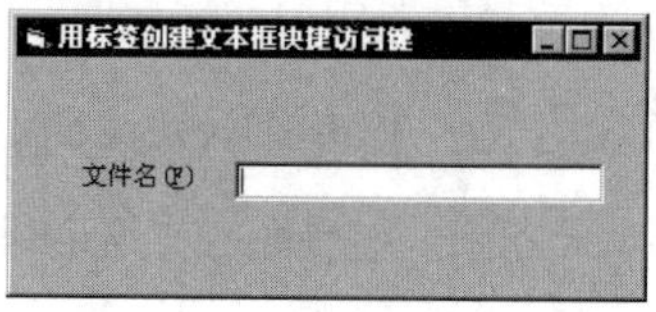

【例9.11】 图9.8显示的是通过标签为文本框创建的
访问键（F）。当同时按下Alt键和F键时，焦点立即移动到
"文件名"后面的文本框控件上。

图9.8 用标签创建文本框快捷
访问键

3．文本框（TextBox）

（1）基本功能

文本框（TextBox）控件主要用来在运行时显示文本或接收程序使用人员输入的文本，
是用于输入和输出信息的最主要方法。与标签控件不同的是，在运行时可以对这些文本进
行编辑。

（2）常用属性

① Text属性。

语法：TextBox1.Text[=string]

功能：返回或设置显示或输入到文本框中的文本信息。

> **说明 〈〈〈**
>
> 其取值为字符串类型，默认情况下，最大长度为2048个字符。
> TextBox1是指添加到窗体中的文本框的名称。
> string的内容将赋给文本框TextBox1的Text属性，即string的值将显示或输入到文
> 本框TextBox1中。

提示

如果要在文本框中显示引号则设置Text属性时要用并列的两对引号或者双引号的ASCII值（34）来
表示引号。

【例9.12】 TextBox1.Text="文件名为""test.doc"""

或者 TextBox1.Text="文件名为"&Chr(34)+"test.doc"&Chr(34)

② MultiLine属性。

语法：TextBox1.MultiLine[=boolean]

功能：返回或设置文本框中是否可以输入多行文本。其取值为布尔型，默认设置为
False。

> **说明 〈〈〈**
>
> boolean表示一个布尔值。当其取值为True时，表示允许在文本框中输入多行文本，
> 当输入的文本超出文本框的宽度时，将自动换行。此时，多行文本的默认对齐方式为居左
> 对齐，我们可以通过设置文本框的Alignment属性改变文本的对齐方式；反之，当其取值
> 为False时，表示不允许输入多行文本，且文本框的Alignment属性将无效。

③ HideSelection 属性。

语法：TextBox1.HideSelection[=boolean]

功能：设置当文本框不具有焦点时，文本框中选择的文本是否仍然高亮度显示。

> **说明 <<<**
>
> 　　其取值为布尔型，默认设置为 True。
>
> 　　boolean 表示一个布尔值。当其取值为 False 时，表示当焦点离开文本框时，所选择的文本仍然高亮度显示；反之，当其取值为 True 时，表示当焦点离开文本框时，所选择的文本不再高亮度显示。

【例 9.13】　图 9.9 分别显示了当 HideSelection 属性被设置为 True 和 False 时的运行结果。

图 9.9　对话框控件的 HideSelection 属性的设置

④ MaxLength 属性。

语法：TextBox1.MaxLength[=number]

功能：返回或设置文本框最多可容纳的字符数。

> **说明 <<<**
>
> 　　其取值为整数类型，默认设置为 0，表示可以容纳任意多个字符。
>
> 　　number 表示一个整数，用来设置文本框最多可容纳的字符数，如果将其设置为非 0 的整数，则表示最多可容纳的字符数。当所输入的字符数大于此设置值时，多出的部分将被自动截断。

⑤ PasswordChar 属性。

语法：TextBox1.PasswordChar[=string]

功能：设置文本框是否作为口令框。

> **说明 <<<**
>
> 　　其取值为字符串类型，默认设置为空串，表示不将文本框作为口令框，输入的字符是可见的。
>
> 　　string 是一个字符串，当其取值非空时，用来表示代替输入的文本显示在文本框中的字符，但只是代替显示结果，并不改变输入的 Text 属性值。

【例 9.14】　我们可以通过 TextBox1.PasswordChar="*" 语句，将 PasswordChar 属性值设置为星号（*），用来验证系统口令。用户名和口令验证窗口如图 9.10 所示。

图 9.10 用户名和口令验证窗口

⑥ Locked 属性。

语法：TextBox1.Locked[=boolean]

功能：设置在运行时输入文本框的文本能否被编辑。其取值为布尔型，默认设置为 False。

> **说明 <<<**
>
> boolean 表示一个布尔值。当其取值为 False 时，表示在运行时可以编辑输入文本框的文本；当其取值为 True 时，表示输入文本框的文本不可被编辑，而只能被浏览或高亮度显示。

💡 **提示**

Locked 属性一般只是在运行时发挥作用，当其取值为 True 时，可以通过程序代码设置文本框的 Text 属性，从而改变显示在文本框中的内容。

⑦ ScrollBar 属性。

语法：TextBox1.ScrollBar[=number]

功能：设置文本框是否具有滚动条。

> **说明 <<<**
>
> 其取值为整数类型，默认设置为 0，表示文本框不具有滚动条。
> number 表示一个整数值，其合法取值及含义如表 9.2 所示。

表 9.2 文本框的 ScrollBar 属性的取值及含义

取　值	含　义
0-None	文本框无滚动条
1-Horizontal	文本框具有水平滚动条
2-Vertical	文本框具有垂直滚动条
3-Both	文本框具有水平和垂直滚动条

【例9.15】 图 9.11 显示了具有不同滚动条的文本框。

图 9.11 具有不同滚动条的文本框

💡 **提示**

要使文本框具有滚动条，必须将 MultLine 属性设置为 False，否则 ScrollBar 属性将无效。文本框具有滚动条后，自动换行功能将失效。

另外，不要把文本框的 ScrollBar 属性与滚动条控件相混淆，滚动条控件不属于文本框控件，它具有自己的属性集。

⑧ SelStart 属性。

语法：TextBox1.SelStart[=number]

功能：返回或设置文本在文本框中的插入点。

说明 <<<

其取值为整数类型，默认设置为 0，表示插入点位于文本框的最左边。

number 表示一个整数值，用来设置文本在文本框中的插入点位置。当其取值大于或等于文本框中的字符数时，文本插入点的位置在最后一个字符的后面。我们可以通过键盘和鼠标改变插入点的位置，当文本框失去焦点又再次得到焦点时，插入点的位置与最后被设定的位置相同。

⑨ SelLength 属性。

语法：TextBox1.SelLength[=number]

功能：返回或设置文本框中默认选中的字符数。

说明 <<<

其取值为整数类型，默认设置为 0，表示不选中任何字符。

number 表示一个整数值，用来设置文本框中默认选中的字符数。当其取值大于 0 时，则会从插入点位置开始选中并高亮度显示与 SelLength 属性相对应个数的字符。

💡 **提示**

在运行时，如果文本框中有文本被选中，通过键盘或鼠标输入的文本将替换掉被选中的文本。

⑩ SelText 属性。

语法：TextBox1.SelText[=string]

功能：返回或设置文本框中当前被选中的文本。

说明 <<<

其取值为字符串类型。

string 表示一个字符串，用来设置文本框中被选中的文本。

在运行时，如果 SelText 属性被赋予新的文本，则选中的文本将替换成新的文本；反之，如果没被赋予新的文本，则 SelText 属性将从当前插入点位置开始插入文本。

💡 **提示**

通常情况下，文本框的 SelStart、SelLength 和 SelText 三个属性共同作用，用来控制文本框的插入点和文本选择行为，并且只能在运行时通过程序代码对其进行设置。

（3）常用事件

文本框控件支持 Change、GotFocus 和 LostFocus 等多个事件。

Change 事件的触发条件：文本框的内容发生改变时触发。

语法：Private Sub TextBox1_Change( )

4．滚动条（ScrollBar）

（1）基本功能

滚动条（ScrollBar）控件主要用来滚动显示在屏幕上的内容，可分为水平滚动条（HscrollBar）和垂直滚动条（VscrollBar），二者只是滚动方向不同。

滚动条控件通常与某些不支持滚动的控件或应用程序联合使用，以便根据需要对内容进行滚动。

（2）常用属性

① Value 属性。

语法：ScrollBar1.Value[=number]

功能：返回或设置滚动框在滚动条中的位置。

说明 <<<

> ScrollBar1 是指添加到窗体中的滚动条的名称。
>
> 其取值为数值型。
>
> number 表示一个界于滚动条控件的 Min 属性和 Max 属性取值之间的数值，用来设置滚动框在滚动条中的位置。当其取值等于 Min 属性值时，滚动框位于水平滚动条的最左端或垂直滚动条的最上端；当其取值等于 Max 属性值时，滚动框位于水平滚动条的最右端或垂直滚动条的最下端。
>
> 设计时设置的 Value 属性值主要用来设定运行时滚动框的初始位置。在运行时，我们可以通过拖动滚动框或单击滚动箭头的方式来改变 Value 的属性值。

② LargeChange 属性。

语法：ScrollBar1.LargeChange[=number]

功能：设置单击滚动箭头时滚动框每次移动的最大距离。

说明 <<<

> 其取值为数值型。
>
> number 表示一个数值，用来指定单击滚动箭头时，滚动框每次移动的最大距离。

③ SmallChange 属性。

语法：ScrollBar1.SmallChange[=number]

功能：设置单击滚动箭头时，滚动框每次移动的最小距离。

说明 <<<

其取值为数值型。

number 表示一个数值，用来指定单击滚动箭头时，滚动框每次移动的最小距离。

④ Max 属性。

语法：ScrollBar1.Max[=number]

功能：设置当滚动框位于水平滚动条最右端或者垂直滚动条最下端时的值。

说明 <<<

其取值为数值型。

number 表示一个介于–32768～32767 之间的数值，用来指定当滚动框位于水平滚动条最右端或者垂直滚动条最下端时的值。

⑤ Min 属性。

语法：ScrollBar1.Min[=number]

功能：设置当滚动框位于水平滚动条最左端或者垂直滚动条最上端时的值。

说明 <<<

其取值为数值型。

number 表示一个介于–32768～32767 之间的数值，用来指定当滚动框位于水平滚动条最左端或者垂直滚动条最上端时的值。

（3）常用事件

① Scroll 事件。

触发条件：拖动滚动框时触发。

语法：Private Sub ScrollBar1_Scroll()

提示

Scroll 事件通常用来跟踪滚动框的动态变化。

② Change 事件。

触发条件：释放滚动框、单击滚动条或滚动箭头时触发。

语法：Private Sub ScrollBar1_Change()

💡 **提示**

Change 事件可以返回滚动框的最终位置。

【**例 9.16**】　通过使用水平滚动条控制标签内文字的大小，如图 9.12 所示。当程序使用人员单击滚动条左端的箭头时，字体大小随滚动条的 SmallChange 属性值而变小；当程序使用人员单击滚动条右端的箭头时，字体大小随滚动条的 SmallChange 属性值而变大。

图 9.12　通过滚动条控制文字的大小

如果程序使用人员单击滚动条的滚动框左边的滚动区，那么字体尺寸将减小；如果程序使用人员单击滚动条的滚动框右边的滚动区，那么字体尺寸将增大。减小或增大的值为 LargeChange 属性值 5。文本的当前尺寸将显示在滚动条下方的标签中。

在本例中，控件定义如下。

用于显示文本的标签的 Name 属性为 LblFont。

用于显示文本尺寸的标签的 Name 属性为 LblSize。

滚动条的 Name 属性为 HScr1Size，SmallChange 属性值为 1，LargeChange 属性值为 5，Min 属性值为 8，Max 属性值为 72。

程序代码如下。

```
Private Sub HScr1Size_Change()
    LblFont.FontSize = HScr1Size.Value
            '根据滚动框在滚动条中的位置确定标签中文字的大小
    LblSize.Caption = HScr1Size.Value
            '根据滚动框在滚动条中的位置确定应显示的文字的尺寸
End Sub
```

5. 定时器（Timer）

（1）基本功能

定时器（Timer）是一种可按一定时间间隔触发指定事件的控件。主要用来检查系统时钟，以确定是否执行某项操作。

定时器控件用于背景进程中，只有在设计时可见，而在运行时是不可见的。

（2）常用属性

定时器控件最重要的属性是 Interval 属性。

语法：Timer1.Interval[=number]

功能：返回或设置定时器事件之间的时间间隔。

说明 ‹‹‹

其取值为数值型。

Timer1 表示定时器控件的名字。

number 表示一个数值，用来设置定时器事件之间的时间间隔，单位为 ms，取值范围为 0～65 767。如果其取值为 0，表示定时器无效。

💡 **提示**

定时器控件的 Enabled 属性用来决定该控件是否对时间做倒计时响应。如果将 Enabled 属性设置为 False，将会关闭定时器控件；反之，如果设置为 True，则表示将定时器打开，此时倒计时将从其 Interval 属性的设置值开始。

（3）常用事件

定时器控件最重要的事件是 Timer 事件。

触发条件：当达到定时器控件的 Interval 属性规定的时间间隔时触发。

语法：Private Sub Timer1_Timer( )

6. 数据（Data）控件

数据（Data）控件主要用来连接现有数据库，并将数据库中的信息显示在窗体中。

使用数据控件不用编写代码，就可以创建简单的数据库应用程序。

关于数据（Data）控件详细介绍，请参见数据库的相关讲解。

7. OLE 容器（OLE）控件

OLE 容器（OLE）控件主要用来在 Visual Basic 应用程序中显示并操作其他基于 Windows 的应用程序（如 Microsoft Excel 和 Microsoft Word for Windows）中的数据。

9.4 图形、图像类控件

因为 Windows 采用图形化界面，所以基于 Windows 的应用程序也应该具有图形化的显示界面。为了方便设计、简化操作，Visual Basic 提供了 4 个与图形、图像有关的控件，分别是图片框（PictureBox）控件、图像（Image）控件、形状（Shape）控件和线形（Line）控件。

图像（Image）控件、形状（Shape）控件和线形（Line）控件又被称作轻图形控件。它们只支持图片框（PictureBox）控件的属性、方法和事件的一个子集。因此，所需要的系统资源较少，而且加载速度也要比图片框（PictureBox）控件快得多。

下面我们将分别介绍这几种控件的基本用法。

1. 图片框（PictureBox）

（1）基本功能

图片框（PictureBox）控件主要用来显示图片。此外，图片框控件还可以作为其他控件的容器。

（2）常用属性

① Picture 属性。

语法：PictureBox1.Picture[=picture]

功能：保存和设置显示在图片框中的图片。这些图片可以是位图文件、图标文件、Windows 图元文件、JPEG 文件和 GIF 文件等多种类型。

> **说明《《《**
>
> PictureBox1 是指添加到窗体中的图片框的名称。
>
> picture 表示即将显示在图片框中的图片的文件名及可选的路径名。

💡 **提示**

如果要在运行时显示、替换或清除图片框中的图片，则需要利用 LoadPicture 函数来设置图片框的 Picture 属性。如果用来显示或替换图片，则需要在调用此函数时指明图片的有效路径和文件名；反之，如果用来清除图片，则不需要提供有效路径及文件名。

在设计时，可以通过剪贴板来设置图片框的 **Picture** 属性。具体方法如下。

➤ 将已经存在的图形复制到剪贴板中。

➤ 选择图片框。

➤ 用"**Ctrl+V**"组合键将剪贴板中的图形粘贴到图片框中。

【例 9.17】 下面两条语句分别用来为图片框 **Mypicture** 装载图片和清除已显示的图片。

```
Mypicture.Picture=LoadPicture("c:\mypic\picture1.bmp")
Mypicture.Picture=LoadPicture
```

② Align 属性。

语法：PictureBox1.Align[=number]

功能：设置图片框在窗体中的显示方式。

> **说明《《《**
>
> 其取值为整数类型，默认设置为 0。
>
> number 表示一个整数值，图片框的 Align 属性的取值及含义如表 9.3 所示。

表 9.3　图片框的 Align 属性的取值及含义

取　值	含　义
0-None	图片框无特殊显示
1-Align Top	图片框与窗体等宽，并与窗体顶端对齐
2-Align Bottom	图片框与窗体等宽，并与窗体底端对齐
3-Align Left	图片框与窗体等高，并与窗体左端对齐
4-Align Right	图片框与窗体等高，并与窗体右端对齐

③ AutoSize 属性。

语法：PictureBox1.AutoSize[=boolean]

功能：决定图片框控件是否能够根据装载的图片的大小自动调整尺寸。

> **说明 〈〈〈**
>
> 　　其取值为布尔型，默认设置为 False。
>
> 　　boolean 表示一个布尔值。当其取值为 False 时，表示加载到图片框中的图形保持原始尺寸，如果图片尺寸大于图片框，超出的部分将被自动裁剪掉；反之，如果其取值为 True，图片框就会根据图片的尺寸自动调整大小。

💡 提示

　　如果要将图片框的 AutoSize 属性设置为 True，设计窗体时就需要特别小心。图片将忽略窗体上的其他控件而进行尺寸调整，这可能会导致覆盖其他控件等意想不到的后果。在设计时，应该对图片进行逐幅检查，以防发生此类现象。

（3）常用事件

图片框控件可以响应 Click 事件，利用这一点，可以用图片框代替命令按钮或者作为工具条中的按钮，具体方法将在第 12 章"工具条设计"的 12.2 节"手工创建工具条"中详细介绍。

（4）常用方法

如果将图片框控件的 AutoRedraw 属性设置为 True（AutoRedraw 属性的有关内容请参阅窗体的相关讲解），则图片框控件将会支持 Print、Circle、Line、Point 和 Pset 等多种图形方法。

① Print 方法。

语法：PictureBox1.Print[string]

功能：在图片框中显示文本。

> **说明 〈〈〈**
>
> 　　string 是一个字符串，当其取值非空时，表示显示在图片框中的文本。

【例 9.18】　下面语句通过调用 Print 方法在图片框 Mypicture 中显示相应的文本。

```
Mypicture.AutoRedraw=True
Mypicture.Print "显示文本"
```

② Circle 方法。

语法：PictureBox1.Circle (X,Y),r

功能：在图片框中绘制圆形。

（X, Y）表示圆的圆心坐标。

r表示圆的半径，其单位是点。

【例9.19】 下面语句用来在图片框 Mypicture 中绘制一个圆，该圆的圆心坐标为（500，500），半径为1000点。

```
Mypicture.AutoRedraw=True
Mypicture.Circle (500, 500), 1000
```

Line、Point 和 Pset 等方法的用法与 Circle 方法的用法相似，这里不再赘述。

2. 图像（Image）

（1）基本功能

图像（Image）控件主要用来显示图像。

（2）常用属性

① Picture 属性。

语法：Image1.Picture[=picture]

功能：保存和设置显示在图像框中的图形。这些图形可以是位图文件、图标文件、Windows 图元文件、JPEG 文件和 GIF 文件等多种类型。

Image1 是指添加到窗体中的图像控件的名称。

picture 表示即将显示在图像框中的图像的文件名及可选的路径名。

💡 **提示**

在图像控件中加载图片的方法与在图片框控件中加载图片的方法一样。

② Stretch 属性。

语法：Image1.Stretch[=boolean]

功能：决定图像控件与被装载的图片如何调整尺寸以互相适应。

取值为布尔型，默认设置为 False。

boolean 表示一个布尔值，当其取值为 False 时，表示图像框将根据加载的图形的大小调整尺寸；如果其取值为 True，则将根据图像控件的大小来调整被加载的图形的大小，这样可能会导致被加载的图形变形。

💡 **提示**

图片框控件的 AutoSize 属性与图像控件的 Stretch 属性不同。前者只能通过调整图片框的尺寸来适应加载的图片的大小，而后者既可以通过调整图像控件的尺寸来适应加载的图形的大小，又可以通过调整图形的尺寸来适应图像控件的大小。

（3）常用事件

图像控件可以响应 Click 事件，利用这一点，可以用图像控件代替命令按钮或者作为工具条中的按钮，具体方法参见第 12 章"工具条设计"的 12.2 节"手工创建工具条"中的有关介绍。

3．形状（Shape）

（1）基本功能

形状（Shape）控件主要用于在窗体、框架或图片框中绘制预定义的几何图形，如矩形、正方形、椭圆形、圆形、圆角矩形、圆角正方形等。

（2）常用属性

① Shape 属性。

语法：Shape1.Shape[=number]

功能：返回或设置形状控件的外观。

说明 《《《

其取值为整数类型，默认设置为 0。

Shape1 表示将被添加的形状控件的名字。

number 表示一个整数值，形状的 Shape 属性的取值及含义如表 9.4 所示。

表 9.4　形状的 Shape 属性的取值及含义

取　值	含　义
0-vbShapeRectangle	矩形
1-vbShapeSquare	正方形
2-vbShapeOval	椭圆形
3-vbShapeCircle	圆形
4-VbShapeRoundedRectangle	圆角矩形
5-VbShapeRoundedSquare	圆角正方形

【例 9.20】　图 9.13 显示了不同形状的预定义形状。

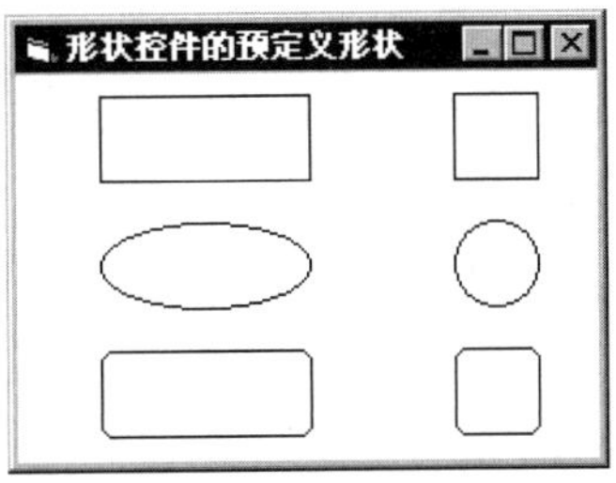

图 9.13　形状控件的几种预定义形状

② 其他属性。另外还有几种属性可以控制形状控件的外观。例如，BorderColor（边框

颜色）和 FillColor（填充颜色）属性可以改变其颜色，BorderStyle（边框样式）、BorderWidth（边框宽度）、FillStyle（填充样式）和 DrawMode（绘图模式）属性可以控制如何画图。

（3）常用事件

形状控件不支持任何事件，只用于表面装饰。

4．线形（Line）

（1）基本功能

线形（Line）控件主要用来在窗体、框架或图片框的表面绘制简单的线段。

（2）常用属性

① X1，Y1，X2，Y2 属性。

语法：

Line1.X1[=number]

Line1.Y1[=number]

Line1.X2[=number]

Line1.Y2[=number]

功能：通过设置线段的起点坐标（X1,Y1）和终点坐标（X2,Y2）属性，可以设置线段的长度。

说明 ‹‹‹

Line1 表示添加的线形控件的名字。

X1 和 Y1 分别表示线段的起点横坐标、纵坐标，X2 和 Y2 分别表示线段的终点横坐标、纵坐标。

number 表示一个数值，用来设置线段的坐标值。

【例 9.21】 通过下列语句可以绘制一条起点坐标为（100,100），终点坐标为（200,200）的线段。

```
Myline.X1=100
Myline.Y1=100
Myline.X2=200
Myline.Y1=200
```

② 其他属性。还有几种属性可以控制线形控件的外观。例如，BorderColor（边框颜色）属性可以控制其颜色，BorderStyle（边框样式）属性可以控制其线形，BorderWidth（边框宽度）属性可以控制线段的粗细等。

（3）常用事件

线形控件与形状控件相同，也不支持任何事件。

9.5　选择类控件

1．复选框（CheckBox）

（1）基本功能

复选框（CheckBox）控件通常用来表示 Yes/No 或 True/False 等状态。单击复选框，可在不同状态间进行切换，且被单击的复选框将显示选定标记。

利用分组的复选框控件可以显示多个选项，这样可以从中选择一个或多个选项。

（2）常用属性

① Value 属性。

语法：CheckBox1.Value[=number]

功能：返回或设置复选框所处的状态。

说明 <<<

其取值为整数类型，默认设置为 0。

CheckBox1 表示添加到窗体中的复选框的名字。

number 表示一个整数值，其合法取值有三个：0、1 和 2。

0：表示 Unchecked，即复选框处于未被选中状态。

1：表示 Checked，即复选框处于被选中状态。

2：表示 Unavailable，即复选框处于禁止状态，不可使用，复选框将以灰色显示。

【例 9.22】　图 9.14 显示了复选框处于各种状态的效果。

② Alignment 属性。

语法：CheckBox1.Alignment[=number]

功能：返回或设置复选框与 Caption 属性所设置的标题的相对位置。

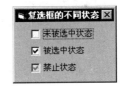

图 9.14　复选框的不同状态

说明 <<<

其取值为整数类型，默认设置为 0。

number 表示一个整数值，其合法取值有两个：0 和 1。

0：表示 Left Justify，即复选框位于标题的左边。

1：表示 Right Justify，即复选框位于标题的右边。

【例 9.23】　图 9.15 显示了复选框与标题的相对位置。

③ 其他属性。复选框控件与命令按钮控件一样，当 Style 属性设置为 1 时，通过使用 Picture 属性可以设置复选框处于未被选中状态时的图形；通过 DownPicture 属性可以设置复选框处于被选中状态时的图形；通过设置 DisabledPicture 属性可以设置复选框处于禁止

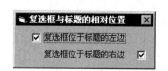

图9.15　复选框与标题的相对位置

状态时的图形。

（3）常用事件

复选框控件最常用的事件就是 Click 事件。触发条件如下。

① 单击复选框控件时触发该事件。

② 按"Tab"键将焦点转移到复选框控件上，这时按"Spacebar"（空格）键也会触发该事件。

③ 在 Caption 属性的一个字母前加连字符（&），创建一个访问键，通过同时按下 Alt 键和访问键切换复选框控件的选择，从而触发该事件。

④ 在程序代码中将复选框的 Value 属性设置为 True，也可以触发该事件。

💡 **提示**

复选框控件不支持 DblClick（鼠标双击）事件。如果双击复选框控件，则将被分解成两次单击，并分别处理每次单击。

2．框架（Frame）

（1）基本功能

框架（Frame）控件主要用来为其他控件提供可标识的分组。同一框架中的控件可以作为一个整体进行激活或屏蔽。

利用框架控件，可以在功能上进一步分割一个窗体。

（2）常用属性

① Caption 属性。

语法：Frame1.Caption[=string]

功能：返回或设置框架的标题名称。

说明 ‹‹‹

其取值为字符串类型。

Frame1 是指添加到窗体中的框架的名字。

string 的内容将赋给框架 Frame1 的 Caption 属性，即 string 的值将显示在框架的标题位置。

💡 **提示**

在框架的 Caption 属性中，"&"表示其后的第一个字符是访问键，同时按下 Alt 键和访问键可触发该框架的相应事件。

② Enabled 属性。

语法：Frame1.Enabled[=boolean]

功能：返回或设置框架的活动状态。其取值为布尔型，默认设置为 True。

说明 <<<

boolean 表示一个布尔值。当其取值为 False 时，表示框架处于非活动状态，该框架无效，并将以灰色显示；如果其取值为 True，则表示选项按钮处于活动状态。

【例 9.24】 图 9.16 显示了处于这两种状态的框架。

图 9.16 框架的两种状态

（3）常用事件

框架控件支持 Click 和 DblClick 等多种事件，但由于多数情况下都是被动地使用框架，以对其他控件进行分组，因此可以不必编写相应的事件。这里不再进行详细介绍。

3．选项按钮（OptionButton）

（1）基本功能

选项按钮（OptionButton）控件用来显示选项，通常以按钮组的形式出现。其中同一组选项按钮中只能有一项被选中，当选中一项时，将立即清除该组中其他按钮的选择。

（2）常用属性

① Value 属性。

语法：OptionButton1.Value[=boolean]

功能：返回或设置选项按钮的状态。

说明 <<<

其取值为布尔型，默认设置为 False。

OptionButton1 表示添加到窗体中的选项按钮的名字。

boolean 表示一个布尔值，当其取值为 False 时，表示选项按钮处于未被选中状态；如果其取值为 True，则表示选项按钮处于被选中状态。

💡 **提示**

同一组选项按钮中只要有一个选项按钮的 Value 属性值被设置为 True，其他选项按钮的 Value 属性值将被自动设置为 False。

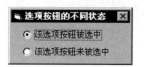

图 9.17　选项按钮的不同状态

【例 9.25】　图 9.17 显示了处于这两种状态的选项按钮。

② Enabled 属性。

语法：OptionButton1.Enabled[=boolean]

功能：返回或设置选项按钮是否被禁止。

> **说明 ＜＜＜**
>
> 　　其取值为布尔型，默认设置为 True。
> 　　boolean 表示一个布尔值，当其取值为 False 时，表示选项按钮处于禁止状态，该选项按钮无效，并将以灰色显示；如果其取值为 True，则表示选项按钮处于有效状态。

【例 9.26】　图 9.18 显示了处于这两种状态的选项按钮。

③ 其他属性。与复选框控件一样，当选项按钮控件的 Style 属性的设置为 1 时，通过使用 Picture、DownPicture 和 DisabledPicture 属性可以设置选项按钮处于不同状态时的图形。

图 9.18　选项按钮的不同状态

（3）常用事件

　　与复选框控件一样，选项按钮控件最常用的事件也是 Click 事件。其触发条件与复选框基本一致，这里不再赘述。

（4）创建选项按钮组

　　直接放在同一个窗体中的所有选项按钮构成一个选项按钮组。如果要创建多个选项按钮组，就必须首先绘制框架或图片框，然后将同一组的选项按钮放到同一个框架或图片框中。在设计时，框架或图片框与其中的选项按钮将可以作为一个整体来移动。

【例 9.27】　图 9.19 中有两组选项按钮，其中一组直接添加到窗体中，另一组添加到框架中。

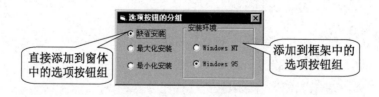

图 9.19　选项按钮的分组

> 💡 **提示**
>
> 　　对于一个选项按钮组（OptionButton），只能有一个 Tab 点。当选中其中某一选项按钮（其 Value 值被设置为 True）时，其 TabStop 属性值将自动被设置为 True，而其他按钮的 TabStop 属性值将被设置为 False。

4．列表框（ListBox）

（1）基本功能

列表框（ListBox）控件用来以项目列表形式显示一系列项目，并可以从中选择一项或多项。

（2）常用属性

① Columns 属性。

语法：ListBox1.Columns[=number]

功能：返回或设置列表项显示的列数。

> **说明 《《《**
>
> 其取值为整数类型，默认设置为 0。
>
> ListBox1 表示添加到窗体中的列表框的名字。
>
> number 表示一个整数值，当其取值为 0 时，所有列表项安排在一列中显示，被称为单列列表框。当列表项较多时，将自动出现垂直滚动条；当其取值大于 0 时，列表项将被安排在多个列中显示，被称为多列列表框。具体列数取决于 number 的取值，当列表项较多时，将自动出现水平滚动条，并显示指定数目的列。

【例 9.28】 图 9.20 分别显示了单列和多列列表框的实际运行效果。

图 9.20　单列和多列列表框

> 💡 **提示**
>
> 对于水平滚动的列表框控件，列宽等于列表框的宽度除以列数。
>
> 在运行时，多列列表框的 Columns 属性不能被改为 0，即多列列表框不能被改为单列列表框；也不能将单列列表框的 Columns 属性改为大于 0 的数值，即单列列表框不能被改为多列列表框。

---

② List 属性。

语法：ListBox1.List (index) [=string]

功能：设置或返回列表框控件的指定列表项。

> **说明 《《《**
>
> List 属性是一个字符串类型的数组，列表框控件的每个列表项都是数组的元素，每个列表项都是一个字符串表达式。
>
> index 表示列表框控件中指定列表项的编号。
>
> string 表示与指定编号相对应的一个列表项。

【例9.29】 可以通过下面的语句在代码中引用列表框 ListBox1 中的第一个列表项。

```
ListBox1.List(0)
```

💡 **提示**

在设计时，可以通过设置列表框的 List 属性为列表框添加列表项。当输入完一个列表项时，按 "Ctrl+Enter" 组合键可以添加下一个列表项。列表项只能被添加到列表框的末尾处。

③ ItemData 属性。

语法：ListBox1.ItemData (index) [=number]

功能：返回或设置列表框控件中每个列表项具体的编号。

说明 《《《

ItemData 属性是一个整数数组，数组大小与列表框控件的 List 属性的项目数相同。通常可以作为列表项的索引或标识。

例如，在图 9.20 中，列表项为各个城市的名字，那么可以将 ItemData 属性设置为各城市对应的区号。

index 表示列表框控件中指定列表项的编号。

number 表示与指定列表项相关联的整数。

💡 **提示**

ItemData 属性是整数数组，而 List 属性是字符串型数组。

④ ListCount 属性。

语法：ListBox1.ListCount

功能：返回列表框中列表项的数目。

说明 《《《

其取值为整数类型。

列表框的 ListCount 属性只能在运行时使用。

【例9.30】 可以通过下面的语句在代码中引用列表框 ListBox1 中的列表项数。

```
ListBox1.ListCount
```

⑤ ListIndex 属性。

语法：ListBox1.ListIndex[=number]

功能：返回或设置列表框控件中当前选择的列表项的索引。

说明 《《《

其取值为整数类型。

number 表示一个整数值，指明当前被选中的列表项的索引数。当其取值为−1 时，表示当前没有列表项被选中；当其取值为大于或等于 0 的整数时，表明当前被选中的列表项的索引值，且第一个列表项的索引值为 0，第二个为 1，以此类推。

【例9.31】 可以通过下列语句返回列表框 ListBox1 中当前被选中的列表项的内容。

```
ListBox1.List(ListBox1.ListIndex)
```

💡 提示

列表框控件的 ListIndex 属性在设计时是不可用的。在运行时，通过设置列表框控件的 ListIndex 属性，可以使相应的列表项呈高亮度显示，并可触发其 Click 事件。

⑥ NewIndex 属性。

语法：ListBox1.NewIndex

功能：返回最后添加到列表框中的列表项的索引。

说明 «

列表框控件的 NewIndex 属性只在运行时可用，且为只读属性。

⑦ Text 属性。

语法：ListBox1.Text[=string]

功能：返回或设置列表框控件中当前选择的列表项的内容。

说明 «

string 表示一个字符串，即当前被选中的列表项的内容。

【例9.32】 可以通过下列语句返回列表框 ListBox1 中当前被选中的列表项的内容。

```
ListBox1.Text
```

它等价于前面的 ListBox1.List（ListBox1.ListIndex）语句。

💡 提示

列表框控件的 Text 属性只在运行时可用。

⑧ Sorted 属性。

语法：ListBox1.Sorted[=boolean]

功能：返回或设置列表框控件的元素是否自动按字母表顺序排序。

说明 «

其取值为布尔型，默认设置为 False。

boolean 表示一个布尔值，当其取值为 True 时，表示列表框中的列表项自动按字母顺序排序，字母不分大小写；当其取值为 False 时，表示列表框中的列表项不排序，而是按照列表项原始的先后次序显示。

⑨ MultiSelect 属性。

语法：ListBox1.MultiSelect[=number]

功能：返回或设置是否能够在列表框控件中进行复选，以及如何进行复选。

说明 <<<

其取值为整数类型，默认设置为 0。

number 表示一个整数值，设置是否能够在当前列表框控件中进行复选，以及如何进行复选，其合法取值有三个：0、1 和 2。

0：表示 None，即不能同时选择多个列表项，一次只能选择一项。

1：表示 Simple，即可以同时选择多个列表项，通过单击或按 "Spacebar"（空格）键可以选择列表项或取消选择。

2：表示 Extended，即可以同时选择某一范围内的多个列表项，通过单击要选择的第一个列表项，然后按住 "Shift" 键，再单击最后一个要选择的列表项（或按方向键），可以选择两者及两者之间的全部列表项。通过按住 "Ctrl" 键，再单击列表项，可以单个地选择或取消选择某个列表项。

💡 **提示**

MultiSelect 属性的取值在运行时是只读的。

【例 9.33】 图 9.21 显示了列表框的 MultiSelect 属性分别设置为 0、1 和 2 的运行效果。

图 9.21　MultiSelect 属性分别设置为 0、1 和 2 时的列表框

💡 **提示**

对于可以做多种选择的列表框控件，如果只选择了一个列表项，则列表框的 ListIndex 属性用来返回该列表项的索引。如果选择了多个列表项，那么 ListIndex 属性用来返回包含在焦点矩形内的列表项索引，而不管该列表项是否被选中。

（3）常用事件

列表框控件支持 Click、DblClick、MouseDown、MouseUp、MouseMove、GotFocus、LostFocus 等事件。

（4）常用方法

列表框控件支持多种方法，但常用的方法主要有 AddItem 方法、RemoveItem 方法和 Clear 方法。

① AddItem 方法。

语法：ListBox1.AddItem string[,number]

功能：用于在列表框控件中添加列表项。

> ListBox1 表示列表框的名字。
>
> string 是一个字符串表达式，用来表示添加到列表框中的列表项的内容。
>
> number 为可选参数，是一个整数值，用来指定新列表项在列表框中的位置。如果给出有效的 number 值，则新添加的列表项将放在列表框中相应的位置；如果省略 number，当列表框的 Sorted 属性设置为 True 时，新添加的列表项将添加到恰当的排序位置，当 Sorted 属性设置为 False 时，新添加的列表项将添加到列表框的结尾处。

【例 9.34】 可以通过下面的语句在列表框 ListBox1 的指定位置添加列表项。

```
ListBox1.AddItem "沈阳", 5
```

提示

用 AddItem 方法向列表框中的某一确定位置添加列表项可能会违反排序顺序，新添加的列表项可能不会正确地排序。

② RemoveItem 方法。

语法：ListBox1.RemoveItem number

功能：用于从列表框控件中删除指定列表项。

> number 为必选参数，是一个整数值，用来指定即将从列表框中删除的列表项的索引值。

【例 9.35】 可以通过下面的语句删除列表框 ListBox1 的第 6 个列表项。

```
ListBox1.RemoveItem 5
```

③ Clear 方法。

语法：ListBox1.Clear

功能：用于删除列表框中的所有列表项。

5. 组合框（ComboBox）

（1）基本功能

组合框（ComboBox）控件将文本框控件和列表框控件的特性结合在一起，既可以在控件的文本框中输入文本，也可以从控件的列表框中选择列表项。

（2）常用属性

① Style 属性。

语法：ComboBox1.Style

功能：返回或设置组合框控件的显示类型和方式。

说明 ‹‹‹

其取值为整数类型，默认设置为 0。

ComboBox1 表示添加到窗体中的组合框的名字。

Style 属性值有三个取值，其合法取值及含义如表 9.5 所示。

下拉式组合框由一个下拉式列表框和一个文本框组成。可以在文本框中输入文本，也可以通过单击文本框右侧的下箭头或按"Alt+↓"组合键来打开下拉列表框，然后从中选择一个列表项。这时，被选择的列表项内容将自动显示在组合框的文本框中。

表 9.5 组合框的 Style 属性的取值及含义

取 值	含 义
0-vbComboDropDown	下拉式组合框
1-vbComboSimple	简单组合框
2-vbComboDrop-DownList	下拉列表框

简单组合框由一个文本框和一个标准列表框组成，列表框将一直显示在屏幕上。可以从文本框中输入文本，也可以从列表框中选择列表项。当列表项的数目超过列表框的大小时，列表框将自动加入一个垂直滚动条。

下拉列表框只有一个下拉式列表框。只能从列表框中选择列表项。下拉列表框与列表框的不同之处在于，只有单击下拉列表框右侧的下箭头，才能显示列表项。

图 9.22 分别显示了以上三种类型的组合框。

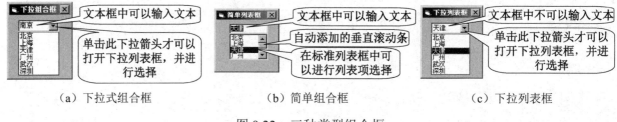

（a）下拉式组合框   （b）简单组合框   （c）下拉列表框

图 9.22 三种类型组合框

💡 **提示**

组合框的 Style 属性在运行时是只读的。

② Text 属性。

语法：ComboBox1.Text[=string]

功能：当组合框控件的 Style 属性设置为 0 或 1 时，Text 属性用来返回或设置文本框中的文本；当 Style 属性设置为 2 时，Text 属性用来返回列表框中选择的列表项的内容。

💡 **提示**

当 Style 属性设置为 2 时，组合框的 Text 属性在程序设计和运行时均为只读属性。

③ 其他属性。组合框的其他属性与列表框类似，这里不再赘述。

（3）常用事件

与列表框控件类似，组合框控件支持 Click、DblClick、MouseDown、MouseUp、MouseMove、GotFocus、LostFocus 等事件。

💡 **提示**

只有当组合框的下拉部分的内容被滚动时，才触发 Scroll 事件。

（4）常用方法

与列表框控件类似，为了添加或删除组合框的列表项，需要使用 AddItem 或 RemoveItem 方法。

6. 其他选择类控件

Visual Basic 还提供了三个选择类控件，即驱动器列表框（DriveListBox）控件、目录列表框（DirListBox）控件和文件列表框（FileListBox）控件，以增加应用程序中的文件处理能力。通常，这些控件联合使用，用来查看驱动器、目录和文件清单。

这些控件主要用来解决在早期 Visual Basic 版本中创建的应用程序的向下兼容性问题，这里不进行详细介绍。通用对话框（CommonDialog）控件提供了较为简便的文件访问方法。有关通用对话框控件的具体用法，请参阅 10.4 节"通用对话框（CommonDialog）控件"中的有关介绍。

9.6　控件数组

控件数组是具有共同名称、类型和事件过程的一个或多个控件。一个控件数组至少应包含一个元素，在系统资源和内存允许的范围内可以增加元素的个数，但其值最大不能超过 32767。同一控件数组中的每个元素都可以有自己的属性设置值。

1. 控件数组的作用

控件数组无论是在设计时还是在运行时，都有很大作用。

在设计时，通过控件数组添加控件所消耗的资源比直接向窗体添加多个相同类型的控件消耗的资源要少得多。另外，如果有多个控件共享某一相同代码时，使用控件数组也很方便。

在运行时，如果想创建新的控件，则必须使用控件数组。不使用控件数组，在运行时就不可能创建新的控件。新控件必须是某一控件数组的成员，每个新控件都将继承为控件数组编写好的公共事件过程。

2．控件数组的创建

（1）在设计时创建控件数组

在设计时可以通过以下 3 种方法来创建控件数组。

① 通过将同一名字赋给多个相同类型的控件来创建控件数组。具体步骤如下。

➤ 绘制多个相同类型的控件。

➤ 确定将作为第一个数组元素的控件，并设置其名字（Name）属性值。

➤ 将其他控件的名字（Name）属性值设置为第一个元素的名字（Name）属性值。

➤ 当系统弹出提示是否创建控件数组的对话框时，单击"是（Y）"按钮，创建控件数组。

通过这种方法创建的控件数组，只是共享名字（Name）属性和控件类型，其他属性取决于最初绘制控件时的值。

② 通过复制现有控件的方法来创建控件数组。具体步骤如下。

➤ 绘制控件数组中的第一个控件。

➤ 当控件获得焦点时，在"编辑（E）"菜单中选择"复制（C）"选项，复制该控件。

➤ 在"编辑（E）"菜单中选择"粘贴（P）"选项。

➤ 当系统弹出询问是否确认创建控件数组的对话框时，单击"确定"按钮，确认创建控件数组。

通过这种方法创建的控件数组，绘制的第一个控件的索引值为 0，新添加的每个数组元素的索引（Index）属性值与其添加到控件数组中的次序相同。而其他大多数可视属性（如高度、宽度和颜色等）将从数组中第一个控件复制到新元素中。

③ 自动创建控件。将控件的 Index 属性设为非 Null 的数值，系统将自动创建一个控件数组。

（2）在运行时创建控件数组

在运行时，可以通过 Load 语句和 Unload 语句添加和删除控件数组中的控件，但是添加的新控件必须是现有控件数组的元素。所以大多数情况下，必须在设计时创建一个 Index 属性值为 0 的控件。

Load 语句和 Unload 语句的语法如下。

```
Load object (index)
Unload object (index)
```

说明 ◀◀◀

参数 object 表示在控件数组中添加或删除的控件的名字。

参数 index 表示控件在数组中的索引值。

💡 **提示**

向控件数组中添加新的控件时，大多数属性设置值都与数组中具有最小下标的现有元素相同，但其 Visible、Index 和 TabIndex 属性设置值并没有被复制到控件数组的新元素中，必须将其 Visible 属性值设为 True，新添加的控件才能显示在窗体中。

对数组中已有的索引值不能使用 Load 语句添加，否则将造成错误。

用 Unload 语句只能删除通过 Load 语句创建的控件，不能删除设计时创建的控件，无论它们是否为控件数组的元素。

9.7 控件应用实例

本节将通过具体示例，来进一步介绍几个常用控件的使用方法和技巧。

【**例 9.36**】 命令按钮（CommandButton）控件的应用。

在如图 9.23 所示窗体中有四个命令按钮控件：“加 1”按钮、“减 1”按钮、“结果”按钮、“提示”按钮。鼠标在按钮上停留时，会出现相应的提示。当程序开始运行时，“结果”按钮的内容为“0”，此时只能单击“加 1”按钮，直到“结果”按钮的值累加至“5”。这时“加 1”按钮失效，同时“减 1”按钮变为有效。单击“减 1”按钮，当“结果”按钮的值变为“0”时，出现“提示”按钮，提示内容为“现在结果恢复为初始值”。继续单击“减 1”按钮，直到“结果”按钮的值递减至“–5”，“减 1”按钮失效，同时“加 1”按钮变为有效。

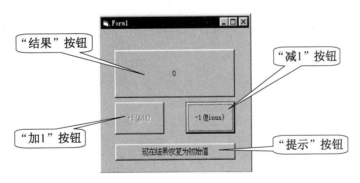

图 9.23 例 9.36 图

① 控件定义。

“加 1”按钮的名称为 Command1。

“减 1”按钮的名称为 Command2。

“结果”按钮的名称为 Command3。

“提示”按钮的名称为 Command4。

② 属性设置。

在属性设置窗口中将各控件的属性值进行如下设置。

Command1 的 Caption 属性设置为"+1（&Add）"。

Command1 的 Tooltiptext 属性设置为"现有结果加 1"。

Command2 的 Caption 属性设置为"-1（&Minus）"。

Command2 的 Enabled 属性设置为"False"。

Command2 的 Tooltiptext 属性设置为"现有结果减 1"。

Command3 的 Caption 属性设置为"0"。

Command4 的 Caption 属性设置为"现在结果恢复为初始值"。

Command4 的 Visible 属性设置为"False"。

③ 程序代码及分析。

```
Private Sub Command1_Click()
  Command3.Caption=Command3.Caption+1    '命令按钮 Command3 内容加 1
  Command3.ToolTipText="当前的累加结果是"+Command3.Caption
                                '改变命令按钮 Command3 的提示内容
  If Command3.Caption=5 Then    '如果命令按钮 Command3 的值为 5，则命令按钮
                                'Command1 失效，命令按钮 Command2 有效
    Command1.Enabled=False
    Command2.Enabled=True
  End If
  If Command3.Caption=0 Then    '如果命令按钮 Command3 的内容为 0，
                                '出现提示按钮，否则隐含提示按钮
    Command4.Visible=True
  Else
    Command4.Visible=False
  End If
End Sub
Private Sub Command2_Click()
  Command3.Caption=Command3.Caption-1    '命令按钮 Command3 内容减 1
  Command3.ToolTipText="当前的递减结果是"+Command3.Caption
                                '改变命令按钮 Command3 的提示内容
  If  Command3.Caption=-5 Then    '如果命令按钮 Command3 的值为-5，则命
                                '令按钮 Command2 失效，命令按钮 1 有效
Command2.Enabled=False
Command1.Enabled=True
  End If
  If Command3.Caption=0 Then    '如果命令按钮 Command3 的内容为 0，
                                '出现提示按钮，否则隐含提示按钮
Command4.Visible=True
  Else
Command4.Visible=False
```

```
      End If
End Sub
```

【例 9.37】　文本输入框（TextBox）控件和标签（Label）控件的应用。

如图 9.24 所示，窗体中有三个文本输入框：字母输入框、小写字母框、大写字母框，三个标签分别显示相应的提示信息，一个命令按钮用来清除各文本框中的内容。当程序开始运行时，在字母输入框中无论输入的是大写字母还是小写字母，或是两者的混合，都将在小写字母框中显示成小写字母，而在大写字母框中显示成大写字母。如果单击"清除"按钮，将清空所有文本框中的字符。

① 控件定义。

➤ 字母输入提示标签的名字为 Label1。

➤ 小写字母显示提示标签的名字为 Label2。

➤ 大写字母显示提示标签的名字为 Label3。

➤ 清除按钮的名字为 Command1。

➤ 字母输入文本框的名字为 Text1。

➤ 小写字母显示文本框的名字为 Text2。

➤ 大写字母显示文本框的名字为 Text3。

图 9.24　例 9.37 图

② 属性设置。

在属性设置窗口中将各控件的属性值进行如下设置。

➤ Label1 的 Caption 属性设置为"请输入字母"。

➤ Label2 的 Caption 属性设置为"转换成小写"。

➤ Label3 的 Caption 属性设置为"转换成大写"。

➤ Command1 的 Caption 属性设置为"清除"。

③ 程序代码及分析。

```
Private Sub Text1_Change()
  Text2.Text=LCase(Text1.Text)          '用小写格式显示文本
  Text3.Text=UCase(Text1.Text)          '用大写格式显示文本
End Sub
Private Sub Command1_Click()
  Text1.Text=""                         '清除文本
End Sub
```

【例 9.38】　定时器（Timer）控件的应用。

如图 9.25 所示，窗体中有两个标签：时间标签、信息提示标签。当程序开始运行时时间标签的内容为当前的系统时间，且以秒为单位进行显示刷新。

① 控件定义。

➤ 时间标签的名字为 Lable1。

➤ 信息提示标签的名字为 Lable2。

➤ 定时器控件的名字为 Timer1。

图 9.25　例 9.38 图

② 属性设置。

在属性设置窗口中将各控件的属性值进行如下设置。

Lable2 的 Caption 属性设置为"现在时间为:"。

③ 程序代码及分析。

```
Private Sub Form_Load()
    Timer1.Interval=1000        '设置计时器时间间隔为1000ms，即每秒触发一次
                                'Timer 事件
End Sub
Private Sub Timer1_Timer()
    Label1.Caption=Time         '更新时间显示
End Sub
```

【例9.39】 图片框（PictureBox）控件的应用。

在如图 9.26 所示的窗体中，包括三个图片框和一个命令按钮控件，并且从 Visual Basic

图 9.26 例 9.39 图

的图标库中分别加载两个图标到三个图片框（第三个图片框不可见）控件中的两个图标之中。在单击切换按钮时，第一个图片框和第二个图片框中显示图标互换（第三个图片框用来切换图标）。

① 控件定义。

三个图片框的名字分别为 Picture1、Picture2、Picture3。

② 属性设置。

在属性设置窗口中将各控件的属性值进行如下设置。

➤ Picture3 的 Visible 属性设置为"False"。

➤ Command1 的 Caption 属性设置为"切换图标"。

③ 程序代码及分析。

```
Private Sub Form_Load ()         '为图片框 Picture1 和 Picture2 加载图标
    Picture1.Picture=LoadPicture ("samples\pguide\controls\club.ico")
    Picture2.Picture=LoadPicture ("samples\pguide\controls\heart.ico")
End Sub
Private Sub Command1_Click ()      '借助图片框 Picture3 来切换图标
    Picture3.Picture=Picture1.Picture
    Picture1.Picture=Picture2.Picture
    Picture2.Picture=Picture3.Picture
End Sub
```

【例9.40】 列表框（ListBox）控件的应用。

如图 9.27 所示，窗体中包括一个列表框和三个标签控件。其中列表框控件用来显示所有补考科目，三个标签分别用来显示提示信息、最后选择的补考科目及课程代号。

① 控件定义。

➤ 显示补考科目的标签的名字为 Label1。

➤ 显示课程代号的标签的名字为 Label2。

图 9.27 例 9.40 图

➤ 选择补考科目提示信息的标签的名字为 Label3。

② 属性设置。

➤ Label1 的 Caption 属性设置为 "   "，即空；

➤ Label2 的 Caption 属性设置为 "   "，即空；

➤ Label3 的 Caption 属性设置为 "请选择补考科目"。

③ 程序代码及分析。

```
Private Sub Form_Load()
    '以列表显示顺序将补考科目相应的课程代码填充到 List1 数组和 ItemData 数组
    List1.AddItem"语文"
    List1.ItemData(List1.NewIndex)=1
    List1.AddItem"数学"
    List1.ItemData(List1.NewIndex)=2
    List1.AddItem"政治"
    List1.ItemData(List1.NewIndex)=3
    List1.AddItem"英语"
    List1.ItemData(List1.NewIndex)=4
    List1.AddItem"物理"
    List1.ItemData(List1.NewIndex)=5
    List1.AddItem"化学"
    List1.ItemData(List1.NewIndex)=6
    List1.AddItem"地理"
    List1.ItemData(List1.NewIndex)=7
    List1.AddItem"历史"
    List1.ItemData(List1.NewIndex)=8
End Sub
Private Sub List1_Click()            '显示所选择的补考科目和课程代号
    Msg1=Msg & List1.List(List1.ListIndex)
    Msg2=List1.ItemData(List1.ListIndex)&""
    Label1.Caption="补考科目："+Msg1
    Label12.Caption="课程代号："+Msg2
End Sub
```

【例9.41】 控件应用综合实例——调色程序。

在编写图像处理程序时，经常需要进行有关颜色的操作。本例将讲解如何通过使用 RGB 函数来设置和修改窗体的前景色和背景色。

如图 9.28 所示，窗体中包括一个用来显示文本颜色和背景色的标签；一个框架和一组单选按钮用来选择设置内容；一个大的框架和三组标签、滚动条和文本框分别用来设置和显示红色、绿色和蓝色的值；一个命令按钮用来结束和退出程序。当程序开始运行时，可以先选择设置内容，即文本颜色和背景色，然后通过调节三个滚动框的位

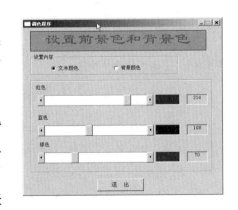

图 9.28　例 9.41 图

置对其进行修改，最后单击"退出"按钮，结束和完成颜色设置。

① 控件定义。

➤ 颜色显示标签的名字为lblTexto。

➤ 设置内容框架的名字为Frame1。

➤ 背景色单选按钮的名字为optFondo。

➤ 文本颜色单选按钮的名字为optTexto。

➤ 设置和显示颜色值的框架的名字为Frame2。

➤ 三个颜色提示标签的名字分别为Label2、Label3 和 Label4。

➤ 设置颜色值的三个水平滚动条的名字分别为hscrR、hscrB 和 hscrG。

➤ 三个颜色提示文本框的名字分别为txtR、txtB 和 txtG。

➤ 退出程序按钮的名字为cmdExit。

② 属性设置。

设置 lblTexto 的 Caption 属性为"设置前景色和背景色"。

③ 程序代码及分析。

```vb
Option Explicit
Private mFondoR          As Integer    '定义参数
Private mFondoB          As Integer
Private mFondoG          As Integer
Private mTextoR          As Integer
Private mTextoB          As Integer
Private mTextoG          As Integer
Private mValorR          As Integer
Private mValorB          As Integer
Private mValorG          As Integer
Private mValorColorTexto    As Long
Private mValorColorFondo    As Long

Private Sub Form_Load()                  '载入窗体
    On Error GoTo errorHandler           '捕捉错误
    Me.ScaleMode = vbPixels              '设置窗体的计量单位为像素
    Me.Top = (Screen.Height - Me.Height) / 2
    Me.Left = (Screen.Width - Me.Width) / 2     '设置窗体的位置在屏幕中间
    hscrR.Min = 0
    hscrB.Max = 255
    hscrG.Min = 0
    hscrG.Max = 255
    hscrB.Min = 0
    hscrB.Max = 255                      '设置各滚动框的范围
    hscrR.SmallChange = 1
    hscrR.LargeChange = 20
```

```
    hscrB.SmallChange = 1
    hscrB.LargeChange = 20
    hscrG.SmallChange = 1
    hscrG.LargeChange = 20                    '设置各滚动框微调和粗调的步长
    txtR.BackColor = RGB(hscrR.Value,0,0)
    txtB.BackColor = RGB(0,hscrB.Value,0)
    txtG.BackColor = RGB(0,0,hscrG.Value)     '设置颜色提示文本框的颜色
    lblR.Caption = hscrR.Value
    lblB.Caption = hscrB.Value
    lblG.Caption = hscrG.Value                '设置颜色提示标签的数值
    mValorR = hscrR.Value
    mValorB = hscrB.Value
    mValorG = hscrG.Value
    mValorColorTexto = RGB(mValorR,mValorB,mValorG)
    mValorColorFondo = RGB(255,255,255)
    mFondoR = 255
    mFondoB = 255
    mFondoG = 255
    mTextoR = 0
    mTextoR = 0
    mTextoR = 0
    optTexto.Value = True                     '保存滚动框的数值
    Exit Sub
errorHandler:                                 '错误处理,提示错误信息
    MsgBox "Error en frmMain.Form_Load ; " & Err.Number & vbCrLf & _
            Err.Description
End Sub
```

根据单选按钮确定颜色设置方式,并根据滚动框的数值来设置颜色的数值。颜色的改变触发滚动框的 Change 事件,相应的程序代码如下。

```
Private Sub hscrG_Change()                '蓝色滚动框的 Change 事件
    On Error GoTo errorHandler            '错误捕捉
    mValorG = hscrG.Value                 '保存滚动框的当前数值
    lblG.Caption = hscrG.Value
    txtG.BackColor = RGB(0,0,hscrG.Value)
                                          '在颜色提示标签和文本框中设置当前数值
    If optTexto = True Then               '判断颜色设置方式,如果选择的是设置文本的颜色
        mTextoG = hscrG.Value
        lblTexto.ForeColor = RGB(mTextoR,mTextoB,mTextoG)
                                          '设置标签中文本的颜色
    Else                                  '如果选择的是设置背景的颜色
        mFondoG = hscrG.Value
        lblTexto.BackColor = RGB(mFondoR,mFondoB,mFondoG)
                                          '设置标签中背景的颜色
    End If
```

```vb
        Exit Sub
errorHandler:                                '错误处理，提示错误信息
    MsgBox "Error en frmMain.hscrG_Change ; " & Err.Number & vbCrLf & _
        Err.Description
End Sub


Private Sub hscrR_Change()               '红色滚动框的 Change 事件
    On Error GoTo errorHandler           '错误捕捉
    mValorR = hscrR.Value                '保存滚动框的当前数值
    lblR.Caption = hscrR.Value
    txtR.BackColor = RGB(hscrR.Value,0,0)
                                '在颜色提示标签和文本框中设置当前数值
    If optTexto = True Then              '判断颜色设置方式，如果选择的是设置文本的颜色
        mTextoR = hscrR.Value
        lblTexto.ForeColor = RGB(mTextoR,mTextoB,mTextoG)
                                '设置标签中文本的颜色
    Else                                 '如果选择的是设置背景的颜色
        mFondoR = hscrR.Value
        lblTexto.BackColor = RGB(mFondoR,mFondoB,mFondoG)
    End If
    Exit Sub
errorHandler:                            '错误处理，提示错误信息
    MsgBox "Error en frmMain.hscrR_Change ; " & Err.Number & vbCrLf & _
        Err.Description
End Sub


Private Sub hscrB_Change()               '绿色滚动框的 Change 事件
  On Error GoTo errorHandler             '错误捕捉
    mValorB = hscrB.Value                '保存滚动框的当前数值
    lblB.Caption = hscrB.Value
    txtB.BackColor = RGB(0, hscrB.Value, 0)
                                '在颜色提示标签和文本框中设置当前数值
    If optTexto = True Then              '判断颜色设置方式，如果选择的是设置文本的颜色
        mTextoB = hscrB.Value
        lblTexto.ForeColor = RGB(mTextoR, mTextoB, mTextoG)
                                '设置标签中文本的颜色
    Else                                 '如果选择的是设置背景的颜色
        mFondoB = hscrB.Value
        lblTexto.BackColor = RGB(mFondoR, mFondoB, mFondoG)
    End If
    Exit Sub
errorHandler:                            '错误处理，提示错误信息
    MsgBox "Error en frmMain.hscrB_Change ; " & Err.Number & vbCrLf & _
        Err.Description
```

```
End Sub

Private Sub optFondo_Click()
    hscrR.Value = mFondoR        '设置红色滚动框的位置
    hscrB.Value = mFondoB        '设置绿色滚动框的位置
    hscrG.Value = mFondoG        '设置蓝色滚动框的位置
End Sub

Private Sub optTexto_Click()     '单选按钮文本颜色的 Click 事件
    hscrR.Value = mTextoR        '设置红色滚动框的位置
    hscrB.Value = mTextoB        '设置绿色滚动框的位置
    hscrG.Value = mTextoG        '设置蓝色滚动框的位置
End Sub

Private Sub cmdExit_Click()      '退出程序命令按钮的 Click 事件
    Unload Me                    '卸载窗体
End Sub
```

习题 9

1. 填空题

（1）对于某一对象能否接收焦点，取决于该对象的_____和_____属性的取值。_____属性允许对象响应键盘、鼠标等事件。_____属性则决定对象是否显示在屏幕上。只有这两个属性的取值同时均为_____时，该对象才能接收焦点。

（2）Tab 键的顺序就是当按下_____键时，焦点在窗体中的各控件间移动的顺序。每个窗体都具有相应的 Tab 键的顺序。在默认情况下，Tab 键的顺序与_____顺序相同。

2. 简答题

（1）Visual Basic 的控件可分为哪 3 种类型？简述各种类型控件的特点。

（2）在设计时如何使用控件？

（3）为控件命名应遵循哪些原则？

（4）将焦点赋给某一对象有哪些方法？有哪些控件不能接收焦点？

（5）如何创建控件数组？

（6）简述各内部控件的功能。

（7）试运行本章中各个例题。

第 10 章
对 话 框

本章要点

本章主要讲解消息对话框、输入对话框、通用对话框控件及自定义对话框的功能、用法及使用技巧。

学习目标

1. 了解对话框的分类及各类对话框的功能。

2. 理解加入消息对话框和输入对话框的语法及各参数的含义，理解通用对话框控件的各种属性、方法和事件的功能及含义。

3. 掌握各类对话框的创建方法及技巧。

在 Windows 应用程序中，对话框通常用于显示信息或者提示用户输入继续执行应用程序所需要的数据。它是一种特殊类型的窗体对象。例如，在 Visual Basic 中，用如图 10.1 所示的"文件另存为"对话框来保存已经打开的窗体。又如，Visual Basic 中的"帮助"对话框就是通过使用对话框来显示帮助内容的。在菜单栏上单击"帮助"按钮，然后选择"内容"菜单项，就可以显示如图 10.2 所示的"帮助"对话框。

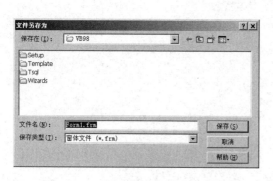

图 10.1　"文件另存为"对话框

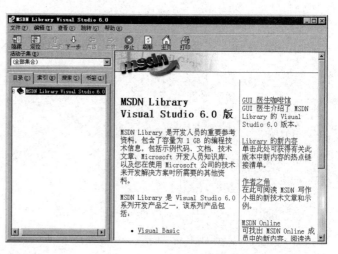

图 10.2　"帮助"对话框

10.1 对话框的分类

对话框可分为模态对话框和非模态对话框两种。

模态对话框比较常用，一般显示重要信息的对话框都是模态对话框。模态对话框要求在继续执行应用程序的其他操作之前，必须先被关闭（隐藏或卸载），或对它的提示做出响应。通常，如果一个对话框在可以切换到其他窗体或对话框之前要求先单击"确定"按钮或"取消"按钮，那么它就是模态对话框。例如，在 Visual Basic 中如图 10.1 所示的"文件另存为"对话框就是模态对话框。

非模态对话框允许在关闭对话框之前对应用程序的其他部分做出响应或操作，即当对话框正在显示时，可以继续操作当前应用程序的其他部分。非模态对话框一般很少使用，只用于显示频繁使用的命令与信息。例如，在 Visual Basic 中如图 10.2 所示的"帮助"对话框就是非模态对话框。

在 Visual Basic 中通过以下 4 种方法之一可创建对话框。

① 使用 MsgBox 函数来创建消息对话框。

② 使用 InputBox 函数来创建输入对话框。

③ 通过 CommonDialog 控件来创建各种通用对话框。

④ 通过窗体来创建自定义对话框。

下面各节将详细介绍如何通过上述 4 种方法来创建各种对话框。

10.2 输入对话框

输入对话框是 Visual Basic 提供的另一种预定义对话框，用来在应用程序运行时提示输入相关信息。在应用程序中加入输入对话框可以使用 InputBox 函数实现。

1. 语法

InputBox 函数的语法格式如下。

```
InputBox(prompt,[,title][,default][,xpos][,ypos][,helpfile,context])
```

2. 函数的功能

InputBox 函数用于在对话框中显示提示信息及文本输入框，程序使用人员通过在文本框中输入文字并单击相应的按钮来进行响应，InputBox 函数将返回包含文本框内容的字符串取值。

> **说明 <<<**
>
> prompt 参数是必选项，其值为一个字符串表达式，用于设置将要在对话框中显示的输入提示信息。其具体长度取决于所用字符的宽度，但最长不能超过 1024 个字符。如果其长度超过一行，那么可以在每一行之间加入回车符（Chr(13)）、换行符（Chr(10)）或是回车符与换行符的组合（Chr(13)&Chr(10)），以将各行隔开。

　　title 参数是可选项，其值为一个字符串表达式，用于设置在输入对话框标题栏中显示的文本。如果默认 title 参数，则表示将在输入对话框的标题栏中显示应用程序的名称。

　　default 参数是可选项，其值为一个字符串表达式，用于设置显示在文本输入框中的默认值。如果默认 default 参数，则文本输入框的内容将为空。

　　xpos 参数是可选项，其值为一个数值表达式，用于设置对话框的左边与屏幕左边的水平距离。如果默认 xpos 参数，则对话框将在水平方向居中。一般情况下，与 ypos 参数成对使用。

　　ypos 参数为可选项，其值为一个数值表达式，用于设置对话框的上边与屏幕上边的垂直距离。如果默认 ypos 参数，则对话框将被放置在屏幕垂直方向距下边大约三分之一的位置。一般情况下，与 xpos 参数成对使用。

　　helpfile 参数与 context 参数是可选项，用来指定帮助文件及相应的帮助上下文的文件号，两者必须成对使用，即如果指定了 helpfile 参数，就必须指定 context 参数；反之，如果指定了 context 参数，也必须指定 helpfile 参数。

💡 **提示**

　　如果指定了 helpfile 参数与 context 参数，可以通过按 F1 键来查看与 context 参数相对应的帮助主题。

　　当使用 InputBox 函数时，针对对话框各部分的改变将非常有限，只能改变标题栏中的文本、显示的命令提示信息、对话框在屏幕中的位置，以及确定它是否显示一个"帮助"按钮等。

【例 10.1】

```
Dim Msg,Title,Default,Myapoint          '定义相关变量
Msg="请输入您的判断结果（Y/N）："        '设置提示信息
Title="判断结果输入框"                    '设置标题
Default="Y"                              '设置默认值
Myapoint=InputBox(Msg,Title,Default,100,100)
                '在 100,100 的位置显示对话框，并显示输入提示信息、标题及默认值
MyValue=InputBox(Msg,Title...,"h.hlp",10)
                '使用帮助文件及上下文，"帮助"按钮将会自动出现
```

说明 <<<

　　在本例中，使用 InputBox 函数来显示输入对话框的不同用法。如果单击"确定"按钮或按 Enter 键，则变量 Myapoint 将保存输入的数据。如果单击"取消"按钮，则返回一个空串。

其运行结果如图 10.3（a）、图 10.3（b）所示。

（a）显示输入提示信息、标题及默认值的对话框　　（b）显示输入提示信息、标题及帮助按钮的对话框

图 10.3　例 10.1 的运行结果

10.3 消息对话框

消息对话框是 Visual Basic 提供的一种预定义对话框,用于在应用程序中显示信息。通过 MsgBox 函数可以在应用程序中加入消息对话框。

1. 语法

MsgBox 函数的语法格式如下。

```
MsgBox(prompt,[,buttons] [,title] [,helpfile,context])
```

2. 函数的功能

MsgBox 函数用于在对话框中显示消息,程序使用人员通过单击相应的按钮来进行响应,函数值为一个整数类型的数值,用于提示单击哪个按钮。

说明 <<<

prompt 参数是必选项,其值为一个字符串表达式,用于设置将要在对话框中显示的消息。其具体长度取决于所用字符的宽度,但最长不能超过 1024 个字符。如果其长度超过一行,那么可以在每一行之间加入回车符[Chr(13)]、换行符[Chr(10)]或是回车符与换行符的组合[Chr(13)&Chr(10)],以将各行隔开。

buttons 参数是可选项,其形式为一个数值表达式,用于设置显示按钮的数目及形式、使用的图标样式、默认按钮及消息框的强制回应等。如果默认 buttons 参数,其默认值为 0。

buttons 参数的取值及其含义见表 10.1。

表 10.1 buttons 参数的取值及其含义

常 数	取值	含 义
vbOKOnly	0	只显示"确定"按钮
vbOKCancel	1	显示"确定"及"取消"按钮
vbAbortRetryIgnore	2	显示"中止(A)""重试(R)"及"忽略(I)"三个按钮
vbYesNoCancel	3	显示"是(Y)""否(N)"及"取消(C)"三个按钮
vbYesNo	4	显示"是(Y)"和"否(N)"按钮
vbRetryCancel	5	显示"重试(R)"和"取消(C)"按钮
vbCritical	16	显示"Critical Message"图标(如图 10.4(a)所示)
vbQuestion	32	显示"Warning Query"图标(如图 10.4(b)所示)
vbExclamation	48	显示"Warning Message"图标(如图 10.4(c)所示)
vbInformation	64	显示"Information Message"图标(如图 10.4(d)所示)
vbDefaultButton	10	将第一个按钮设置为默认值
vbDefaultButton	2256	将第二个按钮设置为默认值
vbDefaultButton	3512	将第三个按钮设置为默认值
vbDefaultButton	4768	将第四个按钮设置为默认值
vbApplicationModal	0	应用程序强制返回,即应用程序一直被挂起,直到对消息框做出响应才继续工作
vbSystemModal	4096	系统强制返回,即全部应用程序都被挂起,直到对消息框做出响应才继续工作

这些取值被分成 4 组：第一组取值为 0～5，用于确定对话框中按钮的类型与数目；第二组取值为 16、32、48 和 64，用于确定图标的样式；第三组取值为 10、2 256、3 512 和 4 768，用于说明将哪一个按钮设置为默认值；第四组取值为 0 和 4 096，用来决定消息框的强制返回性质。在设置消息框时，每组只能取该组中的一个设置值，然后将这些值综合起来，构成参数 buttons 的值。这些常数都是由 Visual Basic for Applications（VBA）指定的，可以在程序代码中直接使用这些常数名称，而不必指定不易理解的实际数值。

（a）"Critical Message" 图标　（b）"Warning Query" 图标　（c）"Warning Message" 图标　（d）"Information Message" 图标

图 10.4　对应 buttons 参数不同取值的不同图标

title 参数是可选项，其值为一个字符串表达式，用来指定在消息对话框的标题栏中显示的文本。如果默认 title 参数，则表示将在消息对话框的标题栏中显示应用程序的名称。

helpfile 参数与 context 参数是可选项，用于指定帮助文件及相应的帮助上下文的文件号，二者必须成对使用，即如果指定了 helpfile 参数，就必须指定 context 参数；反之，如果指定了 context 参数，也必须指定 helpfile 参数。

MsgBox 函数的返回值用来确定被单击的按钮，具体含义见表 10.2。

表 10.2　MsgBox 函数的返回值及其含义

常　　数	值	被单击按钮的描述
vbOK	1	"确定"按钮
vbCancel	2	"取消"按钮
vbAbort	3	"中止（A）"按钮
vbRetry	4	"重试（R）"按钮
vbIgnore	5	"忽略（I）"按钮
vbYes	6	"是（Y）"按钮
vbNo	7	"否（N）"按钮

💡 **提示**

如果指定了 helpfile 参数与 context 参数，就可以通过按 F1 键来查看与 context 参数相对应的帮助主题了。

如果对话框设置了"取消"按钮，则按 Esc 键与单击"取消"按钮的作用相同。

【例 10.2】

```
Dim Msg,Style,Title,Response,Str1              '声名相关变量
Msg="继续吗?"                                   '定义信息
Style=vbYesNo+vbCritical+vbDefaultButton2       '定义按钮
Title="操作提示对话框"                           '定义标题
Response=MsgBox(Msg,Style,Title)                '显示消息框
```

```
If Response=vbYes Then              '用户单击"是"按钮
    MsgBox"继续执行完毕！ "          '执行某操作
Else                                '用户单击"否"按钮
    MsgBox"不执行操作！ "            '执行某操作
End If
```

在本例中，使用 MsgBox 函数在具有"是"和"否"按钮的对话框中显示一条严重错误信息。示例中的默认按钮为"否"，MsgBox 函数的返回值根据被单击的按钮而定。其运行结果如图 10.5（a）所示。如果单击"是"按钮，将显示如图 10.5（b）所示的消息框；如果单击"否"按钮，将显示如图 10.5（c）所示的消息框。

（a）MsgBox 函数示例运行结果　　（b）单击"是"按钮时的运行结果　　（c）单击"否"按钮时的运行结果

图 10.5　例 10.2 运行结果

 ## 10.4　通用对话框（CommonDialog）控件

通用对话框（CommonDialog）控件用于创建具有标准界面和使用方法的公共对话框，利用这些对话框可以完成文件的打开和保存、打印机选项的设置、颜色和字体的选择等。

1. 在工具箱中加入通用对话框（CommonDialog）控件

通用对话框控件不属于 Visual Basic 工具箱（Toolbox）的常规标准控件，首次安装 Visual Basic 后，在工具箱中找不到通用对话框控件。要在工具箱中加入通用对话框控件，可以从"工程"（Project）菜单中选择"部件"（Components）选项，此时，将弹出一个用于选择安装组件的窗口。在"部件"窗口的"控件"（Controls）组中选中"Microsoft Common Dialog Control 6.0"选项，如图 10.6 所示。然后单击"确定"按钮，通用对话框控件将被加入工具箱中。

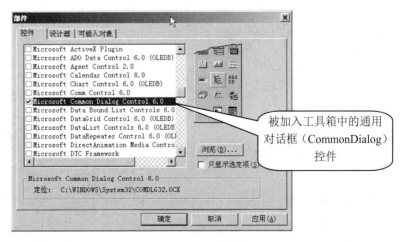

图 10.6　在"部件"对话框中加入通用对话框（CommonDialog）控件

2．用通用对话框控件生成各种对话框的一般步骤

要用通用对话框控件生成对话框，应该首先在窗体中加入通用对话框控件，然后对其属性进行设置。

① 在窗体中加入通用对话框控件。双击工具箱中的通用对话框控件，通用对话框控件将被自动加入窗体中。

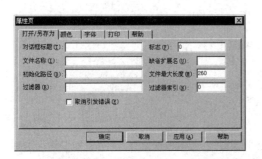

图 10.7　通用对话框控件的"属性页"对话框

② 设置通用对话框控件的属性。设置通用对话框控件的属性通常有以下 3 种方法。

➤ 通过"属性"窗口直接设置。

➤ 从"属性"窗口中选择"（自定义）"选项，然后单击其右侧的"（…）"按钮，接着在弹出的"属性页"对话框中进行设置，如图 10.7 所示。

➤ 通过程序代码进行设置。

💡 **提示**

CancelError 属性是所有的公共对话框都具有的一个属性，该属性用来确定当单击对话框的"取消"按钮时，是否发出一个错误信息。CancelError 属性的默认值为 False，即不发出错误信息；当其值被设置为 Ture 时，系统将发出错误信息。

在程序设计过程中，通用对话框控件将以图标的形式显示在窗体中，并且不能改变其大小。运行时，如果要显示相应的对话框，需要通过以下方法来实现。

➤ ShowOpen：显示"打开"对话框。

➤ ShowSave：显示"另存为"对话框。

➤ ShowPrinter：显示"打印"对话框。

➤ ShowFont：显示"字体"对话框。

➤ ShowColor：显示"颜色"对话框。

➤ ShowHelp：显示"帮助"对话框。

3．用通用对话框控件生成各种对话框

（1）"打开"对话框

通过使用通用对话框控件的 ShowOpen 方法可以显示"打开"对话框。通过该对话框可以指定要被打开的文件所在的驱动器名、目录名、文件类型和文件名等有关信息。

与"打开"对话框有关的属性主要包括以下几种。

① DialogTitle 属性。

语法：CommonDialog1.DialogTitle[=string]

功能：返回或设置显示在对话框标题栏中的文本，其默认设置为"打开"。

② FileName 属性。

语法：CommonDialog1.FileName[=string]

功能：设置默认的文件名，并返回最后被选中的文件的名称。

③ InitDir 属性。

语法：CommonDialog1.InitDir[=string]

功能：设置默认的文件目录，并返回最后被选中的文件所在目录的名称，其默认设置为当前目录。

④ Filter 属性。

功能：设置文件过滤器。

格式：描述｜通配符。

> **说明 <<<**
>
> 通过设置 Filter 属性，可以在对话框的文件列表框中显示扩展名与通配符相匹配的所有文件。
>
> 如果该属性设置了多个值，就需要用管道符（|）将其隔开。

【例10.3】 在 CommonDialog1.Filter="所有文件（*.*）|*.*|文本文件（*.txt）|*.txt" 语句中，Filter 属性被设置了两个值"所有文件（*.*）|*.*"与"文本文件（*.txt）|*.txt"，这两个值通过管道符（|）隔开。其中，"所有文件（*.*）"与"文本文件（*.txt）"是描述信息，而位于第一个管道符后的"*.*"与位于第三个管道符后的"*.txt"为通配符。

⑤ FilterIndex 属性。

语法：CommonDialog1.FilterIndex[=number]

功能：设置默认的文件过滤器，其取值为整数类型，表示 Filter 属性中各值的序号。

【例 10.4】 CommonDialog.FilterIndex=3，表示将 Filter 属性中的第三个值设置为默认的文件过滤器。

⑥ Flags 属性。

语法：CommonDialog1.Flags[=value]

功能：设置对话框的选项。

> **说明 <<<**
>
> Flags 属性的常用设置值（value 的取值）及其含义见表 10.3。

表 10.3 Flags 属性的常用设置值及其含义

常 数	值	描 述
cdlOFNHelpButton	&H10	使对话框显示"帮助"按钮
cdlOFNHideReadOnly	&H4	在对话框中隐藏只读复选框
cdlOFNNoChangeDir	&H8	强制对话框将对话框打开时的目录设置为当前目录
cdlOFNReadOnly	&H1	建立对话框时，只读复选框默认被选中。该标志也用来指示对话框关闭时只读复选框的状态

【例10.5】 CommonDialog1.Flags=&H10&，表示在对话框中显示"帮助（H）"按钮；CommonDialog1.Flags=&H4&语句，表示在对话框中将不显示"以只读方式打开"复选框。该属性的取值可以为多个值的组合。

【例10.6】 CommonDialog1.Flags=&H1 0&OR&H4&语句，表示在对话框中显示"帮助（H）"按钮，并且不显示"以只读方式打开"复选框。

⑦ MaxFileSize 属性。

语法：CommonDialog1.MaxFileSize[=number]

功能：设置将要被打开的文件名的最大尺寸。其取值为数值型，默认设置为256KB。

【例10.7】 将以下代码放入某一对象的 Click 事件中，将显示如图10.8所示的"打开"对话框，并在"文件名"信息框中显示所选的文件名。

```
Dim SF As String                    '定义用于存放文件名的变量
CommonDialog1.Flags=&H10&Or&H4&
              '设置 Flags 属性，使对话框含有"帮助(H)"按钮并隐去"以只读方式打开"复选框
CommonDialog1.Filter="所有文件(*.*)|*.*|文本文件(*.txt)|*.txt|
批处理文件(*.bat)|*.bat"         '设置过滤器
CommonDialog1.FilterIndex=2       '指定默认的过滤器为第二项，即"文本文件(*.txt)"
CommonDialog1.ShowOpen           '使用 ShowOpen 方法显示"打开"对话框
SF=CommonDialog1.filename        '用变量 SF 保存选定要打开的文件的名字
```

图 10.8 "打开"对话框示例运行结果

> **说明 <<<**
>
> 　　在本例中，对话框中含有"帮助（H）"按钮，并且隐去了"以只读方式打开"复选框。文件过滤器被设置为"所有文件（*.*）""文本文件（*.txt）"和"批处理文件（*.bat）"，其中，默认的过滤器序号为 2，即"文本文件（*.txt）"，此时文本列表中显示所有扩展名为.txt 的文件。

（2）"另存为"对话框

通过使用通用对话框控件的 ShowSave 方法可以显示"另存为"对话框。通过该对话框可以指定用于保存数据的文件所在的驱动器名、目录名、文件类型和文件名等有关信息。

与"另存为"对话框有关的属性基本与"打开"对话框的有关属性相同，这里不再赘

述。需要注意的是，可以通过 DefaultExt 属性为"另存为"对话框设置要保存的文件的默认文件扩展名，其值为由 1～3 个字符组成的字符串。

与"打开"对话框相比较，"另存为"对话框的 Flags 属性有一个特有的设置值&H2&，表示 cdlOFNOverwritePrompt，即当从"另存为"对话框中选择的文件已经存在时产生一个信息框，程序使用人员必须确认是否覆盖该文件。

【例 10.8】　将以下代码放入某一对象的 Click 事件中，将显示如图 10.9 所示的"另存为"对话框，然后在"文件名"信息框中显示选定的文件的名字。

```
Dim OF As String                    '定义用于存放文件名的变量
CommonDialog1.Flags= &H10&Or&H4&
                        '设置对话框含有"帮助（H）"按钮，并且隐去"以只读方式打开"复选框
CommonDialog1.Filter="所有文件(*.*)|*.*|文本文件(*.txt)|*.txt|批处理文件
(*.bat)|*.bat"                      '设置过滤器
CommonDialog1.DefaultExt="txt"      '设置要保存的文件的默认文件扩展名为.txt
CommonDialog1.FilterIndex=1         '指定默认的过滤器为第一项，即"所有文件(*.*)"
CommonDialog1.ShowSave              '显示"另存为"对话框
OF=CommonDialog1.filename           '用变量 OF 保存选定文件的名字
```

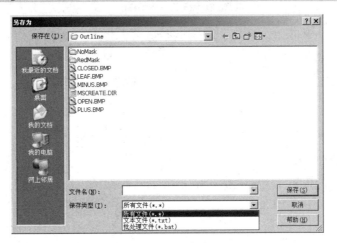

图 10.9　"另存为"对话框示例运行结果

说明 《《《

　　在本例中，对话框中含有"帮助（H）"按钮，并且隐去了"以只读方式打开"复选框。文件过滤器被设置为"所有文件(*.*)""文本文件(*.txt)"和"批处理文件(*.bat)"，其中，默认的过滤器序号为 1，即"所有文件(*.*)"，此时文本列表中显示所有文件。默认的文件扩展名为.txt，即要保存的文件如果没有指定扩展名，则默认保存为文本文件。

（3）"打印"对话框

通过使用通用对话框控件的 ShowPrinter 方法可以显示"打印"对话框。通过该对话框可以指定文件打印输出的方式、被打印的页码的范围、打印质量、打印份数等。在这个对话框中，还包括当前安装的打印机的有关信息，并允许配置或重新安装默认打印机。

与"打印"对话框有关的属性主要包括以下几种。

① Copies 属性。

语法：CommonDialog1.Copies[=number]

功能：设置并保存要打印的份数。其取值为整数类型，默认设置为1。

② FromPage 属性和 ToPage 属性。

语法：CommonDialog1.FromPage[=number]

　　　CommonDialog1.ToPage[=number]

功能：设置要打印的起始和终止页码，其取值为整数类型。

③ hDC 属性。

语法：CommonDialog1. hDC

功能：设置与打印机有关的上下文文件号（ID）。

说明 <<<

　　hDC 属性值可以在程序运行中发生改变，因此不要将该属性值存储在变量中多次调用，应在每次需要时通过 `CommonDialog1.hDC` 语句得到 hDC 属性值。

④ PrinterDefault 属性。

语法：CommonDialog1.PrinterDefault[=boolean]

功能：设置是否可以在"打印"对话框中改变打印机的默认设置。其取值为布尔型。

⑤ Max 和 Min 属性。

语法：CommonDialog1.Max[=number]

　　　CommonDialog1.Min[=number]

功能：设置可打印的最大页码和最小页码，其取值为整数类型。

⑥ FilterIndex 属性。

语法：CommonDialog1.FilterIndex[=number]

功能：设置默认的文件过滤器，其取值为整数类型，表示 Filter 属性中各值的序号。

【**例 10.9**】　CommonDialog1.FilterIndex=3，表示将 Filter 属性中的第三个值设置为默认的文件过滤器。

⑦ Flags 属性。

语法：CommonDialog1.Flags[=value]

功能：设置对话框的选项。

说明 <<<

　　Flags 属性的常用设置值（value 的取值）及其描述见表 10.4。

表 10.4　Flags 属性的常用设置值及其描述

常　数	值	描　述
cdlPDAllPages	&H0	返回或设置全部"页选项"按钮的状态
cdlPDCollate	&H10	返回或设置"分页"复选框的状态
cdlPDDisablePrintToFile	&H80000	使"打印到文件"复选框无效
cdlPDHelpButton	&H800	要求对话框显示"帮助"按钮
cdlPDHidePrintToFile	&H100000	隐藏"打印到文件"复选框

续表

常　数	值	描　　述
cdlPDNoPageNums	&H8	使"页选项"按钮和相关的编辑控件无效
cdlPDNoSelection	&H4	使"选择选项"按钮无效
cdlPDNoWarning	&H80	防止系统在没有默认打印机时显示警告信息
cdlPDPageNums	&H2	返回或设置"页选项"按钮的状态
cdlPDPrintSetup	&H40	使系统显示"打印设置"对话框,而不显示"打印"对话框
cdlPDPrintToFile	&H20	返回或设置"打印到文件"复选框的状态
cdlPDReturnDefault	&H400	返回默认的打印机名称
cdlPDSelection	&H1	返回或设置"选择选项"按钮的状态。如果 cdlPDPageNums 或 cdlPDSelection 均未指定,那么全部选项按钮都将处于被选中状态

【例 10.10】 将以下代码放入某一对象的 Click 事件中,显示如图 10.10 所示的"打印"对话框。

图 10.10 "打印"对话框示例运行结果

```
Dim BeginPage,EndPage,NumCopies
                          '定义用于存放打印起始页码、打印结束页码、打印份数的变量
CommonDialog1.Min=1       '设置可打印的最小页码
CommonDialog1.Max=16      '设置可打印的最大页码
CommonDialog1.ShowPrinter '显示"打印"对话框
BeginPage=CommonDialog1.FromPage '从该对话框取得要打印的起始页码的值
EndPage=CommonDialog1.ToPage     '从该对话框取得要打印的结束页码的值
NumCopies=CommonDialog1.Copies   '从该对话框取得打印份数的值
```

（4）"字体"对话框

通过使用通用对话框控件的 ShowFont 方法可以显示"字体"对话框。通过该对话框可以为文本指定字体、大小、颜色和样式等,从而选择一种字体。

与"字体"对话框有关的属性主要包括以下几种。

① Flags 属性。

语法：CommonDialog1.Flags[=value]

功能：设置对话框的选项。

Flags 属性的常用设置值（value 的取值）及其描述见表 10.5。

表 10.5　Flags 属性的常用设置值及其描述

常　　数	值	描　　述
cdlCFANSIOnly	&H400	指定对话框只允许选择 Windows 字符集的字体。如果该标志被设置，就不能选择只含符号的字体
cdlCFApply	&H200	使对话框中的"应用"按钮有效
cdlCFBoth	&H3	使对话框列出可用的打印机和屏幕字体
cdlCFEffects	&H100	指定对话框允许使用删除线、下画线及颜色等
cdlCFFixedPitchOnly	&H4000	指定对话框只能选择间距固定的字体
cdlCFForceFontExist	&H10000	指定如果试图选择一个不存在的字体或样式，显示错误信息框
cdlCFHelpButton	&H4	使对话框显示"帮助"按钮
cdlCFNoFaceSel	&H80000	未选择字体名称
cdlCFNoSizeSel	&H200000	未选择字体大小
cdlCFNoStyleSel	&H100000	未选择样式
cdlCFNoVectorFonts	&H800	指定对话框不允许矢量字体选择
cdlCFScalableOnly	&H20000	指定对话框只允许选择可缩放的字体
cdlCFScreenFonts	&H1	使对话框只列出系统支持的屏幕字体
cdlCFTTOnly	&H40000	指定对话框只允许选择 TrueType 型字体
cdlCFWYSIWYG	&H8000	指定对话框只允许选择在打印机和屏幕上均可用的字体。如果该标志被设置，也应该同时设置 cdlCFBoth 标志和 cdlCFScalableOnly 标志

💡 **提示**

要显示"字体"对话框，需要首先将 Flags 属性设置为 cdlCFScreenFonts、cdlCFPrinterFonts 或 cdlCFBoth。否则，将会发生字体不存在的错误。

② Color 属性。

语法：CommonDialog1.Color[=number]

功能：保存被选定的颜色属性。

其取值为整数类型。

number 为用来指定颜色的数值表达式。

💡 **提示**

如果要设置该属性，就必须先将 Flags 属性设置为 cdlCFEffects。

③ FontName 属性。

语法：CommonDialog1.FontName[=font]

功能：返回被选定的字体的名称。

font 为用于指定字体名称的字符串表达式。

④ FontSize 属性。

语法：CommonDialog1.FontSize[=number]

功能：返回被选定的字号的大小。

其取值为整数类型，默认设置为 8 磅。

number 为表示字号大小的数值表达式，其单位用磅。

⑤ FontBold 属性。

功能：确定是否选择粗体。

⑥ FontItalic 属性。

功能：确定是否选择斜体。

⑦ FontUnderline 属性。

功能：确定是否选择下画线。

如果要设置该属性，就必须先将对话框的 Flags 属性设置为 cdlCFEffects。

⑧ FontStrikethru 属性。

功能：确定是否选择删除线。

如果要设置该属性，就必须先将对话框的 Flags 属性设置为 cdlCFEffects。

【例 10.11】 将以下代码放入某一对象的 Click 事件中，将显示如图 10.11 所示的"字体"对话框。

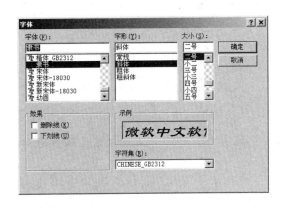

图 10.11 "字体"对话框示例运行结果

```
CommonDialog1.Flags=cdlCFEffectsOrcdlCFBoth
                           '为了显示"字体"对话框，首先设置 Flags 属性
CommonDialog1.ShowFont      '显示"字体"对话框
Text1.Font.Name=CommonDialog1.FontName
Text1.Font.Size=CommonDialog1.FontSize
Text1.Font.Bold=CommonDialog1.FontBold
Text1.Font.Italic=CommonDialog1.FontItalic
Text1.Font.Underline=CommonDialog1.FontUnderline
Text1.FontStrikethru=CommonDialog1.FontStrikethru
Text1.ForeColor=CommonDialog1.Color
                           '将文本框的字体设置为选择的字体
```

（5）"颜色"对话框

通过使用通用对话框控件的 ShowColor 方法可以显示"颜色"对话框。通过该对话框可以在调色板中选择颜色，也可以选择或生成自定义颜色。

与"颜色"对话框有关的属性主要包括以下几个。

① Color 属性。

功能：该属性用于设置默认的颜色，并在运行时获取所选择的颜色。

② Flags 属性。

语法：CommonDialog1.Flags[=value]

功能：设置对话框的选项。

说明 ‹‹‹

Flags 属性的常用设置值（value 的取值）及其描述见表 10.6。

表 10.6　Flags 属性的常用设置值及其描述

常　　数	值	描　　述
cdCClFullOpen	&H2	显示全部对话框，包括定义、自定义颜色部分
cdlCCShowHelpButton	&H8	使对话框显示"帮助"按钮
CdlCCPreventFullOpen	&H4	使"规定自定义颜色"命令按钮无效，防止定义、自定义颜色
CdlCCRGBInit	&H1	为对话框设置默认的颜色值

【例 10.12】　将以下代码放入某一对象的 Click 事件中，将显示如图 10.12 所示的"颜色"对话框，并设置窗体的背景色（BackColor）为选定的颜色。

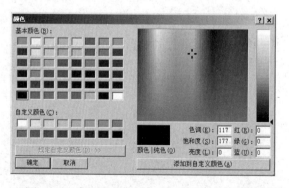

图 10.12　"颜色"对话框示例运行结果

```
CommonDialog1.Flags=cdlCCRGBInit
                          '设置Flags属性,从而为对话框设置默认的颜色值
CommonDialog1.ShowColor          '显示"颜色"对话框
Form1.BackColor=CommonDialog1.Color '设置窗体的背景颜色为选定的颜色
```

（6）"帮助"对话框

通过使用通用对话框控件的 ShowHelp 方法可以显示"帮助"对话框。通过该对话框可以显示帮助信息。

与"帮助"对话框有关的主要属性如下。

① HelpCommand 属性。

语法：CommonDialog1.HelpCommand[=value]

功能：设置联机帮助的类型，其值为一个常数。

说明 《《

value 是表示联机帮助类型的常数，其常用取值及其描述见表 10.7。

表 10.7　表示联机帮助类型的常数的常用取值及其描述

常　　数	值	描　　　述
cdlHelpCommand	&H102&	执行帮助宏
cdlHelpContents	&H3&	显示当前帮助文件中的内容主题
cdlHelpContext	&H1&	为特定的上下文显示帮助。当使用这个设置时，还必须用 HelpContext 属性指定一个上下文文件号
cdlHelpContextPopup	&H8&	在弹出窗口中显示一个特定的帮助主题
cdlHelpForceFile	&H9&	确保 WinHelp 显示正确的帮助文件
cdlHelpHelpOnHelp	&H4&	为使用帮助应用程序本身显示帮助
cdlHelpIndex	&H3&	显示指定的帮助文件的索引
cdlHelpKey	&H101&	为特定的关键字显示帮助
cdlHelpQuit	&H2&	通知帮助应用程序，不再使用所指定的帮助文件
cdlHelpSetContents	&H5&	当按下 F1 键时显示的帮助主题

② HelpKey 属性。

语法：CommonDialog1.HelpKey[=string]

功能：设置帮助主题的关键字，其取值为字符串类型。

说明 《《

string 是表示帮助主题的关键字的字符表达式。

③ HelpFile 属性。

语法：CommonDialog1.HelpFile[=filename]

功能：设置要显示的帮助文件。

说明 《《

filename 表示帮助文件名，包括驱动器名、目录名和文件名。

④ HelpContext 属性。

语法：CommonDialog1.Help Context[=string]

功能：设置或者返回所需帮助主题的上下文文件号（ID）。

说明 ◀◀◀

string 是表示所需帮助主题的上下文文件号。

【例 10.13】　将以下代码放入某一对象的 Click 事件中，将显示如图 10.13 所示的"帮助"对话框，该对话框中显示了指定的帮助文件。

图 10.13　通过"帮助"对话框显示指定的帮助文件

```
CommonDialog1.HelpFile =
"C:\WINDOWS\HELP\MPLAYER2.HLP"
                    '设置帮助文件驱动器名、目录名及名称
CommonDialog1.HelpCommand=cdlHelpContents
                    '显示 Visual Basic 帮助目录主题
CommonDialog1.ShowHelp      '显示"帮助"对话框
```

 ## 10.5　自定义对话框

自定义对话框实际上是由程序设计人员创建的含有控件的窗体。这些控件包括命令按钮、选取按钮和文本框等，它们可以接收应用程序运行时所需的信息。

1．创建用于自定义对话框的窗体

从"工程"菜单中选择"添加窗体"选项，或者在工具栏上单击"添加窗体"按钮，即可创建新的窗体。

2．设置自定义对话框

自定义对话框可采用各种形式的窗体，可以是固定的或可移动的，也可以是模态的或非模态的，还可以包含各种不同类型的控件。但是，自定义对话框通常不包括菜单栏、滚动条、最小化与最大化按钮、状态条及尺寸可变的边框。

下面指出几个关于设置自定义对话框时要注意的问题。

（1）设置对话框的标题

一般情况下，对话框应该包含用于标识它的标题。通过设置相应窗体的 Caption 属性，可以设置对话框的标题。标题的设置可以通过"属性"窗口来完成，也可以通过程序代码来完成。例如，使用 frmAbout.Caption="关于"，可以将 frmAbout 对话框的标题设置为"关于"。

（2）设置对话框的属性

一般情况下，对话框是临时性的，程序使用人员不需要对它进行移动、改变大小、最大化或最小化等操作。因此，窗体中可变尺寸的边框类型、"控制"菜单框、"最大化"及"最小化"按钮，在大多数对话框中都不是必需的。在窗体创建完毕后，需要通过设置相应的属性，去掉不需要的按钮。

【例 10.14】"关于"对话框可能使用以下的属性设置。

① 将 BorderStyle 属性设置为 1，则对话框为固定的单线边框，应用程序执行时，其尺寸不能改变。

② 将 ControlBox 属性设置为 False，则标题栏不包含控制菜单按钮。

③ 将 MaxButton 和 MinButton 属性均设置为 False，则标题栏不包含最大化和最小化按钮，对话框在运行时不能被最大化或最小化。

（3）添加和放置命令按钮

模态对话框应至少包含一个退出该对话框的命令按钮。实现的办法通常是在对话框中添加"确定""取消"或者"退出"等命令按钮，并在相应的 Click 事件中添加程序代码。其中"确定"按钮表示根据需要执行相应的操作，而"取消"按钮则表示关闭该对话框而不执行任何操作。

（4）设置默认按钮、取消按钮和焦点

命令按钮控件提供了 Default、Cancel、TabIndex 和 TabStop 属性。

① 设置默认按钮。Default 按钮即默认按钮，就是按回车键时所选中的按钮。在一个窗体中，只能有一个默认按钮。要设置默认按钮，需要将相应按钮的 Default 属性设置为 True。

② 设置取消按钮。Cancel 按钮即取消按钮，就是按 Esc 键时选中的按钮。在一个窗体上，只能有一个取消按钮。要设置取消按钮，需要将相应按钮的 Cancel 属性设置为 True。取消按钮也可以同时被设置为默认按钮。

③ 设置焦点。要在显示对话框时将焦点指定给某个按钮，需要将相应按钮的 TabIndex 属性设置为 0，并将其 TabStop 属性设置为 True，或者用 SetFocus 方法在显示对话框时将焦点指定给特定的控件。

（5）使对话框中的控件无效

有时候需要使对话框中的某些控件无效，因为它们的动作与当前的操作相矛盾。要使对话框中的某个控件无效，需要将相应控件的 Enabled 属性设置为 False。

3. 自定义对话框的加载、显示、隐藏和卸载

自定义对话框有多种装入内存及显示的方式，需要通过程序代码进行设置。下面针对不同的要求，介绍几种常用的处理方法。

（1）将对话框装入内存但不显示

使用 Load 语句或者引用对话框窗体上的属性或控件。

（2）装入并显示模态对话框

使用 Show 方法，并将其 Style 属性设置为 vbModal。

（3）装入并显示非模态对话框

使用 Show 方法，并将其 Style 属性设置为 vbModaless。

（4）显示已装入内存的对话框

使用 Show 方法或者将相应对话框的 Visible 属性设置为 True。

（5）从视窗中隐藏对话框

使用 Hide 方法或者将相应对话框的 Visible 属性设置为 False。

（6）从视窗中隐藏对话框，并将其从内存中卸载

使用 Unload 语句。

 # 习题 10

1. 填空题

（1）对话框可分为_____对话框和_____对话框两种，其中____对话框最常用。

（2）MsgBox 函数的返回值中，vbOk 表示单击了_____按钮，vbCancel 表示单击了_____按钮，vbAbort 表示单击了_____按钮，vbRetry 表示单击了_____按钮，vbIgnore 表示单击了_____按钮，vbYes 表示单击了_____按钮，vbNo 表示单击了_____按钮。

（3）针对通用对话框（CommonDialog）控件，使用_____方法可以显示"打开"对话框，使用_____方法可以显示"另存为"对话框，使用_____方法可以显示"打印"对话框，使用_____方法可以显示"字体"对话框，使用_____方法可以显示"颜色"对话框，使用_____方法可以显示"帮助"对话框。

（4）自定义对话框中通常不包括_____、_____、_____与_____按钮、_____及_____。

2. 简答题

（1）简要说明模态对话框与非模态对话框的区别，并分别举例说明。

（2）如何在工具箱中加入通用对话框（CommonDialog）控件？

（3）如何设置自定义对话框？

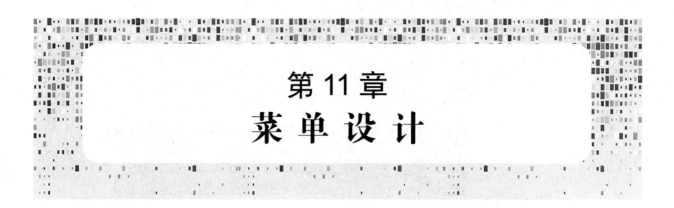

本章要点

本章主要讲解如何使用菜单编辑器进行 Visual Basic 应用程序菜单设计及菜单的 Click 事件过程的编写方法。为了突出实用性，还讲解了弹出式菜单、菜单控件数组的设计方法以及经常遇到的在程序运行中动态改变菜单的实现方法。

学习目标

1. 了解菜单控件数组的设计方法。

2. 理解在程序运行中动态改变菜单的实现方法。

3. 掌握使用菜单编辑器进行 Visual Basic 应用程序菜单设计、菜单的 Click 事件过程的编写方法，以及如何设计弹出式菜单。

在 Windows 应用程序中菜单的使用非常普遍，几乎所有的 Windows 应用程序中都设计有菜单。

 11.1 菜单简介

1. 菜单的组成

在 Windows 应用程序中，菜单主要由以下几个元素组成：菜单栏、菜单标题、菜单选项、子菜单标题、子菜单选项、访问键、快捷键和分隔条，如图 11.1 所示。

2. 菜单元素的功能及用法

下面结合图 11.1 对菜单的各个组成元素的功能及用法进行简单地介绍。

菜单栏位于窗体的标题栏下面，包含一个或多个菜单标题。用键盘或鼠标选中一个菜单标题（如"文件"），将显示菜单选项列表，即子菜单。菜单选项可以是菜单命令（如"退出"），也可以是子菜单标题（如"发送"，注意右侧带有一个三角标记）。如果选中的菜单选项是菜单命令，则计算机将执行该菜单项所对应的功能（如退出当前程序）；如果选中的菜单选项是子菜单标题，则调出下一级菜单选项列表（下一级子菜单）。

当一个菜单选项右侧带有一个省略号标记时，表示选中该菜单项可以调出一个对话框。

在图 11.1 中，"版本"和"页面设置"两个菜单项之间有一条横线，称为分隔条。合理地使用分隔条可以将菜单项按照功能在逻辑上进行划分成组。

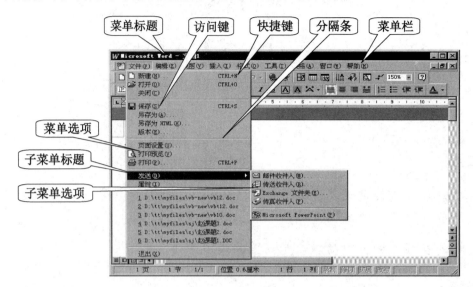

图 11.1　Windows 应用程序中菜单的主要组成元素

如图 11.1 所示，菜单中的"保存"菜单项有一个带下画线的字母"S"，表示此菜单项的访问键为 S 键。如果在菜单栏中的菜单标题定义了访问键，按下 Alt 键和带有下画线的字母就可以调出该菜单标题对应的下级菜单选项列表，此时，如果调出的下级菜单中某一菜单项定义了访问键，则按下带下画线的字母（不按 Alt 键）即可调用该菜单项。例如，在图 11.1 所示的菜单中，按下 Alt+F 组合键可以打开"文件"菜单，此时按下 S 键可以执行"保存"菜单项所对应的功能。

如图 11.1 所示菜单中的"打开"菜单项右侧有一个 Ctrl+O 组合键，表示此菜单项的快捷键为 Ctrl+O。直接按下快捷键即可调用相应菜单选项所对应的功能。

💡 **提示**

不能为菜单标题和子菜单标题定义快捷键。

菜单实质上是一个对象，和其他对象一样，菜单具有定义其外观与特征的属性。在设计或运行时可以设置菜单的 Caption、Enabled、Visible、Checked 等属性。菜单只有一个事件，即 Click 事件，当用鼠标或键盘选中该菜单时，将调用菜单的 Click 事件。关于菜单的属性和事件将在后面做详细地讲解。

 ## 11.2　用菜单编辑器定义菜单

在用 Visual Basic 设计程序时可以通过 Visual Basic 的菜单编辑器为应用程序创建菜单，同时可以进行菜单属性的设置。菜单的属性也可以像其他控件一样在属性窗口中进行设置。

1．启动菜单编辑器

菜单需要附属于一个窗体，所以要启动菜单编辑器应首先单击一个窗体作为菜单的载体，然后选择"工具"菜单的"菜单编辑器"选项或者单击工具栏上的"菜单编辑器"按钮，调出如图11.2所示的"菜单编辑器"对话框。

图11.2 "菜单编辑器"对话框

2．使用菜单编辑器

（1）"菜单编辑器"对话框

"菜单编辑器"对话框中各个选项的含义如下。

① "标题"文本框：可以输入菜单标题名或菜单选项名。

菜单标题名或菜单选项名将显示在为该窗体设计的菜单中，如图11.1中的"文件"是菜单标题名，"打开"是菜单选项名。通过"标题"文本框可以设置菜单的Caption属性。在"标题"文本框中输入菜单选项名时，在所输入的文本后面输入省略号"…"表示选择该菜单项可以打开一个对话框。

② "名称"文本框：可以为菜单标题或菜单项输入控件名。

每个菜单标题或菜单项都是控件，都必须输入控件名。控件名用于在编辑程序代码时表示菜单标题或菜单项，并不显示在程序运行时的菜单中。通过"名称"文本框可以设置菜单的"名称"属性。

③ "索引"文本框：可以输入一个数字来确定菜单标题或菜单选项在菜单控件数组中的位置或次序，该位置与菜单的屏幕位置无关。

控件数组的概念请参阅11.4节"建立菜单控件数组"。"索引"文本框的内容决定了菜单的Index属性的取值。

💡 提示

"索引"文本框中可以不输入任何内容，此时菜单的 Index 属性没有任何取值，该菜单标题或菜单选项是一个独立的菜单控件，它不包含在任何控件数组之中。

---

④ "帮助上下文 ID" 文本框：可以输入一个数字用来在 HelpFile 属性指定的帮助文件中查找相应的帮助主题。

通过 "帮助上下文 ID" 文本框可以设置菜单的 HelpContext ID 属性取值。

⑤ "快捷键" 列表框：单击列表框右侧的下拉箭头，可以在弹出的下拉列表中为菜单项选定快捷键。

选择 "None" 表示没有快捷键。通过 "快捷键" 列表框可以设置菜单的 Shortcut 属性取值。

⑥ "协调位置" 列表框：单击列表框右侧的下拉箭头，可以在弹出的下拉列表中为菜单的 NegotiatePosition 属性选定取值，NegotiatePosition 属性决定是否及如何在窗体中显示菜单。

💡 **提示**

只有菜单栏中的菜单标题的 NegotiatePosition 属性才能具有非零的取值。

---

⑦ "复选" 复选框：可以设置菜单是否带有复选标记。

单击该复选框使其左边带有复选标记（对钩），表示复选框有效，此时相应的菜单项的左边将带有复选标记，即该菜单项所代表的功能为打开状态。再次单击该复选框使其左边的复选标记消失，表示复选框无效，此时相应的菜单项的左边的复选标记消失，即表示该菜单项所代表的功能为关闭状态。

【例 11.1】 在 "菜单编辑器" 对话框中设置 "标题" 取值为 "常用" 的菜单项的 "复选" 复选框有效（带有对钩标记），此时如图 11.3 所示，"常用" 菜单项的左边将带有复选标记（对钩）。

图 11.3 菜单项前的复选标记

通过 "复选" 复选框可以设置菜单的 Checked 属性。

💡 **提示**

菜单栏中的菜单标题的 "复选" 复选框不能设置为有效。

在运行时选择该菜单项可以动态地切换菜单项代表的功能是打开还是关闭。具体内容请参阅 11.5 节。

⑧ "有效"复选框：可以设置菜单项是否有效。

单击该复选框使其左边带有对钩标记，表示复选框有效，即菜单项有效，此时相应的菜单项可以用键盘或鼠标选中并执行相应功能，即该菜单项可以对事件做出响应。再次单击该复选框使其无效，即菜单项无效，则相应的菜单项变为模糊显示，如图 11.4 所示，"保存"菜单被设置为无效，呈浅灰色模糊显示，此时该菜单项不能对事件做出响应。

通过"有效"复选框可以设置菜单的 Enabled 属性。

⑨ "可视"复选框：可以设置菜单是否显示在屏幕上。

单击该复选框使其左边带有对钩标记，表示复选框有效，即菜单可见，此时相应的菜单项将显示在屏幕上。再次单击该复选框使其无效，即菜单不可见，则相应的菜单项在屏幕上不显示。通过"可视"复选框可以设置菜单的 Visible 属性。

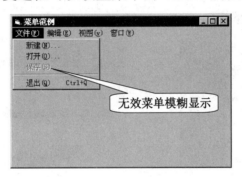

图 11.4　无效菜单被模糊显示

⑩ "显示窗口列表"复选框：设置在多文档应用程序的菜单中是否包含一个已打开的各个文档的列表。

如图 11.5 所示，Microsoft Word 属于多文档应用程序，可以同时打开多个文档。当同时打开"文档 1.doc""文档 3.doc""文档 4.doc"3 个文档时，在 Microsoft Word 的"窗口"菜单中将显示一个已打开的各个文档的列表，每个文档对应一个窗口，带有对钩标记的文档为当前文档。通过"显示窗口列表"复选框可以设置菜单的 Windowlist 属性。

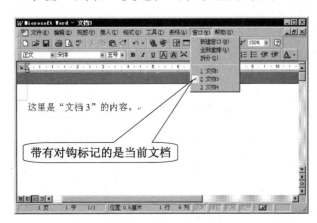

图 11.5　Microsoft Word 的"窗口"菜单中显示已打开的各文档的列表

💡 **提示**

对于某一特定窗体，只能有一个菜单的"显示窗口列表"复选框可被选中。

⑪ "菜单列表"：该列表框位于"菜单编辑器"对话框的下部，用于显示各菜单标题和菜单选项的分级列表。

菜单标题和菜单选项的缩进指明各菜单标题和菜单选项的分级位置或等级。如图 11.6（a）所示，菜单"工具栏"的上级菜单是"视图"菜单，它还有两个下级菜单"常用"和"格式"，在"菜单列表"中的显示如图 11.6（b）所示。

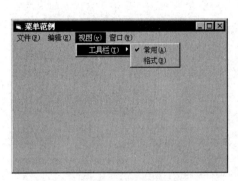

（a）菜单的上下级关系

（b）在"菜单编辑器"窗口中定义菜单的上、下级关系

图 11.6　菜单选项的分级位置和等级

⑫ "右箭头"按钮：每次单击该按钮都把菜单列表中选定的菜单标题或菜单选项向右移一个子菜单等级，即成为下一级菜单。

⑬ "左箭头"按钮：每次单击该按钮都把菜单列表中选定的菜单标题或菜单选项向左移一个子菜单等级，即成为上一级菜单。

⑭ "上箭头"按钮：每次单击该按钮都把菜单列表中选定的菜单标题或菜单选项在同级菜单内向上移动一个显示位置。

⑮ "下箭头"按钮：每次单击该按钮都把菜单列表中选定的菜单标题或菜单选项在同级菜单内向下移动一个显示位置。

⑯ "下一个"按钮：将菜单列表中的选定标记移动到下一行，即选定下一个菜单标题或菜单选项以便进行设定。在某个菜单标题或菜单选项上单击可以直接选定菜单标题或菜单选项。

⑰ "插入"按钮：在菜单列表中的当前选定行上方插入一行。

⑱ "删除"按钮：删除菜单列表中当前选定的一行。

⑲ "确定"按钮：保存通过"菜单编辑器"进行的各种设置并退出"菜单编辑器"对

话框。

⑳ "取消"按钮：放弃通过"菜单编辑器"进行的各种设置并退出"菜单编辑器"对话框。

退出"菜单编辑器"对话框后仍处于程序设计状态，此时选定一个菜单标题可以调出其下级菜单，选定一个菜单命令将打开菜单单击事件的代码窗口，而不是执行菜单单击事件所对应的代码。

（2）菜单编辑器的功能键

要通过键盘操作菜单编辑器，可以使用表 11.1 中的功能键。

表 11.1　通过键盘操作菜单编辑器所使用的功能键

按　键	功　能
Tab	正向依次切换菜单编辑器中各选项
Shift+Tab	反向依次切换菜单编辑器中各选项
Enter	选中菜单编辑器的菜单列表中的下一行或执行相应按钮功能
Alt+R	把菜单列表中的当前行下移一级
Alt+L	把菜单列表中的当前行上移一级
Alt+U	把菜单列表中的当前行上移一行
Alt+B	把菜单列表中的当前行下移一行

当光标停留在"快捷键"或"协调位置"列表框上时，可以使用表 11.2 中的功能键。

表 11.2　光标停留在"快捷键"或"协调位置"列表框上所使用的功能键

按　键	功　能
F4	打开或关闭该列表
Alt+上、下光标键	打开或关闭该列表
光标键	选择该列表中的上一项或下一项
Home	选择该列表的第一项
End	选择该列表的最后一项

3．定义菜单的访问键

在"菜单编辑器"对话框的"标题"文本框中输入菜单标题名或菜单选项名时，在一个字母前插入"&"符号可以将该字母定义为该菜单标题或菜单项的访问键。

💡 **提示**

定义访问键所用的"&"符号在菜单中不显示，如果要显示"&"符号，则应在标题中连续输入两个"&"符号；另外，不要为不同的菜单定义相同的访问键，否则只有第一次的定义有效。

访问键的用法请参阅 11.1 节"菜单简介"。

4．定义菜单的快捷键

直接按下快捷键即可调用相应菜单选项，大大方便了菜单的键盘操作。

在"菜单编辑器"对话框中单击"快捷键"列表框右侧的下拉箭头，可以在弹出的下拉列表中为菜单项选定快捷键。通过在菜单的属性窗口中选择 Shortcut 属性的取值也可以定义菜单的快捷键。

当选择"None"时，表示没有快捷键。

💡 **提示**

不能为菜单标题和子菜单标题定义快捷键。

5．定义子菜单

每次单击"菜单编辑器"中的"右箭头"按钮都会把菜单列表中选定的菜单标题或菜单选项向右移一个子菜单等级，即成为下一级菜单，包括菜单栏中的菜单标题最多可以建立 6 个菜单等级。

当给一个菜单选项定义了下级菜单时，该菜单选项在显示时自动带有一个三角标记（不是在"标题"文本框中人为输入的），表示选择该菜单项可以打开一个下级子菜单。

💡 **提示**

菜单栏中的菜单标题不会带有三角标记。

6．建立分隔条

合理地使用分隔条可以将菜单项按照功能划分成组，以便于进行菜单操作。如果想在菜单中建立分隔条，则应在"标题"文本框中输入一个连字符"-"。

💡 **提示**

输入分隔条菜单项的标题时最多只能输入一个连字符。在"菜单编辑器"中，不能将分隔条菜单项的"复选"复选框（Checked 属性）设置为有效（True），不能将其"有效"复选框（Enabled 属性）设置为无效（False），也不能为分隔条定义一个快捷键，但可以将其"可见"（Visible）属性设置为无效（False）。

7．"菜单编辑器"综合应用示例

【例 11.2】 利用"菜单编辑器"设计如图 11.7 所示的菜单。

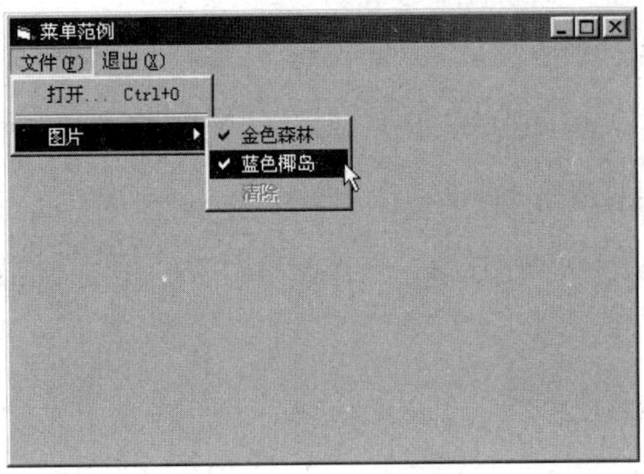

图 11.7 用"菜单编辑器"设计菜单

① 建立新工程,将窗体属性设置为:

Name="Form1"
Caption="菜单范例"

② 单击"工具"菜单中的"菜单编辑器"选项启动"菜单编辑器"。按照表 11.3 中的项目使用"菜单编辑器"设置各菜单及其选项即可。

表 11.3 例 11.2 中各菜单及其选项的具体设置

菜单项标题名,即 Caption(标题)属性	菜单级别	Name(名称)属性	Index(索引)属性	快捷键	Checked(复选)属性	Enabled(有效)属性	Visible(可见)属性
文件(&F)	标题	MnuFile	无	None		√	√
打开…	一级	MnuFileOpen	无	Ctrl+O		√	√
–	一级	MnuFileLine	无	None		√	√
图片	一级	MnuFilePic	无	None		√	√
金色森林	二级	MnuFilePicGOLDENWOODS	无	None	√	√	√
蓝色椰岛	二级	MnuFilePicBLUEISLAND	无	None	√	√	√
清除	二级	MnuFilePicClear	无	None			√
退出(&X)	标题	MnuQuit	无	None		√	√

11.3 菜单命名规则

1. Caption 属性

通过"菜单编辑器"对话框中的"标题"文本框可以设置菜单的 Caption 属性的取值,Caption 属性的取值决定了菜单上所显示的文字。

为了与其他应用程序的菜单风格保持一致,设置菜单的 Caption 属性应尽量遵循以下命名规则。

① 每个菜单标题及菜单选项的名称应各不相同,在不同的菜单标题中的相似功能可以同名。

② 菜单标题及菜单选项的名称应尽量简短明了。

③ 每个菜单标题及菜单选项的名称中都应定义一个访问键以方便用键盘选取菜单。访问键一般定义为一个便于记忆的字符，如果使用西文菜单则访问键也可以定义为菜单标题或菜单选项的第一个单词的第一个字母。两个菜单标题或菜单选项的访问键不能使用同一个字符。

④ 如果在执行某个菜单选项所对应的功能时需要提供一些信息或以问答形式完成一些必要的设置，就需要使用对话框。此时应该在菜单的 Caption 属性取值的后面输入一个省略号（…），表示选择该菜单选项将调出一个对话框。

2. 名称属性

通过"菜单编辑器"对话框中的"名称"文本框可以为菜单标题或菜单项输入控件名，即设置菜单的名称（Name）属性的取值。每个菜单标题或菜单项都是控件，都必须输入控件名。控件名用于在编辑程序代码时表示菜单标题或菜单项，并不显示在程序运行时的菜单中。

为了使程序代码更便于理解和更易于维护，在菜单编辑器中设置名称属性时最好遵循以下约定。

① 使用前缀来标识对象。例如，用"Mnu"作为名称的开始以表示该对象是一个菜单。

② 前缀后紧跟菜单栏中的菜单标题的名称。例如，菜单标题为"文件"则表示为"mnuFile"。

③ 如果要表示子菜单，则再紧跟该子菜单选项的名称。例如，要表示"文件"菜单的下级菜单的"保存"选项时，则应表示为"MnuFileSave"。

 ## 11.4　建立菜单控件数组

1. 菜单控件数组的概念

控件数组由一系列控件组成，控件数组中的各个控件的"名称"属性相同，都使用该控件数组的数组名作为各自的"名称"属性值，可以为这些控件的 Index（索引）属性输入一个数字来确定该控件在控件数组中的位置或次序。各控件的其他属性可以互不相同。

菜单实质上是控件。菜单控件数组就是由多个菜单控件组成的控件数组，同一个菜单控件数组中的各个菜单控件必须属于同一个菜单，它们的"名称"属性相同，都使用该菜单控件数组的数组名作为各自的"名称"属性值，它们共同使用相同的事件过程。

在"菜单编辑器"对话框的"索引"文本框中可以输入一个数字来确定菜单标题或菜单选项在菜单控件数组中的位置或次序，该位置与菜单的屏幕位置无关。"索引"文本框的内容决定了菜单的 Index 属性的取值。

菜单只能响应 Click 事件，当用键盘或鼠标选中菜单时，菜单会执行相应的事件过程来响应 Click 事件。当菜单控件数组的某个菜单控件响应 Click 事件时，Visual Basic 会将该菜单控件的 Index 属性值作为一个附加的参数传递给事件过程。事件过程必须包含判定 Index 属性值的代码，以便能够判断被选中的是哪个菜单控件。

2．菜单控件数组的作用

如果要在程序运行时动态地创建一个新菜单项，就必须保证所建立的新菜单项是菜单控件数组中的成员。例如，在多文档应用程序中（如 Microsoft Word），使用一个菜单控件数组来存储已经打开的多个文档的列表，当有新的文档被打开时，菜单控件数组中将随之创建一个新的菜单控件。

由于菜单控件数组中的各个菜单控件共同使用同一个事件过程，因此使用菜单控件数组可以简化程序代码。

3．在菜单编辑器中建立菜单控件数组

在"菜单编辑器"对话框中定义菜单时可以建立菜单控件数组，具体操作步骤如下。

① 选取要定义菜单的窗体。

② 从 Visual Basic 的"工具"菜单中选择"菜单编辑器"选项或者在 Visual Basic 的工具栏上单击"菜单编辑器"按钮，此时"菜单编辑器"对话框显示在屏幕上。

③ 通过"菜单编辑器"对话框的"标题"文本框和"名称"文本框创建要作为菜单控件数组的第 1 个元素的菜单控件，也可以在菜单控件列表框中选择一个已经存在的菜单控件作为菜单控件数组的第 1 个元素。

④ 将菜单控件数组中的第 1 个菜单控件元素的"索引"文本框的取值设置为 0。

⑤ 在同一缩进级上创建一个菜单控件作为菜单控件数组的第 2 个元素，也可以在菜单控件列表框中选择一个已经存在的菜单控件作为菜单控件数组的第 2 个元素。

⑥ 将菜单控件数组中的第 2 个菜单控件元素的"索引"文本框的取值设置为 1，并注意第 2 个菜单控件元素的"名称"文本框的内容要与第 1 个元素的"名称"文本框的内容完全相同。

⑦ 重复第⑤步和第⑥步可以定义菜单控件数组的后继元素。

💡 **提示**

后继各元素的"索引"文本框取值要依次递增。

菜单控件数组的各元素在菜单控件列表框中必须处在同一缩进级上。

菜单控件数组的各元素的"名称"文本框的内容必须完全相同。

创建菜单控件数组时，要把相应的分隔条也定义为菜单控件数组的元素。

11.5　动态改变菜单

1. 动态设置菜单控件有效或无效

在程序运行时，选择某些菜单项所对应的功能是有一定的前提条件的，如果在前提条件不成立时选择了该菜单项，将可能导致错误。这时可以通过使相应的菜单控件失效来防止对该菜单项进行选取。

例如，在 Microsoft Word 中，进行复制或剪切操作的前提条件是首先选取要被复制或剪切的内容。如果没有在输入区中选取任何内容，就不能执行复制或剪切操作，此时可以将"编辑"菜单中的"复制"和"剪切"菜单项设置为无效以防止对该菜单项进行选取。

每个菜单控件都具有 Enabled（有效的）属性，通过设置菜单的 Enabled 属性可以使菜单控件无效。如果把 Enabled 属性的取值设置为 True，则表示菜单控件有效，此时相应的菜单可以用键盘或鼠标选中并执行相应功能，即该菜单可以对事件做出响应。如果把 Enabled 属性的取值设置为 False，则菜单控件无效，菜单为浅灰色模糊显示，此时该菜单控件不能用键盘或鼠标选取，不能对事件做出响应。

例如，下列代码可以设置应用程序"编辑"菜单中的"复制"和"剪切"菜单项为无效。

```
MnuEditCopy.Enabled=False
MnuEditCut.Enabled=False
```

如果菜单标题被设置为无效就无法选取该菜单标题的下级子菜单，从而使得该菜单标题的下级子菜单中所有菜单项全部失效。

例如，下列代码可以使应用程序中"编辑"菜单的所有下级子菜单选项变为无效。

```
MnuEdit.Enabled=False
```

在设计时，通过"菜单编辑器"对话框中的"有效"复选框可以设置菜单 Enabled 属性的初值。有关内容请参阅 11.2 节"用菜单编辑器定义菜单"。

2. 动态设置菜单控件可见或不可见

在运行时，可以通过程序语句设置菜单控件的 Visible 属性的取值，从而动态设置该菜单控件可见或不可见。

当菜单控件的 Visible 属性设置为 True 时，表示该菜单控件可见。例如，语句 MnuHelp.Visible=True 可以设置"帮助"菜单为可见。

当菜单控件的 Visible 属性设置为 False 时，表示该菜单控件不可见。例如，语句 MnuHelp.Visible=False 可以设置"帮助"菜单为不可见。

当一个菜单控件被设置为不可见时，同一菜单中的其余菜单控件会自动上移，以填补空出的空间。如果将菜单栏上的某个菜单标题设置为不可见，则菜单栏上其余的菜单标题会自动左移,以填补空出的空间。

如果菜单标题被设置为不可见,则该菜单标题的下级子菜单中所有菜单项均不可见。

如果设置一个菜单控件为不可见,则通过键盘和鼠标都无法对该菜单控件进行选取。因此,使菜单控件不可见也具有使该菜单控件失效的作用。

在设计时,通过"菜单编辑器"对话框中的"可见"复选框,可以设置菜单控件的 Visible 属性的初值。有关内容请参阅 11.2 节"用菜单编辑器定义菜单"。

3.动态添加或删除菜单控件

如果要在程序运行时动态地创建一个新菜单控件,就必须保证所建立的新菜单控件是菜单控件数组中的一个元素。

【例 11.3】 如图 11.8 所示,在应用程序中(如 Microsoft Word)可以使用一个菜单控件数组来存储最近打开过的若干文件的名称列表,当有新的文档建立或打开时,菜单控件数组中将随之添加一个新的菜单控件。通过该菜单控件可以记录并显示新建立或打开的文档所在的路径及文档名称,以后单击该菜单控件可以方便地打开该文档而不必调出"打开文件"对话框。

为了实现以上功能,首先要做好准备工作,即在设计时事先创建一个菜单控件数组。对该菜单控件数组的第 1 个菜单控件元素做如下定义:在"菜单编辑器"对话框的"名称"文本框中输入控件名称"MnuFileList";在"索引"文本框中输入 0;在"标题"文本框中输入一个连接符,即将此菜单控件定义为一个分隔条;将"可见"复选框设置为无效,即最初该分隔条是不可见的。

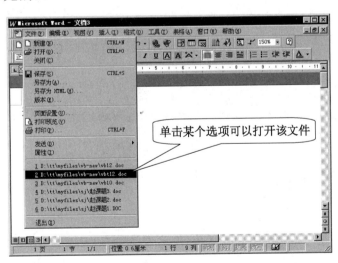

图 11.8 Microsoft Word 中最近打开过的若干文件的名称列表

其余工作应该在程序运行时由程序代码来完成,相关的代码应该添加到"新建"和"打开"菜单项的 Click 事件过程中。这些代码应包括以下内容:当使用"新建"或"打开"菜单项打开第 1 个文档时,显示分隔条(菜单控件数组的第 1 个菜单控件元素);使用"Load MnuFileList(index)"语句在菜单控件数组中创建一个新的菜单控件元素(注意:每次创建一个新的菜单控件元素 index 的取值都要依次递增）；将新创建的菜单控件元素的 Caption 属性取值赋为新打开的文档名称；最后将新创建的菜单控件元素在菜单中显示出来。

> **说明 ‹‹‹**
>
> 　　在代码中使用 Hide 方法或者将菜单控件的 Visible 属性的取值设置为 False 可以隐藏运行时动态创建的菜单控件。如果要从内存中删除一个菜单控件数组中的菜单控件，可以使用 Unload 语句。
>
> 　　例如，"Unload MunFileList（1）" 语句可以删除 MnuFileList 菜单控件数组中的第 2 个菜单控件。

4．动态设置菜单控件的复选标志

在运行时可以通过选取菜单项使其左边带有复选标记，表示该菜单项所代表的功能为打开状态；再次选取该菜单项使其左边的复选标记消失，表示该菜单项所代表的功能为关闭状态。

如图 11.9 所示，在 Microsoft Word 的"视图"菜单下的"工具栏"菜单中列出了 Microsoft Word 所提供的一系列工具。其中，"常用"和"格式"菜单项前带有复选标记，表示"常用"和"格式"两类工具按钮为打开状态，从工具栏中可以看到并选择这两类工具按钮。此时如果单击"工具栏"菜单中的"常用"（或"格式"）菜单项，使其不再带有复选标记，即"常用"（或"格式"）工具变为关闭状态，工具栏中将不再显示相应的工具按钮。

以上功能可以通过动态设置菜单控件的 Checked 属性取值来实现。在运行时可以将菜单控件的 Checked 属性设置为 True，此时该菜单项的左边将自动带有一个复选标记（对钩），表示此菜单控件所代表的功能为打开状态；将菜单控件的 Checked 属性取值设置为 False，此时该菜单项左边的复选标记消失，表示此菜单控件所代表的功能为关闭状态。

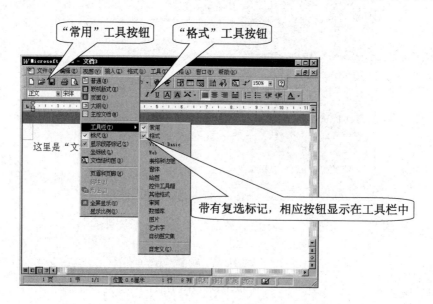

图 11.9　Microsoft Word 中带有复选标记的菜单选项

【例 11.4】　将下列语句代码添加到应用程序的"视图"菜单的"工具栏"子菜单的"格

式"选项的 Click 事件过程中，即可通过选取该菜单来添加或取消该菜单前的复选标记。

```
If MnuViewToolBarFormatv.Checked=False Then
  MnuViewToolBarFormatv.Checked=True
Else
  If MnuViewToolBarFormatv.Checked=True Then
    MnuViewToolBarFormatv.Checked=False
  End If
End If
```

说明 <<<

在上述代码的基础上根据"格式"菜单的 Checked 属性设置"格式"工具按钮的 Visible 属性值，即可实现当"格式"菜单项带有复选标记时显示"格式"工具按钮，当"格式"菜单项没有复选标记时不显示"格式"工具按钮的运行效果。

提示

菜单栏中的菜单标题的"复选"复选框不能设置为有效。

在设计时，通过"菜单编辑器"对话框中的"复选"复选框，可以设置菜单控件的 Checked 属性的初值。有关内容请参阅 11.2 节"用菜单编辑器定义菜单"。

11.6 编写 Click 事件过程

当通过键盘或鼠标选取一个菜单控件时，就会产生一个 Click 事件。除分隔条和无效的或不可见的菜单控件以外的所有菜单控件，都能识别 Click 事件。为了使菜单能够在响应 Click 事件时完成某项功能，应该在代码中为每个菜单控件编写一个 Click 事件过程。

如果选取的菜单控件是菜单标题，程序会自动显示一个菜单选项列表（下级子菜单），以便做进一步的菜单选择。因此，一般不必为一个菜单标题编写 Click 事件过程代码，除非在选取菜单标题时需要执行除弹出下级子菜单以外的其他操作。

例如，在 Microsoft Word 中，进行粘贴操作的前提条件是剪贴板上必须含有可以粘贴的内容。所以当选取了菜单栏上的"编辑"菜单标题以后，需要首先判断剪贴板上是否已经存在可以粘贴的内容，如果没有任何内容，就不能执行粘贴操作，此时要将"编辑"菜单中的"粘贴"菜单项设置为无效以防止对该菜单项进行选取。这时就有必要为"编辑"菜单标题的 Click 事件过程编写含有上述功能的代码。

为菜单的 Click 事件过程编写的代码与为其他控件的任何事件过程编写的代码在语法上是完全一致的。

在设计时，首先在"菜单编辑器"对话框中创建各菜单控件，退出菜单编辑器以后，已经创建的菜单将显示在窗体上。此时，如果在窗体上选取一个菜单项，Visual Basic 就会自动打开"代码编辑"窗口并显示该菜单控件的 Click 事件过程代码，必要时可以对代码进行编辑修改。

【例 11.5】　为例 11.2 中设计的菜单添加 Click 事件过程代码，使该菜单具有以下功能：单击"打开"菜单选项，显示"打开"对话框；单击菜单选项"金色森林"（或"蓝色椰岛"）时，动态设置该菜单的复选标记，复选标记有效时，显示相应图片，否则隐藏相应图片；当有图片显示在窗体中时，"清除"菜单选项设置为有效，否则"清除"菜单选项设置为无效。单击"清除"菜单选项，将隐藏所有图片；单击"退出"菜单选项结束程序的运行。程序的运行结果如图 11.10 所示。

图 11.10　例 11.5 程序运行结果

为了显示图片，在例 11.2 的窗体中添加两个图像控件 Image1 和 Image2，并为其 Picture 属性指定相应的图片文件，将它们的 Visible 属性均设置为 False，即程序开始运行时两幅图片均为不可见。

为了能显示"打开"对话框，在窗体中添加一个通用对话框控件 CommonDialog1，添加通用对话框控件的方法请参阅第 10 章的相应内容。

为菜单及其所在的窗体添加的代码如下。

```
Private Sub Form_Load()                    '程序开始运行时，先进行初始设置
    MnuFilePicGOLDENWOODS.Checked = False
                                           '菜单"金色森林"的复选标记为不选中
    MnuFilePicBLUEISLAND.Checked = False
                                           '菜单"蓝色椰岛"的复选标记为不选中
End Sub


Private Sub MnuQuit_Click()                '单击菜单"退出"时，程序结束
    End
```

```
End Sub


Private Sub MnuFileOpen_Click()            '单击菜单"打开"时，显示"打开"对话框
    CommonDialog1.ShowOpen
End Sub


Private Sub MnufilePicGOLDENWOODS_Click()
                          '单击菜单"金色森林"时，动态设置该菜单的复选标记
    If MnuFilePicGOLDENWOODS.Checked = False Then
       MnuFilePicGOLDENWOODS.Checked = True
       Image1.Visible = True                    '通过Image1控件显示相应的图片
    Else
        If MnuFilePicGOLDENWOODS.Checked = True Then
           MnuFilePicGOLDENWOODS.Checked = False
           Image1.Visible = False                       '隐藏相应的图片
        End If
    End If
    If Image1.Visible Or Image2.Visible Then      '如果有图片显示在窗体中
       MnuFilePicClear.Enabled = True             '则"清除"菜单设置为有效
    Else
       MnuFilePicClear.Enabled = False            '否则"清除"菜单设置为无效
    End If
End Sub


Private Sub MnuFilePicBLUEISLAND_Click()
                          '单击菜单"蓝色椰岛"时，动态设置该菜单的复选标记
    A = MnuFilePicBLUEISLAND.Checked
    MnuFilePicBLUEISLAND.Checked = Not A
    If MnuFilePicBLUEISLAND.Checked Then
        Image2.Visible = True   '通过Image2控件显示相应的图片
    Else
        Image2.Visible = False '隐藏相应的图片
    End If
    If Image1.Visible Or Image2.Visible Then      '如果有图片显示在窗体中
       MnuFilePicClear.Enabled = True             '则"清除"菜单设置为有效
    Else
       MnuFilePicClear.Enabled = False            '否则"清除"菜单设置为无效
    End If
End Sub


Private Sub Mnufilepicclear_Click()            '单击"清除"菜单，隐藏所有图片
    Image1.Visible = False
    Image2.Visible = False
    MnuFilePicGOLDENWOODS.Checked = False
                          '菜单"金色森林"的复选标记设置为不选中
    MnuFilePicBLUEISLAND.Checked = False
```

```
                                              '菜单"蓝色椰岛"的复选标记设置为无效
    MnuFilePicClear.Enabled = False           '菜单"清除"设置为无效
End Sub
```

11.7 弹出式菜单

1. 弹出式菜单的概念

弹出式菜单是显示在窗体上的浮动菜单，其显示位置不受菜单栏的约束，可以自由定义。

在 Microsoft Windows 和大部分 Windows 的应用程序中，可以通过右击来调出弹出式菜单。弹出式菜单中所显示的菜单项由右击时鼠标指针所处的位置决定，一般是与该位置相关的各种常用功能。可见，使用弹出式菜单可以方便而快捷地进行操作，所以弹出式菜单又可以称为快捷菜单。

例如，在 Microsoft Word 中，在编辑区中选取了一段文本后可以对选取的内容进行各种相关操作（如复制、剪切或定义字体等），为了方便而快捷地进行操作，可以为上述常用的相关操作定义一个弹出式菜单。在 Microsoft Word 的编辑区中选取了一段文本后，在选取的文本上右击可以调出如图 11.11 所示的弹出式菜单。

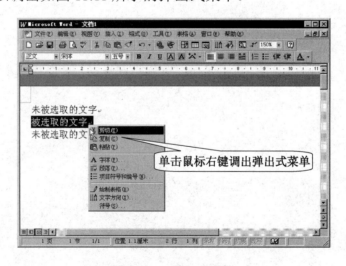

图 11.11 弹出式菜单

2. 显示弹出式菜单

在运行时，任何含有一个或一个以上菜单项的菜单都可以作为弹出式菜单。要显示弹出式菜单，可以在代码中使用 PopupMenu 方法。

PopupMenu 方法的语法如下。

```
[object.]PopupMenu menuname[,flags[,x[,y[,boldcommand]]]]
```

object 表示一个对象。

menuname 表示弹出式菜单的名称。

x, y 指明弹出式菜单相对于指定窗体的横坐标和纵坐标，如果省略 x 和 y，则弹出式菜单显示在当前的鼠标指针所在的位置上。

要确定弹出式菜单的准确位置还要考虑 flags 参数的取值。

flags 是 PopupMenu 方法的一个参数。在 PopupMenu 方法中，通过 flags 参数可以详细地定义弹出式菜单的显示位置与显示条件。该参数由位置常数和行为常数组成，位置常数指出弹出式菜单的显示位置，行为常数指出弹出式菜单的显示条件。

flags 参数的位置常数有以下 3 种。

vbPopupMenuLeftAlign：指定 x 所定义的位置为该弹出式菜单的左边界，为默认值。

vbPopupMenuCenterAlign：指定 x 所定义的位置为该弹出式菜单的中心。

vbPopupMenuRightAlign：指定 x 所定义的位置为该弹出式菜单的右边界。

flags 参数的行为常数有以下两种。

vbPopupMenuLeftButton：指定只有单击时才显示弹出式菜单，为默认值。

vbPopupMenuRightButton：指定右击显示弹出式菜单。

选择一个位置常数和一个行为常数，中间用 Or 操作符相连，即可为 flags 参数指定一个值。

boldcommand 是 PopupMenu 方法的一个参数。在 PopupMenu 方法中，通过 boldcommand 参数可以指定在弹出式菜单中以粗体字体显示的菜单控件的名称。当省略 boldcommand 参数时，弹出式菜单中没有以粗体显示的内容。

在一个弹出式菜单中只能有一个菜单控件使用粗体字体显示。

💡 **提示**

某一时刻只能显示一个弹出式菜单。当屏幕上已经显示出一个弹出式菜单时，再次调用 PopupMenu 方法不会有任何作用。

当通过 PopupMenu 方法显示出一个弹出式菜单时，只有在选取该弹出式菜单中的一个选项或者取消该菜单以后，Visual Basic 才会执行写在调用 PopupMenu 方法的语句之后的代码。

可以通过弹出式菜单提供一些在菜单栏中不存在的选项和功能。要建立一个不显示在菜单栏中的菜单，应该在设计时在"菜单编辑器"对话框中将 Visible 复选框设置为无效。

【例 11.6】 当在一个窗体上右击时，下列程序代码将把一个名为 **MnuEdit** 的菜单作为弹出式菜单显示在窗体的中心。该弹出式菜单能够识别单击或右击的菜单项的 **Click** 事件。

在本例中，可以通过 MouseUp 或者 MouseDown 事件来检测何时单击了鼠标右键，在大多数情况下一般使用 MouseUp 事件。MouseUp 和 MouseDown 事件的有关知识请参阅第 8 章"窗体"中关于窗体事件的相关内容。

```
Private Sub Form_MouseUp(Button As Integer,Shift As Integer,X As Single,Y
As Single)
     If Button=2 Then                    '检查是否单击了鼠标右键
        X=ScaleWidth/2                    '设置 X 变量和 Y 变量为窗体中心
```

```
        Y=ScaleHeight/2
     PopupMenu MnuEdit, vbPopupMenuCenterAlign Or vbPopupMenuRight- Button,
X , Y
                              '把"编辑"菜单显示为一个弹出式菜单

     End If
End Sub
```

习题 11

1. 填空题

（1）在 Windows 应用程序中的菜单主要由以下几个组成元素：_____、_____、_____、_____、_____、_____、_____、_____。

（2）菜单只有一个事件，即_____事件。

（3）通过 Visual Basic 的_____为应用程序创建菜单，同时可以进行菜单属性的设置。菜单的属性也可以像其他控件一样在____窗口中进行设置。

（4）退出"菜单编辑器"对话框后仍处于程序设计状态，此时选定一个_____可以调出其下级菜单，选定一个菜单命令将打开菜单单击事件的____窗口，而不是执行菜单单击事件所对应的代码。

（5）在菜单选项的 Caption 属性值的后面输入一个____号，表示选择该菜单选项将调出一个对话框。

（6）按照 Visual Basic 的命名习惯，"文件"菜单一般命名为"MnuFile"，则"文件"菜单的下级菜单的"保存"选项应命名为_____。

（7）在 Microsoft Windows 和大部分 Windows 的应用程序中，可以通过单击鼠标_____键来调出弹出式菜单。使用弹出式菜单可以方便而快捷地进行操作，所以弹出式菜单又可以称为_____。

（8）要显示弹出式菜单，可以在代码中使用_____方法。

2. 简答题

（1）简述菜单元素的功能及用法。

（2）如何启动菜单编辑器？

（3）简述"菜单编辑器"对话框中各个选项的含义。

（4）如何定义菜单的访问键？

（5）如何定义菜单的快捷键？

（6）如何定义子菜单？

（7）如何建立分隔条？

（8）什么是菜单控件数组？

（9）如何在菜单编辑器中建立菜单控件数组？

（10）什么是弹出式菜单？

（11）本章为了更好地讲解菜单在 Windows 应用程序中的各种用法及其设计思想，特意针对大家所熟悉的 Microsoft Word 中的菜单应用列举了几种典型的设计实例，请对应本章的实例在 Visual Basic 的菜单系统中找出类似的菜单用法。

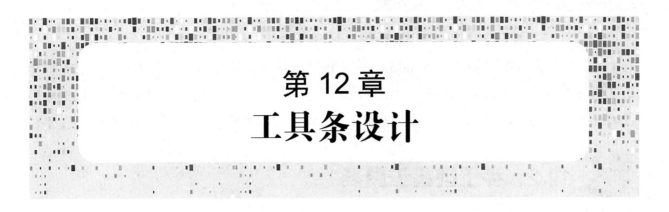

第 12 章
工具条设计

🔵 **本章要点**

本章主要讲解工具条的功能，通过手动方式或利用工具条控件创建工具条的方法及技巧。

🔵 **学习目标**

1. 了解工具条及工具条控件的功能。

2. 理解手动创建工具条的方法及步骤，理解工具条控件的各种属性、方法和事件的功能及含义。

3. 掌握利用工具条控件创建工具条的方法及技巧。

 ## 12.1 工具条简介

工具条又叫控制栏，由多个工具按钮组成，是 Windows 环境下的应用程序常用的界面元素。

工具条提供了对应用程序中最常用命令的快速访问方式。把菜单中常用的命令做成按钮安排在工具条中，配上适当的图标符号和文本提示，可以使操作简洁明了。例如，Microsoft Word for Windows 的工具条如图 12.1 所示，其中的内容和功能非常丰富。Word 工具条中不仅包含与文件操作有关的"打开""保存"等常规图标按钮，还有用来设置字体、字号等的组合框（ComboBox）。按钮可以被分成若干组。例如，设置段落对齐方式的一组按钮，包括"左对齐""居中""右对齐"等按钮，同组中的按钮为单选按钮，即每次只允许有一个按钮被按下，按下某个按钮时，同组中其他按钮将自动弹起。另外 Word 的工具条还有操作者自定义裁剪（Customize）功能。

图 12.1 Microsoft Word for Windows 的工具条

在工具条上双击，将弹出一个裁剪对话框，可以隐藏、显示及重新排列工具条中的按

钮。显然，工具条的设置使得应用程序的操作既简捷又方便。

工具条已经成为许多基于 Windows 应用程序的标准功能。在 Visual Basic 的专业版与企业版中使用 ToolBar 控件来创建工具栏非常容易、方便。此外，还可以使用图片框（PictureBox）、图像（Image）和命令按钮（CommandButton）控件来手工创建工具栏。

12.2　手工创建工具条

在使用图片框（PictureBox）、图像（Image）和命令按钮（CommandButton）控件手工创建工具条的过程中，图片框控件用于在窗体中创建工具条，而图像控件或者命令按钮用于创建工具条上的按钮。

下面以在窗体中创建一个包含 3 个按钮的工具条为例，来介绍在窗体中手工创建工具条的一般步骤。

1.　在窗体上添加一个图片框

单击工具箱中的图片框（PictureBox）控件，将其添加到窗体中，并设置其大小，使其与窗体的工作空间宽度相当。工作空间就是窗体边框以内的区域，不包括标题条、菜单栏、工具条、状态栏及可能在窗体上出现的滚动条。

💡 **提示**

只有直接支持 Align 属性的控件才能被直接放置在窗体上，图片框是支持这一属性的唯一的标准控件。

2.　在图片框中放置要在工具条上显示的控件，创建工具按钮

通常用命令按钮（CommandButton）或图像（Image）控件来创建工具条按钮。如图 12.2 所示为一个含有 3 个图像控件的工具条。

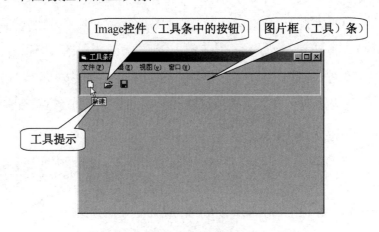

图 12.2　含有 3 个图像控件的工具条

① 单击工具箱中的控件按钮并在图片框中添加 3 个控件。

② 设置控件属性。

使用工具按钮可以形象地显示一个命令图标。图像控件可以用来显示一个位图，使得制作工具条按钮非常方便。在程序设计时通过设置其 Picture 属性可以指定要显示的位图。通过设置按钮的 ToolTipText 属性可以指定工具按钮提示，在程序运行时，如果鼠标指针在一个按钮上停留大约 1s，就会显示该工具按钮的有关提示（如按钮名称或功能）。

分别将 3 个控件的名称（Name）属性设置为 btnFileNew、btnFileOpen 和 btnFileSave，将 ToolTipText 属性设置为"新建""打开"和"保存"，并分别设置其 Picture 属性，指定要显示在按钮上的位图。

3. 编写代码

工具条可以提供对命令的快捷访问，通常通过每个按钮的 Click（单击）事件来调用相应的过程。

【例 12.1】 在图 12.2 中，工具条上的第一个按钮是对应"文件"菜单中的"新建"命令的工具按钮。可以在应用程序中用下列两种方法之一创建新文件。

① 使用窗体上"文件"菜单中的"新建"选项。

② 使用工具条上的"新建"按钮。

为了避免将这个代码重复两次，可以将其定义为一个公共过程放到一个标准模块中，然后通过各自的 Click 事件过程来调用这一公共过程。例如，下面这个公共过程用于执行新建文件操作。

```
Public Sub FileNew()
...
End Sub
```

在窗体的"文件"菜单上选择"新建"选项或在工具条中单击"新建"按钮，均可通过调用上面的公共过程来完成相应的操作，程序代码如下。

```
Private Sub MnuFileNew_Click()          '响应菜单项的Click事件
    FileNew
End Sub
Private Sub btnFileNew_Click()          '响应工具条中工具按钮的Click事件
    FileNew
End Sub
```

12.3 工具条控件

1. 在工具箱中加入工具条控件（Toolbar）

工具条（Toolbar）控件不属于 Visual Basic 工具箱（Toolbox）的常规标准控件，因此首次安装 Visual Basic 后，在工具箱中找不到工具条控件。可以通过下面的步骤在工具箱中加入工具条控件。

① 选择"工程"（Project）菜单中的"部件"（Components）选项，此时会弹出一个用来选择安装组件的窗口。

② 在"部件"（Components）对话框的"控件"（Controls）选项卡中选择"Microsoft Windows Common Controls 6.0"选项，如图 12.3 所示。

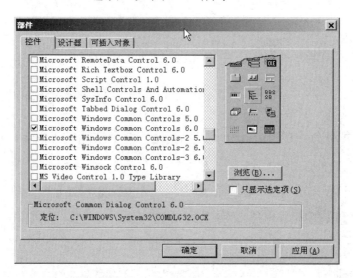

图 12.3　在"部件"对话框中选择"Microsoft Windows Common Controls 6.0"选项

③ 单击"确定"按钮，工具条控件和另外一些控件将被加入工具箱中。

2．用工具条控件制作工具条

用工具条控件制作工具条包括以下步骤。在窗体中加入工具条控件；在工具条中加入工具按钮；为工具按钮载入图像并设置相关属性。

（1）在窗体中加入工具条控件

双击工具箱中的工具条控件，工具条将被自动加入窗体并放置在窗体工作空间顶端。如果要把工具条放置在其他位置，可以在属性窗口中改变工具条的 Align 属性。工具条的 Align 属性值及描述见表 12.1。

表 12.1　工具条的 Align 属性值及描述

常　　数	值	描　　述
vbAlignNone	0	不对齐
vbAlignTop	1	与窗口工作空间顶端对齐
vbAlignBottom	2	与窗口工作空间底端对齐
vbAlignLeft	3	与窗口工作空间左边对齐
vbAlignRight	4	与窗口工作空间右边对齐

（2）在工具条中加入工具按钮

在窗体的工具条上右击，屏幕上将弹出如图 12.4 所示的快捷菜单。单击该菜单的属性（Properties）选项，屏幕上将弹出工具条的"属性页"（Property Pages）对话框。可以在属性页对话框中对工具条的一些非常规属性进行设置。

选择工具条"属性页"中的"按钮"选项卡，如图 12.5 所示。

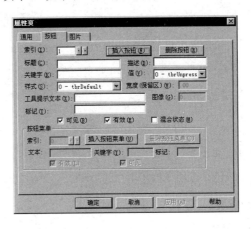

图 12.4　工具条的快捷菜单　　　图 12.5　工具条"属性页"对话框中的"按钮"选项卡

在该选项卡中，"插入按钮"和"删除按钮"两个按钮分别用于在工具条中添加和删除按钮。工具条控件的所有按钮构成一个按钮集合（Collection），名为 Buttons。在工具条中添加和删除按钮实际上是对工具条控件的 Buttons 集合进行添加和删除元素的操作。通过 Buttons 集合可以访问工具条中的各个按钮。用"插入按钮"添加按钮后，可以在工具条属性页的"按钮"选项卡中对新添加按钮的索引（Index）、关键字（Key）、标题（Caption）、工具提示文本（ToolTipText）、描述（Description）、值（Value）、样式（Style）、宽度（Width）、图像（Image）和标记（Tag）等属性进行设置。具体方法如下。

① "索引"（Index）属性和"关键字"（Key）属性。

语法：Toolbar1.Index[=number]

　　　　Toolbar1.Key[=string]

功能："索引"（Index）和"关键字"（Key）属性是与工具条中的按钮一一对应的标记，用于通过集合 Buttons 来访问工具条中的按钮。

说明 <<<

　　"索引"（Index）属性的取值为整数型，类似于数组的下标。

　　"关键字"（Key）属性的取值为字符串类型，类似于对象的名字，引用时必须加双引号，引号中间可以包含任意字符。按钮的 Key 属性是可选项，其值可以为空。

　　可以通过引用属性 Index 和 Key 二者之一来访问按钮。

【例 12.2】　在名为 Toolbar1 的工具条中加入按钮，将其 Index 属性值设为 1，Key 属性值设为 1stbutton。在程序中可以通过以下两种方式来访问该按钮。

Toolbar1.Buttons(1)

或　Toolbar1.Buttons("1stbutton")

②　"标题"（Caption）属性。

语法：Toolbar1.Buttons1.Caption[=string]

功能：返回或设置显示在按钮上的文本。

③　"工具提示文本"（ToolTipText）属性。

语法：Toolbar1.Buttons1.ToolTipText[=string]

功能：返回或设置按钮的提示文本，其取值为字符串类型，用于在程序运行时对按钮的功能进行提示。

④　"描述"（Description）属性。

语法：Toolbar1. Buttons1.Description[=string]

功能：返回或设置按钮的描述信息，其取值为字符串类型。如果按钮设置了该属性，在程序运行时，双击工具条对其中的内容进行裁剪，对话框中每个按钮旁边将显示其Description 属性的取值。

⑤　"样式"（Style）属性。

语法：Toolbar1. Buttons1.Style[=number]

功能：设置按钮的样式，不同样式的按钮具有不同的风格和作用，其取值为整数类型。

说明 ‹‹‹

number 是表示按钮样式的数值表达式，其取值共有以下 6 种选择。

0-tbrDefault：一般按钮。如果按钮所代表的功能不依赖于其他功能，则使用 Default 按钮样式。例如，"保存文件" 操作可以在任何时候进行，"保存" 按钮可以设置为 Default。另外，如果按钮被按下，则在完成功能后它会自动弹回。

1-tbrCheck：开关按钮。当按钮代表的功能是某种开关类型时，可使用 Check 样式。它具有按下和放开两种取值。例如，在使用 RichTextBox 控件时，被选定的文本可被设置成粗体或非粗体。如果按下了该按钮，那么在再次按下该按钮之前，它将保持按下状态，即被选中的文本显示为粗体。

2-tbrButtonGroup：编组按钮。当一组按钮的功能相互排斥时，可以使用 ButtonGroup 样式。编组按钮可以将按钮进行分组，属于同一组的编组按钮相邻排列。编组按钮同时也是开关按钮，即同组内至多只允许一个按钮处于按下状态，但所有按钮可能同时处于抬起状态。例如，RichTextBox 控件中的文本只能是左对齐、右对齐或居中，在任何时刻选中的文本都只有一种对齐样式。

3-tbrSeparator：分隔按钮。分隔按钮只能创建一个宽度为 8 像素的按钮，此外没有任何功能。分隔按钮不在工具条中显示，而只是用来把它左右的按钮分隔开来，或者用来封闭 ButtonGroup 样式的按钮。工具条中的按钮本来是无间隔排列的，使用分隔按钮可以让同类或同组的按钮并列排放而与邻近的组分开。

4-tbrPlaceholder：占位按钮。占位按钮也不在工具条中显示。占位按钮在工具条中占据一定的位置，以便显示其他控件（如 ListBox 列表框控件）。占位按钮是唯一支持宽度（Width）属性的按钮。

5-tbrDropdown：下拉按钮。下拉按钮被按下时将弹出一个下拉菜单，下拉菜单可以通过"插入按钮菜单"和"删除按钮菜单"两个按钮进行添加和删除。对于各菜单项，可以通过"按钮菜单"框架内的索引、关键字、文本和标记等属性进行设置。

⑥ "值"（Value）属性。

语法：Toolbar1. Buttons1.Value[=number]

功能：返回或设置按钮的按下和抬起状态。该属性一般用来对开关按钮和编组按钮的初态进行设置。

说明 ≪

number 是表示按钮状态的数值表达式，有以下两种取值。

0-tbrunpressed：放开状态。

1-tbrpressed：按下状态。

---

⑦ "宽度"（Width）属性。

语法：Toolbar1. Buttons1.Width[=number]

功能：设置占位按钮的宽度。

说明 ≪

其取值为数值类型。

"宽度"（Width）属性后面有一个"Placeholder"的附加说明，意思是只有当按钮的"样式"（Style）设置为"Placeholder"时，才能对该属性进行设置，其他情况下该属性都处于禁止状态。

---

⑧ "图像"（Image）属性。

语法：Toolbar1.Buttons1.Image [=index]

功能：用来设置工具条中的按钮与指定 ImageList 控件中的哪个图像进行关联。

说明 ≪

其取值为整数类型或唯一的字符串。

在设置"图像"（Image）属性之前，必须先将"图像列表"（ImageList）属性与 Toolbar 控件相关联，才能对该属性进行设置，其他情况下该属性都处于禁止状态。

---

⑨ "标记"（Tag）属性。

语法：Toolbar1. Buttons1.Tag [=string]

功能：用来对按钮进行标识。

说明 ≪

其取值为字符串类型，默认值为零长度字符串""。

与其他属性不同，Tag 属性值不被 Visual Basic 使用。利用该属性可以给对象赋予一个标识字符串，而不会影响任何其他属性设置值或引起副作用。

（3）为工具按钮载入图像

工具条按钮的一个突出特点是可以通过形象的图像对按钮的功能进行提示。在工具条中加入所需的按钮后，可以为每个按钮载入图像。因为工具条按钮没有"图像"（Picture）属性，所以只能借助于图像列表（ImageList）控件来给工具条按钮载入图像。

为工具条按钮载入图像的步骤如下。

在工具条所在的窗体中加入 ImageList 控件；在 ImageList 中加入图像；建立工具条和 ImageList 的关联关系；从 ImageList 的图像库中选择图像载入工具条按钮。

具体操作如下。

① 在窗体中加入 ImageList 控件。双击工具箱中的 ImageList 控件，ImageList 将被自动加入窗体中。

② 在 ImageList 中加入图像。在窗体的 ImageList 控件位置右击，屏幕上将弹出 ImageList

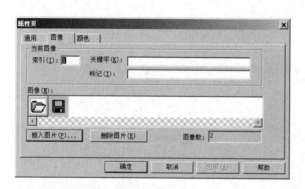

图 12.6　ImageList 控件的"图像"（Images）选项卡

控件的快捷菜单。单击该菜单的"属性"（Properties）选项，屏幕上将弹出 ImageList 控件的"属性页"（Property Pages）对话框。在属性页对话框中单击如图 12.6 所示的"图像"（Images）选项卡。在该选项卡中，可以为 ImageList 的图像库加入图像，还可以为每个图像设置"索引"（Index）、"关键字"（Key）、"标记"（Tag）等属性。"插入图片"（Insert Picture）和"删除图片"

（Remove Picture）两个按钮分别用于在 ImageList 控件的图像库中添加和删除图片。

单击"插入图片"（Insert Picture）按钮，系统将弹出如图 12.7 所示的"选定图片"（Select Picture）对话框，从该对话框中可以选定一个或多个图像文件。单击"打开"按钮，选定的图片被插入图像库。ImageList 控件允许插入位图文件（扩展名为.bmp）和图标（扩展名为.ico）文件。

③ 建立工具条和 ImageList 控件的关联关系。首先打开工具条的"属性页"对话框，然后选择"通用"（General）选项卡，打开标题为"图像列表"（ImageList）的下拉式列表框，其中列出指定窗体中所有的 ImageList 控件，如图 12.8 所示。单击选定其中一个 ImageList 控件，并单击"确定"按钮，工具条就与该 ImageList 控件建立了关联关系。

④ 从 ImageList 控件的图像库中选择图像载入工具条按钮。当工具条与 ImageList 控件建立了关联关系后，就可以在工具条的"属性页"对话框的"按钮"（Buttons）选项卡中对"图像"（Image）属性进行设置。在"图像"（Image）文本输入框中输入 ImageList 控件图

像库里某个图片的"索引"（Index）取值，可以将相应图片载入该按钮。

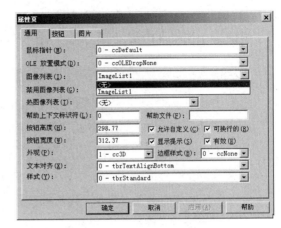

图 12.7 "选定图片"（Select picture）对话框　　　图 12.8 "通用"选项卡

3．工具条的常用属性和方法

设置好工具条之后，可以在程序中对它进行控制，这就要求了解其常用的属性和方法。工具条与其他控件类似的属性在此不再赘述。

（1）常用属性

① ImageList 属性。

功能：对与工具条相关联的 ImageList 对象进行设置。

> **说明 <<<**
>
> 　　要使用 ImageList 属性，必须先将 ImageList 控件放在窗体上。然后在程序设计时，通过工具条控件的"属性页"对话框来设置 ImageList 属性。为了将 ImageList 在程序运行时与工具条相关联，可将控件的 ImageList 属性设置为要用的 ImageList 控件。

② AllowCustomize 属性。

语法：Toolbar1.AllowCustomize[=boolean]

功能：设置是否允许在程序运行时对 Toolbar 的内容进行裁剪。其取值为布尔型，默认设置为 True。

③ ShowTips 属性。

语法：Toolbar1.ShowTips[=boolean]

功能：决定程序运行过程中，当鼠标指针移到工具条按钮上时，是否显示该按钮的提示信息（提示内容在 ToolTipText 属性中设置）。其取值为布尔型，默认设置为 True。

④ ToolTipText 属性。

语法：Toolbar1.ToolTipText[=string]

功能：设置工具条的文本提示信息。其取值为字符串类型。

（2）常用方法

对工具条的控制主要是指对其中的按钮进行控制，而这些按钮是作为一个集合对象供程序访问的，该集合就是 Buttons 集合，它支持如下常用方法。

① 增加一个按钮（Add 方法）。

语法：Toolbar 控件名.Buttons.Add (Index,Key,Caption,Style,Image)

> **说明 <<<**
>
> Index 为可选项，用来指定新增按钮的"索引值"属性，其取值为整数类型，该索引值也决定了按钮在工具条中的位置。默认情况下新增按钮将添加到 Buttons 集合的最后。
>
> Key 为可选项，用来指定新增按钮的"关键字"属性，其取值为字符串类型。
>
> Caption 为可选项，用来指定新增按钮的"标题"属性，其取值为字符串类型。
>
> Style 为可选项，用来指定新增按钮的"样式"属性，其取值为整数类型，合法取值有 5 个，详细情况请参见本章关于"样式"属性的有关知识，默认值为 0（tbrDefault）。
>
> Image 为可选项，用来指定为新增按钮载入的图像，指定的图像必须存在于与该工具条相关联的 ImageList 控件图像库中，其取值可以是整数类型，与 ImageList 图像库中某个图片的索引值 Index 相对应；也可以是字符串类型，与图片的关键字 Key 的取值相对应。

> **提示**
>
> 在程序设计时可以用工具条控件的"属性页"对话框中的"按钮"选项卡来添加 Button 对象。在程序运行时，则用 Add 方法来添加 Button 对象。
>
> 在使用 Add 方法添加 Button 对象时，即使省去某些参数，各参数间的逗号也不能省略。

【例 12.3】

```
Dim btnButton As Button
Set btnButton=Toolbar1.Buttons.Add(1,"New","NewFile",,"New")
```

> **说明 <<<**
>
> 在本例中，通过 Add 方法在 Toolbar1 中添加一个 Button 对象。该 Button 对象的"索引值"（Index）属性取值为 1；"关键字"（Key）属性取值为"New"；"标题"（Caption）属性取值为"NewFile"；"样式"（Style）属性为默认值 0（tbrDefault）；"图像"（Image）属性取值与图片的"关键字"（Key）属性的取值相对应，为"New"。

② 删除一个按钮（Remove）。

语法：Toolbar 控件名.Buttons.Remove (Index)

　或　Toolbar 控件名.Buttons.Remove (Key)

> **说明 <<<**
>
> Index 和 Key 两个参数的含义与 Add 方法中的相应参数的相同。

【例 12.4】　Toolbar1.Buttons.Remove (1)

或　Toolbar1.Buttons.Remove ("New")

这两条语句均可删除前面通过 Add 方法添加的 Button 对象。

③ 删除所有按钮（Clear）。

语法：Toolbar 控件名.Buttons.Clear

 ## 12.4 工具条应用实例

12.3 节从程序设计阶段和程序运行阶段两个角度介绍了工具条的生成和使用。本节将结合实例来介绍如何在应用程序中添加功能强大、方便简捷的工具条。

【例 12.5】 利用工具条控件创建如图 12.9 所示的工具条，完成对文本框内文字的字体、对齐方式和颜色的设置，并通过"退出"按钮结束并退出程序。

在本例中，单击"字体"按钮，屏幕上将弹出如图 10.11 所示的"字体"对话框，通过该对话框完成对文本框内文本字体的设置；单击"对齐"按钮，屏幕上将弹出如图 12.9 所示的下拉菜单，通过单击各菜单项完成对文本对齐方式的设置；单击"颜色"按

图 12.9 工具条控件应用实例

钮，屏幕上将弹出如图 10.12 所示的"颜色"对话框，通过该对话框完成对文本框内文本显示颜色的设置；单击"退出"按钮，将结束并退出该程序。

💡 **提示**

在设计过程中，需要首先将工具条控件、图像列表控件和通用对话框控件加载到窗体中，并进行相应的属性设置。

（1）窗体及控件定义

① 用于加载控件的窗体的名字为 Form1，标题属性为工具条控件应用实例。

② 用来输入和显示文字的文本框的名字为 Text1。

③ 用来设置字体和颜色的通用对话框的名字为 CommonDialog1。

④ 用来设置工具按钮图标的列表控件的名字为 ImageList1，其中 4 个图片的索引和名称分别为：1."字体"；2."对齐"；3."颜色"；4."退出"。

⑤ 用来设置文本属性的工具条控件的名字为 Toolbar1，其中各个工具按钮的属性设置见表 12.2。

表12.2 Toolbar1 中各工具按钮的属性设置

索引 （Index）	标题 （Caption）	样式 （Style）	工具提示文本 （ToolTipText）	值 （Value）	图像 （Image）
1	字体	0-tbrDefault	设置文本的字体	0- tbrunpressed	1
2		3-tbrSeparator	分隔按钮		
3	对齐	5-tbrDropdown	设置文本的对齐方式		2
4	颜色	0-tbrDefault	设置文本的颜色		3
5		4-tbrPlaceholder	占位按钮		
6		4-tbrPlaceholder	占位按钮		
7		4-tbrPlaceholder	占位按钮		
8		4-tbrPlaceholder	占位按钮		
9	退出	0-tbrDefault	结束并退出程序		4

其中"对齐"按钮为下拉按钮，其下拉菜单项的设置见表 12.3。

表12.3 "对齐"按钮的下拉菜单项设置

索 引	文 本	关 键 字	标 记
1	居左	Left	L
2	居中	Middle	M
3	居右	Right	R

（2）程序代码及分析

```
Private Sub Toolbar1_ButtonClick（ByVal Button As Button）
                        '通过"索引"（Index）属性来定义按钮的单击事件
  Select Case Button.Index    '弹出字体对话框,对文本框内文字的字体进行设置
    Case Is = 1
      CommonDialog1.Flags = cdlCFEffectsOrcdlCFBoth
                        '为了显示"字体"对话框,首先设置Flags属性
      CommonDialog1.ShowFont '显示"字体"对话框
      Text1.FontName = CommonDialog1.FontName
                        '将文本框内文字的字体设置为选定的字体
      Text1.FontSize = CommonDialog1.FontSize
      Text1.FontBold = CommonDialog1.FontBold
      Text1.FontItalic = CommonDialog1.FontItalic
      Text1.FontUnderline = CommonDialog1.FontUnderline
      Text1.FontStrikethru = CommonDialog1.FontStrikethru
      Text1.ForeColor = CommonDialog1.Color

    Case Is = 4              '弹出颜色对话框,对文本框内文字的颜色进行设置
      CommonDialog1.Flags = cdlCCRGBInit
                        '设置Flags属性,从而为对话框设置默认的颜色值
      CommonDialog1.ShowColor    '显示"颜色"对话框
      Text1.ForeColor = CommonDialog1.Color
                        '将文本框内文字的颜色设置为选定的颜色
```

```
      Case Is = 9
          Unload Me                    '退出并结束程序
      End Select
  End Sub


  Private Sub Toolbar1_ButtonmenuClick (ByVal ButtonMenu As ButtonMenu)
    Select Case ButtonMenu.Index
                                '通过"索引"(Index)属性来定义按钮菜单项的单击事件
      Case Is = 1               '设置文本框内文字的对齐方式为居左
          Text1.Alignment = 0
      Case Is = 2               '设置文本框内文字的对齐方式为居右
          Text1.Alignment = 2
      Case Is = 3               '设置文本框内文字的对齐方式为居中
          Text1.Alignment = 1
    End Select
  End Sub
```

【例 12.6】　在本例中，窗口工具条中有两个分别代表打开文件和保存文件的按钮。为免去烦琐地介绍工具条的设置过程，在窗体制作时仅仅加入一个工具条控件和一个 ImageList 控件。所有与工具条的设置和控制有关的操作都在程序代码中实现，包括为 ImageList1 控件加入图片库，建立 Toolbar1 控件和 ImageList1 控件的关联关系，在 Toolbar1 控件中加入按钮并为每个按钮设置属性等。

在该示例中，用 Add 方法将 Button 对象添加到工具条控件中，并为其载入 ImageList 控件所提供的图像。每个按钮的状态都由"样式"属性决定。

提示

要运行此例，需要首先将工具条控件和 ImageList 控件加载到窗体中，并把代码粘贴到窗体的声明部分。

下面给出的是窗体 Form1 的程序代码。

```
  Private Sub Form_Load ()
    Dim imgX As ListImage              '定义一个 ImageList 控件
    Set imgX=ImageList1.ListImages._   '在 ImageList 控件中加入图片
    Add (,"open",LoadPicture
("c:\vb6setup\vb\Graphics\bitmaps\tlbr_w95\open.bmp"))
    Set imgX=ImageList1.ListImages. _
    Add (,"save",LoadPicture
("c:\vb6setup\vb\Graphics\bitmaps\tlbr_w95\save.bmp"))
    Toolbar1.ImageList=ImageList1

    Dim btnX As Button                 '定义一个 Toolbar 控件
                                       '通过 Add 方法为 Buttons 集合添加按钮
                                       '并为每个按钮设置"描述"(Description)和
                                       '"工具提示文本"(ToolTipText)属性
```

```
        Toolbar1.Buttons.Add(),,,,tbrSeparator()
        Set btnX=Toolbar1.Buttons.Add(,"open",,tbrDefault,"open")
        btnX.ToolTipText="Open File"
        btnX.Description=btnX.ToolTipText
        Set btnX=Toolbar1.Buttons.Add(,"save",,tbrDefault,"save")
        btnX.ToolTipText="Save File"
        btnX.Description=btnX.ToolTipText
        Set btnX=Toolbar1.Buttons.Add(,,,tbrSeparator)
End Sub


Private Sub Toolbar1_ButtonClick(ByVal Button As Button)
    Select Case Button.Key      '通过"关键字"（Key）属性来定义按钮的单击事件
        Case Is="open"          '打开文件
            MsgBox"打开文件!"
        Case Is="save"          '保存文件
            MsgBox"保存文件!"
    End Select
End Sub
```

其运行结果如图 12.10 所示。

图 12.10　工具条应用实例运行结果

习题 12

1. 填空题

（1）工具条又被称为_____，它由_____组成。

（2）在 Visual Basic 的专业版与企业版中使用_____来创建工具栏非常容易且很方便。此外，还可以使用_____、_____和_____控件来手动创建工具栏。在手动创建工具栏的过程中，_____在窗体中创建工具条，而_____或_____ 用于创建工具条上的按钮。

2. 简答题

（1）在窗体中手动建立工具条的一般步骤是什么？

（2）用工具条控件 Toolbar 制作工具条包括哪些步骤？

（3）如何在工具箱中加入工具条控件 Toolbar？

（4）为 Toolbar 按钮载入图像包括哪些步骤？

（5）试运行 12.4 节中的例子。

第 13 章
文 件 操 作

本章要点

本章主要讲解文件的基本概念、访问类型、各种文件的操作技巧及常用的文件访问函数和语句。

学习目标

1. 了解文件的基本概念、访问类型和一般操作步骤。
2. 理解不同访问类型文件的特点和用途。
3. 掌握各种文件的操作技巧和常用文件访问语句的用法。

文件是指记录在外部存储介质上的数据的集合，可以是程序，也可以是数据或其他信息。广义地说，所有输入/输出设备都是文件。利用文件，可以将内存中的有用数据保存到磁盘、磁带等外部存储介质中。

 ## 13.1 文件的分类

一般可以从以下不同角度对文件进行分类。
① 按文件所依附的介质的不同，可分为卡片文件、纸带文件、磁带文件、磁盘文件等。
② 按文件所存储的内容的不同，可分为源程序、目标文件、数据文件等。
③ 按文件中数据的组织形式的不同，可分为字符代码文件（也称为字符文件或文本文件）和二进制文件。

对这些文件的操作一般是通过文件系统来完成的。Visual Basic 的文件系统具有完备的文件管理功能，不但可以对文件进行创建、保存、修改、删除、复制、更名等操作，还可以按顺序、随机和二进制 3 种访问方式对文件进行读、写操作。

 ## 13.2 文件访问类型

如果在设计应用程序时使用数据库文件，那么通过 Data 控件与绑定控件就可以访问数据库，进而实现从数据库中读数据和向数据库中写数据的操作，而不必在应用程序中提供直接的文件访问功能，有关知识请参阅第 15 章的相关内容。

在设计应用程序时需要直接读/写非数据库文件，这要比访问数据库文件复杂得多。

文件中包含一系列定位在磁盘上的相关字节，如果要通过应用程序访问某个文件，就必须先约定这些字节所表示的具体含义（如字符、数据记录、整数、字符串等）。

在 Visual Basic 中，有 3 种不同的文件访问类型：顺序访问、随机访问和二进制访问，它们分别对应顺序文件、随机文件和二进制文件。

1．顺序文件

顺序文件即为普通的文本文件，任何文本编辑器都可以读/写这种文件。在普通的文本文件中，数据被存储为 ANSI 字符，每个字符都被假设为代表一个文本字符或者一序列文本格式。例如，NL 代表回车换行符。

顺序文件的格式比较简单，所占磁盘空间比较少，存储方式比较单一，它采用顺序方式存储数据，即数据一个接一个地按序排列，且只提供第一个记录存储的位置。读/写顺序文件时，每次只能按次序读/写一行，且每行的长度是不固定的。在对文件中其他的内容进行访问和修改时，会因为无法确定其具体位置，而必须把整个文件读入内存中，待操作完成后，再写回文件，操作起来比较烦琐。因此，只有当文件中的内容不需要经常修改时，才采用顺序文件来存储数据。

另外，当要处理的文件只包含连续的文本，并且其中的数据没有被分成记录时（如由传统的文本编辑器所创建的文件），最好使用顺序文件。顺序文件不适合存储包含很多数字的数据，因为每个数字都要被存储成一个字符串，这必然导致存储空间的浪费。例如，一个四位数在存储时将占据 4 字节的空间，比作为一个整数存储时多占据 2 字节。顺序文件也不适合存储诸如位图这类的信息，因为这类信息是采用二进制方式表示的。

2．随机文件

随机文件是由具有相同长度的记录集合组成的。程序使用人员可以根据需要来创建记录，记录的每个字段都可以由各种各样不同类型的数据组成。在这类文件中，数据是作为二进制信息存储的。

随机文件的读/写顺序是任意的，可以随意地读/写某一条记录，因为随机文件的记录长度是相同的、固定的，所以只通过记录号就可以定位记录位置。随机文件的读/写速度非常快，打开文件后，可以同时进行读操作和写操作。但正因为记录长度固定，必然会带来空间利用率低的缺点。

随机文件一般适用于读/写记录结构长度固定的文本文件或二进制文件。

3．二进制文件

二进制文件是二进制数据的集合，它存放的是字节信息，适合存储任意结构的数据。

从二进制文件能够查看指定字节的内容，它是唯一支持读/写位置任意及读写数据的长度任意的文件类型。因为文件中的字节的含义非常广泛，可以代表任何一种内容，所以二进制文件可以提供对文件的完全控制。例如，可以通过创建长度可变的记录来节省磁盘空间。因此，它具有存储密度大，空间利用率高等优点。

除没有数据类型或者记录长度的限制以外，二进制文件与随机文件的主要不同之处在于，二进制文件必须精确地知道数据写入文件的方式，以便正确地对它进行检索。这样，操作起来不太方便，而且工作量将大大增加。

4．文件操作的一般步骤

以上 3 种不同访问类型的文件，在操作时大致都遵循以下步骤。

① 用 Open 语句将文件打开。

② 根据需要，把文件中的部分或全部数据读到变量中去。

③ 对变量中的数据进行处理。

④ 将经过处理后的变量中的数据重新保存到文件中。

⑤ 以上操作完成后，用 Close 语句将文件关闭。

13.3 顺序文件

1．打开顺序文件

当以顺序访问方式访问一个文件时，可以通过 Open 语句完成打开顺序文件的操作。

语法：Open FileName [For[Input|Output|Append]]As[#]filenumber[Len=buffersize]

说明 <<<

① FileName 为必选项，是包含目录或文件夹及驱动器在内的文件名字符串表达式。

② For 子句为可选项，其中的参数用来描述打开模式。

Input 模式：用来从打开的文件中读取数据。以该模式打开文件时，文件必须已经存在，否则将出现错误。

Output 模式：用来向打开的文件中写入数据。以该模式打开文件时，如果文件已经存在，则从文件开始位置写入数据，新的数据将覆盖原文件中的数据；如果文件不存在，则自动创建一个新文件，并从文件开始位置写入数据。

Append 模式：用来向文件尾部追加数据。以该模式打开文件时，新的数据将从文件尾部开始追加，而文件中原有的数据将被保留；如果文件不存在，则自动创建一个新文件，并从文件开始位置写入数据。

③ As [#]filenumber 子句必选，用于为打开的文件指定文件号。文件号必须是 1～511 的整数，可以是变量，也可以是数字。打开文件后，可以通过文件号对文件进行读/写操作。

④ Len=buffersize 为可选项，用于在文件与程序之间复制数据时指定缓冲区的字符数。

【例 13.1】　Open "c:\autoexec.bat" for Output As #1

这条语句用来向打开的"c:\autoexec.bat"文件写入数据，且文件号被指定为 1。如果文件已经存在，则新的数据将覆盖原文件中的数据，从文件开始位置写入数据；如果文件不存在，则自动创建一个新文件，并从文件开始位置写入数据。

2．编辑顺序文件

打开一个文件后，如果要编辑一个文件，就要先把它的内容读入事先定义好的变量中，然后处理这些变量，最后再把这些变量写回该文件。

（1）从顺序文件中读取数据

要对顺序文件中的内容进行检索和读取数据，就应以 Input 模式打开该文件，然后通过 Line Input #语句、Input 函数或者 Input #语句将文件内容复制到事先定义好的变量中。

① Line Input #语句。

语法：Line Input #filenumber,varname

功能：用来从被打开的顺序文件中一次读/写一个字符或一行数据。

> **说明** <<<
>
> 　　这里所说的一行数据是指从文件指针当前所在的位置开始到遇见第一个回车/换行符或文件尾部之前的所有数据。
>
> 　　filenumber 参数为必选项，对应用 Open 语句打开文件时指定的文件号。
>
> 　　varname 参数为必选项，由该参数指定一个字符串变量名，该字符串变量用于保存从文件中读取的数据。

【例 13.2】

```
Dim NLine As String
Open "C:\Autoexec.bat" For Input As #1
Do Until EOF(1)
    Line Input #1,NLine
Loop
```

以上这段代码用于从文件"C:\Autoexec.bat"中逐行读取数据。EOF 函数用来判断是否已经到达文件尾部。"Line Input #1"语句中的"#1"与前面的 Open 语句中的"As #1"相对应，即被打开的文件的文件号。"NLine"为字符串变量，用于保存从文件中读取的数据。

② Input 函数。

语法：varname=Input（numchars,[#]filenumber）

功能：用来在顺序文件中从文件指针的当前位置开始读取指定长度的字符串，然后将结果返回，并保存到事先定义好的变量中。该语句甚至可以将整个文件的信息读取出来。

> **说明** <<<
>
> 　　varname 指定一个字符串变量名，该字符串变量用于保存从文件中读取的数据。

> filenumber 参数为必选项，对应用 Open 语句打开文件时指定的文件号。
> numchars 参数为必选项，用于指定想要读取的字符个数，即字符串长度，其最小值为
> 1，最大值可以是整个文件所包含的字符数。

【例 13.3】

```
Dim SLine As String
Open "C:\Autoexec.bat" For Input As #1
SLine=Input (12,#1)
```

这段程序用于从"C:\Autoexec.bat"文件中读取 12 个字符，并将其存放在字符串变量 SLine 中。

③ Input # 语句。

语法：Input #filenumber,varlist

功能：用来从顺序文件中读取数据给多个变量，而且读取的数据类型可以不同。

说明 《《

> filenumber 参数为必选项，对应用 Open 语句打开文件时指定的文件号。
> varlist 参数为必选项，是用来保存从文件中读出的数据的变量表。变量与变量间要以逗号分隔，这些变量可以是任意类型的数据（包括数组元素，但不能是整个数组），而且个数也是任意的。

💡 **提示**

要保证变量类型及个数与从文件中读出的数据类型及个数相对应，否则将会出现错误信息。同时还应注意，被读取的文件内容每行只能存放一个数据，否则文件中各数据之间必须以逗号分隔，只有这样，才能保证读出的数据的正确性。

【例 13.4】 有一个文件 Test.txt，存放有一组数据。

```
"English=",98
"Chinese=",97
"Mathes=",100
```

要想读取这些数据，可以通过如下语句来实现。

```
Dim Eng As String,Chi As String,Mat As String
Dim E As Integer,C As Integer,M As Integer
Open "Test.txt" For Input As #1
Input #1,Eng,E,Chi,C,Mat,M
```

（2）把数据写入文件

要把变量的内容存储到顺序文件中，应首先以 Output 或 Append 模式打开顺序文件，然后通过 Write#语句或 Print#语句向顺序文件中存入数据。

① Write #语句。

语法：Write #filenumber,[outputlist]

　　用 Write #语句写入的数据会自动地用逗号（,）隔开，并且自动将字符串表达式加上了双引号，以便以后用 Input #语句来读取。

　　filenumber 参数为必选项，对应用 Open 语句打开文件时指定的文件号。

　　outputlist 为可选参数，是被写入文件的数据列表。在数据列表中，数据与数据间要以逗号（,）、空格或者分号（;）分隔，当这些数据都被写入文件后，将有一个回车符被自动写入文件中。这样，每组用 Write #语句写入的数据，都将从新的一行开始。如果默认outputlist 参数，则表示向文件中自动写入一个空行。

【例 13.5】

```
Dim AString As String,ANumber As Integer
Open "C:\mfile.txt" For Output As #1
AString="HELLO! "
ANumber=1234
Write #1 AString,ANumber
```

这段程序代码用来将两个表达式写入"C:\mfile.txt"文件中。第一个表达式包含一个字符串，而第二个表达式包含数字 1234。因而，Visual Basic 把以下的字符（包括所有标点符号）写入文件中，并且覆盖了文件中原有数据。

```
"HELLO! ",1234
```

② Print #语句。

语法：Print #filenumber,printlist

功能：用于对写入文件的数据格式进行灵活地控制。

　　filenumber 参数为必选项，对应用 Open 语句打开文件时指定的文件号。

　　printlist 参数是必选项，表示将要被写入文件的数据列表。在数据列表中，数据与数据间要以逗号（,）或者分号（;）分隔。当两个数据项之间用分号分隔时，表示被写入文件的数据之间不保留空格；如果两个数据项之间用逗号分隔，表示被写入文件后的两个数据项将分别处于两个打印区内，并且这两个打印区是连续的，每个打印区的长度为 14 个字符。当所有数据项都被写入文件后，将有一个换行符被自动写入文件中。

　　此外，数据项间还可以使用 Spc 函数和 Tab 函数，用于在两个数据项间插入若干个空格。

【例 13.6】　Print #1,"English","Chinese";"Mathes"

此语句的执行结果为：English ChineseMathes

　　Print 语句中"English"与"Chinese"之间用逗号分开，所以在执行结果中"English"与"Chinese"之间有一个空格，而"Chinese"与"Mathes"之间用分号分开，在执行结果中"Chinese"与"Mathes"之间没有空格。

【例 13.7】　Print #1,"English";Tab(8);"Chinese";Spc(6);"Mathes"

此语句的输出结果如下。

```
English        Chinese      Mathes
```

其中，"English"与"Chinese"之间插入了 8 个空格，"Chinese"与"Mathes"之间插入了 6 个空格。

3. 关闭顺序文件

在以 Input、Output 或 Append 模式打开一个文件以后，必须先用 Close 语句关闭它，才能再以其他模式重新打开它。

语法：Close [filelist]

> **说明 〈〈〈**
>
> filelist 参数为可选项，表示所要关闭的文件的文件号列表，对应用 Open 语句打开文件时指定的文件号。
>
> 各文件号之间应以逗号 (,) 分隔。当默认 filelist 参数时，则关闭已打开的所有文件。

【例 13.8】　Close #1

此语句表示关闭文件号为 1 的那个文件。

【例 13.9】　Close #2, #3

此语句表示关闭文件号为 2 和 3 的两个文件。

 ## 13.4　随机文件

1. 声明变量

在应用程序中打开随机文件之前，应先对所有用来处理该文件数据的变量进行声明，具体包括如下。

① 用户自定义类型的变量，与该文件中的记录相对应。

② 其他标准类型变量，用来保存与处理随机文件相关的数据。

> **提示**
>
> 随机文件中的每个记录是等长的，用于保存数据的变量必须与文件中的记录类型一致。

2. 定义记录类型

在打开一个随机文件进行操作之前，还应定义一个记录类型，该记录类型与该文件已经包含或将要包含的记录类型相对应。

【例 13.10】　可以为一个人员记录文件定义一个称为 Person（人员）的自定义数据类型。

```
Type Person
    NO As Integer
    Name  As String * 15        '定义名字（Name）
    Address As String * 150      '定义地址（Address）
    Telephone As String * 12     '定义电话（Telephone）
End Type
```

因为随机文件中的所有记录的长度都必须相同，所以在记录定义过程中为变量定义固定的长度通常是很有用的。在本例中，Name、Address 与 Telephone 都具有固定长度。如果实际字符串包含的字符数少于写入的字段的固定长度，则 Visual Basic 将自动用空格来补充记录中剩余的空间。反之，如果字符串的长度大于字段的固定长度，则它会被自动截断。如果字符串的长度是可变的，则任何用 Put 语句存储或用 Get 语句检索的记录的总长度都必须小于在 Open 语句的 Len 子句中所指定的记录长度。有关 Put 语句和 Get 语句的知识请参阅本节后面的相关内容。

3．打开随机文件

当以随机访问方式访问一个文件时，可以通过 Open 语句完成打开随机文件的操作。

语法：Open FileName [For Random] As [#]filenumber Len=reclength

> **说明** <<<
>
> FileName 参数为必选项，是包含目录或文件夹驱动器在内的文件名字符串表达式。
>
> For 子句中的参数用来描述打开模式，Random 表示打开的是随机文件。
>
> As [#]filenumber 子句用来为打开的文件指定文件号。
>
> Len=reclength 子句为必选项，用来设置记录长度。如果 reclength 比被写入的文件中的记录的实际长度短，则会产生一个错误。如果 reclength 比被写入文件记录的实际长度长，则可以将记录写入文件，但这样会浪费磁盘空间。

【例 13.11】　Open "c:\aFile.per" for Random As #1

这条语句用来打开随机文件"c:\aFile.per"，且文件号被定为1。

【例 13.12】　Dim RecLen As Long，E As Person

```
RecLen=Len(E)
Open "aFile.per" For Random As 1 Len=RecLen
```

在这段程序中，首先计算每条记录的长度，并使用变量 RecLen 保存计算结果，然后用 Open 语句将随机文件打开，文件号被指定为1，并且按 RecLen 的取值设置记录的长度。

4．随机文件的编辑

要编辑随机文件，首先要把记录从文件读到程序变量中，然后对变量进行处理，最后再将变量的值写回该文件中。

（1）把记录读入变量

要把记录读入到变量中，应通过 Get 语句来完成。

语法：Get [#]filenumber,recnumber,varname

说明 ≪≪

[#]filenumber 子句用来为打开的文件指定文件号，文件号应与 Open 语句中指定的文件号相对应。

recnumber 为记录号，表示从文件中读取数据的记录号，recnumber 的取值必须为大于 0 的整数。

varname 用于指明保存数据的变量名，其类型必须与随机文件的记录类型相一致。

【例 13.13】 Get #1,3,per1

该语句可以把记录号为 3 的记录从文件号为 1 的文件中复制到 per1 变量中。

（2）把变量写入记录

要把记录添加或者替换到随机文件中，应通过 Put 语句来完成。

语法：Put [#]filenumber,recnumber,varname

说明 ≪≪

[#]filenumber 子句用来为打开的文件指定文件号，应与 Open 语句中指定的文件号相对应。

recnumber 为记录号，表示将数据写入文件中的记录号，recnumber 的取值必须为大于 0 的整数。根据该参数取值不同，可以实现记录的替换、添加和删除。

varname 用于指明保存数据的变量名，其类型必须与随机文件的记录类型相一致。

【例 13.14】 Put #1,3,per1

该语句将用 per1 变量中的数据来替换文件号为 1 的文件中编号为 3 的记录。

【例 13.15】 要在随机文件的尾端添加新记录，应把记录号值设置为比文件中的记录数多 1 的数。下面的语句将把一个记录添加到文件的末尾。

```
MAXRecord=MAXRecord+1          '记录号增加 1
Put #1,MAXRecord,per1
```

💡 **提示**

虽然可以通过清除某个记录的方式来删除一个记录，但是该记录变成空白记录后，仍然存在于原有文件中。通常文件中不能有空白记录，因为会浪费空间且会干扰顺序操作。最好把余下的记录复制到一个新文件中，然后删除老文件。具体步骤如下。

① 创建一个新文件。

② 将原文件中有用的记录复制到新创建的文件中。

③ 将原文件关闭，并用 Kill 语句将其删除。

④ 用 Name 语句将新文件更名为原文件的名字。

5．关闭随机文件

可以通过 Close 语句来关闭随机文件，Close 语句的用法请参阅 13.3 节"顺序文件"的相关内容。

13.5　二进制文件

1．二进制文件的打开

当以二进制访问方式访问一个文件时，可以通过 Open 语句完成打开二进制文件的操作。

语法：Open FileName For Binary As[#]filenumber

> **说明**《《《
>
> FileName 参数为必选项，是包含目录或文件夹及驱动器在内的文件名字符串表达式。
>
> For 子句中的参数用来描述打开模式，Binary 表示打开的是二进制文件。
>
> As [#]filenumber 子句用来为打开的文件指定文件号。

> **提示**
>
> 二进制文件的打开与顺序文件、随机文件的打开不同，因为二进制文件支持任意长度的数据类型，所以打开二进制文件时不用指定 Len=buffersize 或 Len=reclength。如果在打开二进制文件的 Open 语句中指定了记录长度，则该参数将被忽略。

2．二进制文件的编辑

（1）从二进制文件中读取数据

要把数据从二进制文件读取到变量中，应通过 Get 语句来完成。

语法：Get [#]filenumber,Bytenumber,varname

> **说明**《《《
>
> [#]filenumber 子句用来为打开的文件指定文件号，文件号应与 Open 语句中指定的文件号相对应。
>
> Bytenumber 为字节数，表示从文件中读取的数据的字节号，Bytenumber 的取值必须为大于 0 的整数。
>
> varname 用于指明保存数据的变量名，其类型是任意的，通常为字节数组。

【例 13.16】　　Dim BytesArray(1 to LOF(1)) As Byte

　　　　　　　Get #1,3,BytesArray

该语句可以把文件号为 1 的文件中从第 3 个字节开始的数据读到 BytesArray 数组中。

LOF 函数可以返回文件长度，具体用法请参阅 13.6 节"文件访问函数和语句"的相关内容。

（2）把变量写入记录

要把数据添加到二进制文件中，应通过 Put 语句来完成。

语法：Put[#]filenumber,Bytenumber,varname

> [#]filenumber 子句用来为打开的文件指定文件号，文件号应与 Open 语句中指定的文件号相对应。
>
> Bytenumber 为字节数，表示从文件的第几个字节开始写数据，Bytenumber 的取值必须为大于 0 的整数。
>
> varname 用于指明保存数据的变量的名称，变量中的数据将被写入相应文件，其类型是任意的，通常为字节数组。

【例 13.17】　Dim BytesArray(1 to LOF(1)) As Byte

　　　　　　Put #1,60,BytesArray

该语句可以把 BytesArray 数组中的数据写入文件号为 1 的文件中，且数据是从第 60 个字节的位置开始写入的。

3．将长度可变的记录存储到二进制文件中

对于长度不确定的记录类型，可以采用二进制文件来存储，这样可以节省大量的磁盘空间。

【例 13.18】　下面定义的是一个被称为 Person 的记录类型，其记录和字段的长度都是固定的，即不管字段的实际内容有多长，每个记录所占用的磁盘空间都是 194 字节，这样势必导致磁盘空间的浪费。

```
Type Person
    NO As Integer
    Name As String * 15
    Address As String * 150
    Telephone As String * 12
End Type
```

如果采用二进制文件来存储这些信息，可使所占用的磁盘空间降到最小，类型声明语句中可以省略字符串长度参数。

```
Type Person
    NO As Integer
    Name As String
    Address As String
    Telephone As String
End Type
```

因为各字段的长度是可变的，所以在二进制文件中每个记录所占的磁盘空间都是精确

地等于每个记录实际需要的空间，这样可以避免磁盘空间的浪费。

但是用长度可变字段来进行二进制输入/输出也有一定的缺陷。例如，通过二进制访问方式，虽然可以直接查看文件中指定字节的内容，但是因为记录的长度不确定，所以无法直接确定每条记录的确切位置。而为了了解每个记录的实际长度，就必须顺序地读/写记录，而不能随机地访问每个记录。

为了兼顾随机文件和二进制文件的优缺点，可以采取一个折中的办法，即将有固定长度的记录用随机文件来存储，而将长度可变的记录用二进制文件来存储，并且在随机文件中增加一个用来表示二进制文件记录位置的字段。

13.6 文件访问函数和语句

1. Dir 函数

语法：Dir (filename[,attributes])

功能：用于返回一个字符串表达式，该表达式包含文件名、目录名或文件夹名称，它必须与指定的模式、文件名称、文件属性或磁盘卷标相匹配。

> **说明 <<<**
>
> filename 参数为可选项，是一个字符串表达式，该字符串表达式为包含目录或文件夹及驱动器在内的文件名。如果没有 filename 参数，则系统会返回空字符串（" "）。
>
> attributes 参数为可选项，用来指定文件属性，其值为常数或数值表达式。如果省略 attributes 参数，系统则会返回与 filename 相匹配的所有文件。
>
> attributes 参数的取值及其含义见表 13.1。
>
> 表 13.1 attributes 参数的取值及其含义
>
> | 常　　数 | 值 | 含　　义 |
> | --- | --- | --- |
> | vbNorma | 10 | 常规 |
> | vbHidden | 2 | 隐藏 |
> | vbSystem | 4 | 系统文件 |
> | vbVolume | 8 | 磁盘卷标（如果指定，则会忽略其他属性） |
> | vbDirectory | 16 | 目录或文件夹 |

💡 **提示**

Dir 函数支持通配符，可以通过多字符通配符（*）和单字符通配符（?）来指定多个文件。第一次在程序中使用 Dir 函数时，必须指定 filename 参数，否则会产生错误。如果通过 attributes 参数来指定文件属性，那么就必须包括 filename 参数。

通常 Dir 函数将自动返回第一个与 filename 相匹配的文件名。如果想得到其他的文件名，则应该多次使用 Dir 函数，但不需要使用任何参数。如果没有找到符合条件的文件，则 Dir 函数将返回一个空字符串（""）。此时要再次使用 Dir 函数，就必须指定 filename 参数，否则会产生错误。可以在访问到与当前 filename 参数相匹配的所有文件名之前，通过重新指定 filename 参数来改变访问条件。同时应注意，不要递归地、嵌套地调用 Dir 函数。

用 vbDirectory 属性来调用 Dir 函数不能连续地返回子目录。attributes 参数中的常数通常由 VBA 来指定，在程序代码中使用这些常数和使用相应的数值的作用相同。

【例 13.19】 通过使用 Dir 函数来检查某些文件或目录是否存在。

```
Dim Afile As String
AFile=Dir("C:\Config.sys")        '如果"c:\Config.sys"文件存在，则返回
                                   "C:\Config. sys"
AFile=Dir("C:\*.sys")             '如果存在扩展名为.sys 的文件，则返回第一个
                                   包括指定扩展名的文件名
AFile=Dir                          '返回同一目录下的下一个 sys 的文件名
AFile=Dir("*.bat",vbHidden)        '返回找到的第一个隐藏的扩展名为.bat 的文件
```

2. FileLen 函数

语法：FileLen(filename)

功能：返回一个表示文件大小的长整型数据，单位是字节。

> **说明 <<<**
>
> filename 参数是必选项，是一个字符串表达式，该字符串表达式为包含目录或文件夹及驱动器在内的文件名。

> 💡 **提示**
>
> 使用 FileLen 函数时不必先打开相应文件，如果通过 FileLen 函数来返回一个已经打开的文件的长度，则返回的值是这个文件打开前的大小。
>
> 如果想得到一个已经打开的文件的大小，则应使用 LOF 函数。

【例 13.20】

```
Dim FSize As Long
FSize=FileLen("C:\Config.sys")
```

在本例中，通过 FileLen 函数返回文件"C:\Config.sys"的字节数。

3. LOF 函数

语法：LOF(filenumber)

功能：返回一个长整型数据，用于表示通过 Open 语句打开的文件的大小，单位是字节。

filenumber 参数是必选项，用来为打开的文件指定文件号，文件号应与 Open 语句中指定的文件号相对应。

提示

对于没有用 Open 语句打开的文件，通过 FileLen 函数可以得到其大小。

【例 13.21】

```
Dim FSize As Long
Open "C:\Config.sys" For Input As #1
FSize=LOF(1)
```

在本例中，通过 LOF 函数返回文件 "C:\Config.sys" 的字节数。

提示

在使用 LOF 函数之前应先用 Open 语句打开有关文件。

4. EOF 函数

语法：EOF(filenumber)

功能：返回一个布尔型或逻辑型数据。它表示是否已经到达一个用 Random（随机）模式或 Input（顺序）模式打开的文件的结尾。如果返回布尔值 True，则表明已经到达文件尾部。

filenumber 参数是必选项，用来为打开的文件指定文件号，文件号应与 Open 语句中指定的文件号相对应。

提示

使用 EOF 函数可以判断是否到达文件尾部，以避免因试图在文件结尾处进行输入操作而产生错误的情况发生。

只有遇到文件的结尾，EOF 函数的值才为 True；其他情况下，返回的值都是 False。

【例 13.22】

```
Dim IData As Integer
Open "C:\Config.sys" For Input As #1
Do While Not EOF(1)
Line Input #1,IData
Loop
```

```
Close #1
```

在本例中，使用 EOF 函数来检测是否到达文件尾部。如果到达文件尾部，则停止文件操作，并关闭相应的文件。

5．FreeFile 函数

语法：FreeFile (rangenumber)

功能：返回一个整型数据，用来表示用 Open 语句可以打开的下一个文件的文件号。

说明 ‹‹‹

> rangenumber 参数是可选项，它是一个 Variant 类型的数据，用来指定一个范围，以使 FreeFile 函数返回该范围之内的下一个有效文件号。
>
> rangenumber 参数的默认值为 0，此时 FreeFile 函数返回一个 1～255 的文件号，如果将其指定为 1，则 FreeFile 函数返回一个 256～511 的文件号。

💡 提示

FreeFile 函数通常用以提供一个未被使用的文件号。

【例 13.23】

```
Dim I As Integer,FNumber As Integer
For I=1 To 3
    FNumber=FreeFile
    Open "t" &I For Output As #FNumber
    Close #FNumber
Next I
```

在本例中，通过 FreeFile 函数返回下一个可用的文件号。在循环中，共打开 3 个文件作为输出文件。

6．Seek 语句

语法：Seek [#]filenumber,position

功能：用于在通过 Open 语句打开的文件中设置下一个读/写操作的位置。

说明 ‹‹‹

> 参数 filenumber 是必选项，用来为打开的文件指定文件号，文件号应与 Open 语句中指定的文件号相对应。
>
> 参数 position 是必选项，其值为 1～2147483647 的数字，用来指定下一个读/写操作在文件中的位置。

💡 提示

如果在 Get 及 Put 语句中指定新的记录号，Seek 语句指定的文件位置将会被覆盖掉。如果遇到了文件的结尾，仍然使用 Seek 语句，则进行文件写入的操作会使文件变大。参数 position 的值不能为负数或零，因为对一个为负数或零的文件位置执行 Seek 语句，会导致错误发生。

7. Seek 函数

语法：Seek(filenumber)

功能：用于在通过 Open 语句打开的文件中得到当前读/写位置，其函数值为一个长整型数据。

> **说明 <<<**
>
> 参数 filenumber 是必选项，用来为打开的文件指定文件号，文件号应与 Open 语句中指定的文件号相对应，其值为整型数据。

💡 **提示**

Seek 函数返回的值为 1～2147483647。对于以不同方式打开的文件，返回值也有所区别，具体如下。

对于以 Random（随机）方式打开的文件，返回值为下一个读/写的记录号。

对于以 Binary（二进制）、Output（输出）、Append（追加）或 Input（输入）方式打开的文件，返回值为下一个操作发生时所在的字节位置。文件中的第一个字节的位置为 1，第二个字节位的位置为 2，以此类推。

8. FileCopy 语句

语法：FileCopy source,destination
功能：用来复制一个文件。

> **说明 <<<**
>
> 参数 source 是必选项，其值是一个字符串表达式，用于表示将要被复制的源文件的名称，文件名中包含目录（或文件夹）和驱动器。
>
> 参数 destination 是必选项，其值是一个字符串表达式，用于表示将要复制产生的目标文件的名称，文件名中包含目录（或文件夹）和驱动器。

💡 **提示**

FileCopy 语句只能用于复制未被打开的文件，如果想要对一个已打开的文件使用此语句，则会产生错误。

【例 13.24】

```
Dim SFile As String, DFile As String
SFile="C:\Config.sys"                  '指定源文件名
```

```
DFile="C:\ConfigD.sys"          '指定目的文件名
Filecopy SFile, DFile           '将源文件的内容复制到目的文件中
```

9. GetAttr 函数

语法：GetAttr(filename)

功能：返回一个用来表示文件、目录或文件夹属性的整型数。

> **说明 〈〈〈**
>
> filename 参数是必选项，是包含目录或文件夹及驱动器在内的文件名字符串表达式。

💡 **提示**

GetAttr 函数的返回值为一个常数，一般不同的值有不同的属性描述，具体情况见表 13.2。

表 13.2　GetAttr 函数的返回值及属性描述

常　　数	值	属　性　描　述
vbNorma	10	常规（默认值）
vbReadOnly	1	只读
vbHidden	2	隐藏
vbSystem	4	系统文件
vbDirectory	16	目录或文件夹
vbArchive	32	上次备份以后，文件已经改变

这些常数通常由 VBA 来指定，在程序代码中使用这些常数和使用相应的数值的作用相同。GetAttr 函数与上述常数进行 And（逻辑与）运算，可以用来判断某个文件是否设置了某个属性。如果所得的结果不为零，则表示设置了这个属性值，反之表示没有设置该属性。

【例 13.25】　R=GetAttr("C:\Config.sys") And vbHidden

在本例中，如果没有对"C:\Config.sys"文件设置隐藏（Hidden）属性，则返回值为零，否则返回非零的数值。

【例 13.26】　Dim M As Integer

　　　　　　　　M=Getattr("C:\Config.sys")

在本例中，如果"C:\Config.sys"文件被设置为只读属性，则返回值为 1；如果为隐藏属性，则返回值为 2。

10. SetAttr 语句

语法：SetAttr filename,attributes

功能：用来为一个文件设置属性信息。

filename 参数是必选项，是包含目录或文件夹及驱动器在内的文件名字符串表达式。

attributes 参数是必选项，是用来表示文件属性的常数或数值表达式。

💡 提示

通常只能为没有打开的文件设置属性，如果要给一个已经打开的文件设置属性，则会产生错误。SetAttr 函数的返回值为一个常数，一般不同的值有不同的属性描述，具体情况见表 13.3。

表 13.3　SetAttr 函数的返回值及属性描述

常　　数	返回值	属 性 描 述
vbNorma	10	常规（默认值）
vbReadOnly	1	只读
vbHidden	2	隐藏
vbSystem	4	系统文件
vbArchive	32	上次备份以后，文件已经改变

这些常数通常由 VBA 来指定，在程序代码中使用这些常数和使用相应的数值的作用相同。

【例 13.27】

```
Setattr "C:\Config.sys",vbHidden
                            '将文件"C:\Config.sys"设置为隐含属性
Setattr"C:\Config.sys",vbHidden+vbReadOnly
                            '将文件"C:\Config.sys"设置为隐含和只读属性
```

11．FileDateTime 函数

语法：FileDateTime(filename)

功能：返回一个用来表示文件被创建或最后修改的日期和时间的 Variant 数据。

filename 参数是必选项，是包含目录或文件夹及驱动器在内的文件名字符串表达式。

💡 提示

FileDateTime 函数所返回的日期与时间的显示格式由系统设置决定。

【例 13.28】　Dim Mt As Variant

　　　　　　Mt=Filedatetime("C:\Config.sys")

在本例中，将返回文件"C:\Config.sys"被创建或最后修改的日期和时间。

12．Loc 函数

语法：Loc(filenumber)

功能：返回一个长整型数据，用于表示在一个已经被打开的文件中当前的读/写位置。

　　参数 filenumber 是必选项。用来为打开的文件指定文件号，文件号应与 Open 语句中指定的文件号相对应，其值为整型数据。

 提示

Loc 函数对各种不同访问方式的文件将返回不同的值，具体情况见表 13.4。

表 13.4　Loc 函数的返回值

方　　式	返　回　值
Random	上一次对文件进行读/写操作的记录号
Sequential	文件中当前字节位置与 128 的商（顺序文件不使用 Loc 的返回值）
Binary	上一次对文件进行读/写操作的字节位置

【例 13.29】　Dim ML As Long

　　　　　　　Open "C:\Config.sys"For Binary As #1

　　　　　　　ML=Loc(1)

在本例中，使用 Loc 函数来返回在打开的文件"C:\Config.sys"中当前的读/写位置。

13.7　文件操作综合实例

【例 13.30】　顺序文件操作综合实例，如图 13.1 所示。

在本例中，首先通过"选择文件"按钮打开如图 10.8 所示的"打开"对话框，选择被操作文件；然后通过文本框录入数据，并通过"写入数据"按钮判断文件属性，如图 13.2 所示，将文本框内录入的数据写入选定的文件中；同时，还可以通过"读出数据"按钮从文件中将数据读出，并将结果显示在相应的文本框中；最后通过"结束操作"按钮结束并关闭程序，同时将文件属性设置为"只读"方式，以防止数据被随意修改。

图 13.1　顺序文件操作综合实例

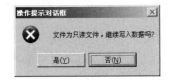

图 13.2　判断文件属性

💡 **提示**

在设计过程中，需要首先将通用对话框控件加载到窗体中并进行相应的属性设置，且涉及的文件已经存在。

（1）窗体及控件定义

① 用于加载控件的窗体名字为 Form1，标题属性为顺序文件操作综合示例。

② 用来提示姓名的标签名字为 L1。

③ 用来提示性别的标签名字为 L2。

④ 用来提示年龄的标签名字为 L3。

⑤ 用来提示民族的标签名字为 L4。

⑥ 用来提示读出数据的标签名字为 L5。

⑦ 用来输入姓名的文本框名字为 T1，Enable 属性为 False。

⑧ 用来输入性别的文本框名字为 T2，Enable 属性为 False。

⑨ 用来输入年龄的文本框名字为 T3，Enable 属性为 False。

⑩ 用来输入民族的文本框名字为 T4，Enable 属性为 False。

⑪ 用来显示读出的数据文本框的名字为 T5，Enable 属性为 False。

⑫ 4 个命令按钮的名字分别为 C1、C2、C3、C4，其 Caption 属性分别为选择文件、写入数据、读出数据、结束操作，除 C1 外，其他 3 个命令按钮的 Enable 属性设置为 False。

⑬ 用来选择被操作文件的通用对话框的名字为 CommonDialog1。

（2）程序代码及分析

```
Public FName As String            '定义用于存放文件名的全局变量
Private Sub C1_Click()
    CommonDialog1.Flags = &H10& Or H4&
    '设置Flags属性，使对话框含有"帮助(H)"按钮并隐去"以只读方式打开"复选框
    CommonDialog1.Filter = "文本文件(*.txt)|*.txt"        '设置过滤器
    CommonDialog1.ShowOpen              '使用 ShowOpen 方法显示"打开"对话框
    FName = CommonDialog1.FileName     '用变量 FName 保存选定要打开的文件的名字
    T1.Enabled = True
    T2.Enabled = True
    T3.Enabled = True
    T4.Enabled = True                  '设置文本框为可操作方式
    C2.Enabled = True
    C3.Enabled = True
    C4.Enabled = True                  '设置命令按钮为可操作方式
End Sub

Private Sub C2_Click()
```

```
       Dim Msg,Style,Title,Response                    '声明相关变量
       If GetAttr(FName) = vbReadOnly Then             '如果文件属性为只读方式
          Msg = "文件为只读文件，继续写入数据吗?"      '定义信息
          Style = vbYesNo + vbCritical + vbDefaultButton2    '定义按钮
          Title = "操作提示对话框"                     '定义标题
          Response = MsgBox(Msg,Style,Title)           '显示消息框
          If Response = vbYes Then                     '用户按下"是"按钮
             SetAttr FName,vbNormal                    '设置文件属性为"常规"属性
             Open FName For Append As #1               '以追加方式打开指定文件
             Print #1,T1.Text,T2.Text,T3.Text,T4.Text
                                                       '将录入的数据写入文件

          End If
       Else                                            '否则
          Open FName For Append As #1                  '以追加方式打开指定文件
          Print #1,T1.Text,T2.Text,T3.Text,T4.Text    '将录入的数据写入文件
       End If
       T1.Text = ""
       T2.Text = ""
       T3.Text = ""
       T4.Text = ""                                    '将文本框清空
       Close #1                                        '关闭文件
End Sub


Private Sub C3_Click()
       Dim S As String,S0 As String
       Open FName For Input As #1                      '以读取方式打开指定文件
       Do While Not EOF(1)                             '如果没有遇到文件尾
          Line Input #1,S0                             '读出一行数据
          S = S + S0 + vbCrLf
                        '设置将要显示的数据，并在每行数据后插入一个回车控制符号
       Loop
       T5.Enabled = True                               '设置用来显示数据的文本框的属性
       T5.Text = S                                     '将读出的数据显示到文本框内
       Close #1                                        '关闭文件
End Sub


Private Sub C4_Click()
       SetAttr FName,vbReadOnly                        '设置文件为只读属性
       Unload Me                                       '关闭并结束程序
End Sub
```

【例13.31】 随机文件操作综合实例如图13.3所示。

图 13.3　随机文件操作综合实例

在本例中，首先通过"新建文件"按钮，使系统自动建立一个文件"C:\Test1.TXT"；其次通过文本框录入数据，通过"写入数据"按钮将数据写入新建的文件中；当数据录入完成后单击"写入完成"按钮；再次通过"读出数据"按钮从文件中将数据读出，并将结果显示在相应的文本框中；最后通过"结束操作"按钮结束并关闭程序，同时将文件属性设置为"只读"方式，以防止数据被随意修改。

💡 **提示**

在设计过程中，需要首先将通用对话框控件加载到窗体中，并进行相应的属性设置，且涉及的文件已经存在。

（1）窗体及控件定义

① 用于加载控件的窗体名字为 Form1，标题属性为随机文件操作综合示例。

② 用来提示姓名的标签名字为 L1。

③ 用来提示性别的标签名字为 L2。

④ 用来提示年龄的标签名字为 L3。

⑤ 用来提示民族的标签名字为 L4。

⑥ 用来提示读出的数据的标签名字为 L5。

⑦ 用来输入姓名的文本框名字为 T1，Enable 属性为 False。

⑧ 用来输入性别的文本框名字为 T2，Enable 属性为 False。

⑨ 用来输入年龄的文本框名字为 T3，Enable 属性为 False。

⑩ 用来输入民族的文本框名字为 T4，Enable 属性为 False。

⑪ 用来显示读出的数据的文本框名字为 T5，Enable 属性为 False。

⑫ 5 个命令按钮的名字分别为 C1、C2、C3、C4、C5，其 Caption 属性分别为新建文件、写入数据、写入完成、读出数据、结束操作，除 C1 外，其他 4 个命令按钮的 Enable 属性设置为 False。

⑬ 用来选择被操作文件的通用对话框的名字为 CommonDialog1。

（2）程序代码及分析

```
Public FName As String,S As String,S0 As String
                                    '定义用于存放文件名的全局变量
Public LastRecord As Integer        '定义写记录的指针
Public FirstRecord As Integer       '定义读记录的指针
Private Type Student
   StuName As String * 8
   StuSex As String * 2
   StuAge As String * 2
   StuNation As String * 4
End Type                            '定义记录
Private Stu As Student              '定义变量为记录类型


Private Sub C1_Click()
    FirstRecord = 1                 '清空读记录指针
    LastRecord = 1                  '清空写记录指针
    FName = "C:\Test1.TXT"          '定义文件名
    Set fs = CreateObject("Scripting.FileSystemObject")
    Set a = fs.CreateTextFile(FName, True)  '建立指定文件
    T1.Enabled = True
    T2.Enabled = True
    T3.Enabled = True
    T4.Enabled = True               '设置文本框为可操作方式
    C1.Enabled = False              '设置"新建文件"命令按钮为无效
    C2.Enabled = True
    C3.Enabled = True
    C5.Enabled = True
  End Sub
Private Sub C2_Click()
    Open FName For Random As #1 Len = Len(Stu)  '以随机方式打开指定文件
    Stu.StuName = T1.Text
    Stu.StuSex = T2.Text
    Stu.StuAge = T3.Text
    Stu.StuNation = T4.Text         '为记录赋值
    Put #1,LastRecord,Stu           '将新录入的记录写入文件的最后一行
    LastRecord = LastRecord + 1     '写记录指针后移
    T1.Text = ""
    T2.Text = ""
    T3.Text = ""
    T4.Text = ""                    '将文本框清空
    Close #1                        '关闭文件
End Sub


Private Sub C3_Click()
```

```
        C2.Enabled = False            '设置"写入数据"命令按钮为无效
        C4.Enabled = True             '设置"读出数据"命令按钮为有效
        T1.Enabled = False            '设置文本框为不可操作方式
        T2.Enabled = False
        T3.Enabled = False
        T4.Enabled = False
    End Sub


    Private Sub C4_Click()
        Open FName For Random As #1 Len = Len(Stu) '以随机方式打开指定文件
        If Not EOF(1) Then                         '如果文件未结束
          Get #1,FirstRecord,Stu                   '读出读指针指向的行的数据
          S0 = Stu.StuName + Stu.StuSex + Stu.StuAge + Stu.StuNation + vbCrLf
                        '设置将要显示的数据,并在每行数据后插入一个回车控制符号
          FirstRecord = FirstRecord + 1            '读记录指针后移
        End If
        S = S + S0                                 '设置将要显示的内容
        T5.Enabled = True                          '设置用来显示数据的文本框的属性
        T5.Text = S                                '将读出的数据显示到文本框内
        Close #1                                   '关闭文件
    End Sub


    Private Sub C5_Click()
        SetAttr FName,vbReadOnly                   '设置文件为只读属性
        Unload Me                                  '关闭并结束程序
    End Sub
```

习题 13

1. 填空题

（1）文件是指_____的数据的集合，它可以是_____，也可以是_____或其他信息。对这些文件的操作一般是通过_____来完成的。

（2）在 Visual Basic 中，根据对文件的访问方式的不同，可将文件分为以下三种类型：_____、_____、_____。

（3）要把变量的内容存储到顺序文件，应首先以_____或_____模式将文件打开，然后使用_____语句或_____语句。

（4）在打开一个随机文件进行操作之前，应先定义一个记录类型，该记录类型与_____的记录类型相对应。

（5）对于长度不确定的记录类型，可以采用_____文件来存储，这样可以节省大量的磁盘空间。

（6）为了兼顾随机文件和二进制文件的优缺点，可以采取一个折中的办法，即将_____的记录用

随机文件来存储，而将_____的记录用二进制文件来存储，并且在随机文件中增加一个_____字段。

（7）如果通过 FileLen 函数来返回一个已经打开的文件的长度，则返回的值是_____。要得到一个已经用 Open 语句打开的文件的长度，可以通过_____函数来实现。

2．简答题

（1）简述顺序文件、随机文件及二进制文件的特点。

（2）简述顺序文件、随机文件及二进制文件分别适合存储哪种类型的数据。

（3）简述文件操作的一般步骤。

（4）调试并试运行本章的两个综合实例。

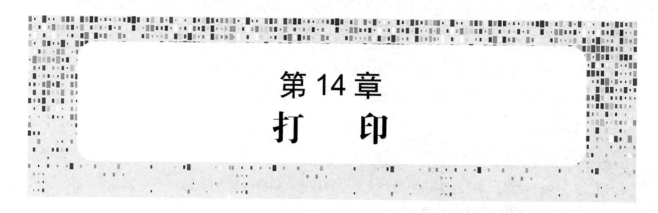

第14章
打 印

本章要点

本章主要讲解 Visual Basic 中提供的使用 PrintForm、使用打印机集合和使用 Printer 对象三种常用打印方法的用法、使用技巧及常见的打印错误信息。

学习目标

1. 了解三种常用打印方法的特点及常见的打印错误信息。

2. 理解 Printer 对象的属性、方法，并能灵活运用。

3. 掌握三种打印方法的使用技巧。

在基于 Windows 的应用程序中，打印是最复杂的任务之一。通常情况下，影响打印结果的因素主要涉及如下三方面。

① 应用程序中处理打印过程的程序代码。

② 系统中安装的打印机驱动程序。

③ 系统可用的打印机功能。

应用程序中的代码决定应用程序打印输出的类型和质量，但系统所安装的打印机驱动程序和选用的打印机也将对打印质量产生影响。

14.1 常用打印方法

Visual Basic 提供了如下三种常用的打印方法。

① 先将应用程序中要打印输出的数据显示在窗体中，然后通过 PrintForm 方法将窗体打印出来。

② 首先调整设置打印机集合中的默认打印机，然后通过该打印机将数据打印出来。

③ 先将数据传送给 Printer 对象，再用 NewPage 和 EndDoc 方法将其打印出来。

下面将分别介绍以上三种方法的特点及具体用法。

14.1.1 使用 PrintForm 方法

PrintForm 方法是将指定窗体的数据逐位传送到打印机，从而将数据打印出来。

语法：[form1.]PrintForm

说明 《《

参数 form1 为可选项，表示要打印的窗体的名称。如果省略该参数，将打印当前窗体中的数据。

提示

PrintForm 将打印窗体中的全部内容，包括窗体中某些在屏幕上见不到的内容。

如果窗体中包含图形，则必须将 AutoRedraw 属性设置为 True，只有这样才能将图形打印出来。

打印结束后，PrintForm 通过调用 EndDoc 方法将 Printer 对象中任何未确定的数据从打印机输出，以清空打印机。

PrintForm 方法是应用程序中打印数据最简便的方法。它可以根据用户显示器的分辨率将信息传送给打印机（最多每英寸打印 96 点）。因此，即使打印机有更高的分辨率，打印效果也不会更好（例如，激光打印机每英寸能打印 300 点，但通过 PrintForm 方法，只能打印 96 点），这样势必会影响打印效果。

打印结果根据窗体中的对象可以发生变化。

【例 14.1】

```
Print"打印示例"          '将正文"打印示例"显示在屏幕上
PrintForm               '将上述正文传送到打印机
```

14.1.2 使用打印机集合

打印机集合是一个对象，它包括 Windows 操作系统中所有可用的打印机。打印机列表与 Windows "控制面板" 中的有关内容相对应，并且每台打印机都有唯一的索引定义。索引编号从 0 开始，通过索引编号可以引用任何一台打印机。

根据需要，可以通过 Set Printer 语句，把打印机集合中的任意一台打印机设置为默认打印机。

语法：Set Printer=Printers(n)

说明 《《

参数 n 代表打印机索引编号，其取值是从 0 到 Printers.Count-1 的整数。

提示

不能通过 Set Printer 语句在打印机集合中直接添加或删除打印机。

要在系统中添加或删除打印机，只能通过 Windows 的 "控制面板" 来实现。

14.1.3　使用 Printer 对象

通过 Printer 对象可以实现与系统默认的打印机之间的通信。使用 Printer 对象进行打印时，首先将数据传送给 Printer 对象，然后用 EndDoc 方法将数据传送到打印机。每次执行完应用程序后，会自动通过 EndDoc 方法将 Printer 对象中任何未确定的数据从打印机输出出来。也可以通过使用 NewPage 方法来打印多页文档。

💡 提示

因为 Printer 对象是一个与设备无关的图片空间，Windows 在这个 Printer 对象设备无关的图片空间中，将要输出的数据与打印机的分辨率和功能进行了最佳的匹配。所以无论使用哪种打印机，Printer 对象都将提供最好的打印质量。

使用 Printer 对象的主要缺点是：要取得最佳效果，就需要较大的代码量。在 Printer 对象中，打印位图所要花费的时间较长，因此会降低应用程序的效率。

下面对如何使用 Printer 对象打印进行详细讲解。

14.2　Printer 对象

使用 Printer 对象打印时，应注意以下几个具体问题。

14.2.1　Printer 对象的属性

Printer 对象的默认属性与 Windows 的"控制面板"中设置的默认打印机的属性相匹配，可以通过程序代码对 Printer 对象的属性重新进行设置。Printer 对象的常用属性如下。

① PaperSize 属性：对当前打印机的纸张大小（尺寸）进行设置。

② PaperBin 属性：对当前打印机上供纸的默认纸盒进行设置。

③ Height 和 Width 属性：对纸张的物理尺寸进行设置。这两个属性在设计时无效，如果在运行时对它们进行了设置，则 PaperSize 属性的设置将无效。

④ ColorMode 属性：设置是以单色方式还是以彩色方式进行打印。

⑤ Orientation 属性：设置是以横向方式还是以纵向方式进行打印。

⑥ Duplex 属性：设置是双面打印还是单面打印。

⑦ Copies 属性：对打印份数进行设置。

⑧ CurrentX 和 CurrentY 属性：对下一次打印或绘图的坐标位置进行设置，水平坐标由 CurrentX 设置，垂直坐标由 CurrentY 设置。

⑨ DeviceName 属性：对打印驱动程序支持的设备名进行设置。

⑩ DriverName 属性：对打印驱动程序名进行设置。

⑪ Port 属性：对打印端口进行设置。

⑫ PrintQuality 属性：对打印机的分辨率进行设置，其值可从 -4 到 -1，也可以将值设置为一个与打印机分辨率（每英寸的点数，DPI）对应的正整数。

该属性的默认值依赖于打印机驱动程序和打印机的当前设置值，其设置对于不同打印机和打印机驱动程序的影响也将有所不同。

⑬ TrackDefault 属性：设置 Printer 对象所指向的打印机是否随系统默认的打印机的改变而发生变化。

该属性的默认值为 True，表示将随系统默认打印机的变化来改变 Printer 对象所指向的打印机。

⑭ Scale 属性。

Printer 对象有以下刻度属性。

➤ ScaleMode 属性：对打印页的刻度进行设置。

➤ ScaleLeft 和 ScaleTop 属性：分别对打印页左上角的水平坐标和垂直坐标进行设置。

➤ ScaleWidth 和 ScaleHeight 属性：分别对打印页的宽度和高度进行设置。

➤ Zoom 属性：对输出数据的百分比进行设置。该属性的默认值为 100，表示按照数据的实际尺寸进行打印输出。

此外，Printer 对象还有很多与字体有关的属性。

💡 **提示**

如果在某一页当中设置了某些属性，就不能在该页中改变这些属性。对这些属性的改变只能对以后各页发生影响。

Printer 属性值的具体效果依赖于打印机生产厂家提供的驱动程序。同样的属性设置值，对某些打印驱动程序可能没有作用，或有不同作用。不同的属性设置值，对不同的打印机驱动程序，也可能产生相同的效果。

14.2.2　用 Printer 对象打印窗体

要在应用程序中打印窗体及其中的数据，最简单的途径是通过 PrintForm 方法来实现。但要获得最佳的打印效果，则可以通过在 Printer 对象中使用打印方法和图形方法来实现。

在使用 Printer 对象打印窗体之前需要在 Printer 对象中重建窗体中的如下内容。

① 窗体的轮廓，包括标题和菜单栏。

② 控件和它们的内容，包括文本和图形。

③ 直接应用于窗体的图形输出方法，包括 Print 方法。

14.2.3　用 Printer 对象打印窗体上的控件

Printer 对象可接收打印方法和图形方法的输出，但不能把控件直接放在 Printer 对象中。

如果应用程序需要打印控件，则必须通过过程来调用 Printer 对象要用到的每种控件，或使用 PrintForm 方法来实现。

14.2.4 用 Printer 对象打印 Printer 对象的内容

1. Print 方法

Printer 对象最常用的方法是 Print 方法，Print 方法用于处理几乎所有的打印输出，它支持几种不同的格式，通过 Print 方法，可以在打印机上打印消息、变量、常数和表达式。

语法：[printer1.]Print [Spc(n)|Tab(n)] expression

> **说明 <<<**
>
> expression 可以表示在打印机上打印的消息、变量、常数或表达式。

💡 **提示**

每执行一次 Print 方法，将发送给打印机一个回车或换行符。如果不加任何参数，单独执行 Print 方法，将把一个空行发送给打印机。

如果要在同一行打印多个值，可以用逗号或分号将其隔开。分号可以使各个值一个接一个地输出，逗号可以使各个值分别出现在不同的打印区，每个打印区的间隔为 14 列。

2. EndDoc 方法

将数据存放到 Printer 对象中后，可以用 EndDoc 方法将该对象中的内容打印出来。

💡 **提示**

使用 EndDoc 方法要换页，并将悬置的所有输出内容送到打印缓冲区。如果打印机已经准备好，就开始打印，否则，将一直等到打印机准备好。

如果在用于打印的程序代码的结尾处没有明确调用 EndDoc，Visual Basic 会自动调用。

【例 14.2】

```
Name= "王宏"
Age=18
Sex= "男"
Nation= "汉族"
Printer.FontName= "黑体"                    '设置打印字体
Printer.FontSize=10                       '设置打印字体的大小
Printer.Print Spc(12) "学生情况"           '空 12 个字符位置,并打印标题"学生情况"
Printer.Print                             '打印一个空行
Printer.Print "姓名: ";Name,"年龄: ";Age
                          '打印"姓名:王宏",并在下一个打印区打印"年龄:18"
Printer.Print  "性别: ";Sex,"民族: ";Nation
```

	'打印"性别：男"，并在下一个打印区打印"民族：汉族"
Printer.EndDoc	'将文本送到打印机

本例的执行结果如下。

学生情况		
姓名：王宏	年龄：18	
性别：男	民族：汉族	

14.2.5　创建多页文档

打印较长的文档时，可用 NewPage 方法终止当前页，并通过在代码中指定新的一页，将打印位置设为新页的左上角，从而创建多页文档。

> 💡 **提示**
>
> 调用 NewPage 方法时，Printer 对象的 Page 属性将自动加 1。

【例 14.3】

Printer.Print"-1-"	'将文本存放到 Printer 对象中
Printer.NewPage	'指定新的一页
Printer.Print"-2-"	'将文本存放到 Printer 对象中
Printer.EndDoc	'将文本送到打印机

在本例中，"-1-"被打印在当前页中，通过 NewPage 方法指定了下面要打印的内容（"-2-"）将被打印在新的一页的左上角。

14.2.6　取消打印作业

如果要立即终止当前的打印作业，可以用 KillDoc 方法来实现。

【例 14.4】

```
If vbNo=MsgBox("Continue?",vbYesNo) Then
    Printer.KillDoc              '取消打印作业
Else
    Printer.EndDoc              '将文档送到打印机
EndIf
```

在本例中，用对话框来询问是继续打印还是取消打印文档。

> 💡 **提示**
>
> 如果操作系统的打印管理器正在处理打印工作，则 KillDoc 方法将删除送入打印机的所有作业。但如果打印管理器没有控制打印工作，可能已经有数据送入了打印机，这些数据将不受 KillDoc 的影响。送入打印机的数据量与打印机驱动程序有关，不同的打印驱动程序，数据量可能稍有不同。
>
> 使用 KillDoc 方法不能结束已经使用 PrintForm 方法开始打印的作业。

14.2.7 Printer **对象的其他方法**

前面介绍的 Print、EndDoc、KillDoc、NewPage 方法是 Printer 对象最常用的几种方法，除此之外，Printer 对象还有其他一些方法，简单介绍如下。

① Circle 方法：用于在打印机上画圆、椭圆或圆弧。

② Line 方法：用于在打印机上画线和框。

③ PrintPicture 方法：用于在打印机上画一个图形图像文件。

④ Pset 方法：用于在打印机上输出一个圆形点。

⑤ Scale 方法：用于定义坐标系统。

⑥ ScaleX 方法：用于将打印的宽度转换成 ScaleMode 度量单位。

⑦ ScaleY 方法：用于将打印的高度转换成 ScaleMode 度量单位。

⑧ TextHeight 方法：用于确定文本的高度。

⑨ TextWidth 方法：用于确定文本的宽度。

14.3 打印错误信息

打印时可能出现可捕获的运行错误。这里介绍一些常见的错误信息。

1．错误 396

错误信息：在页内不可设置属性。

说明：当在同一页中将同一属性设置为不同值时，将发生该错误。

2．错误 482

错误信息：打印机错误。

说明：打印机驱动程序每返回一个错误代码，Visual Basic 都将报告该错误。

3．错误 483

错误信息：打印机驱动程序不支持该属性。

说明：当试图使用一个当前打印机驱动程序不支持的属性时，将发生该错误。

4．错误 484

错误信息：打印机驱动程序无效。

说明：当 WIN.INI 中的打印机信息丢失或不完整时，将发生该错误。

💡 **提示**

当打印机错误发生时，一般不会立即发出错误信息。如果一条语句引起一个打印机错误，那么该错误可能直到下一条对打印机操作寻址的语句执行时，才会引发。

 **习题** 14

1．填空题

（1）使用 PrintForm 方法打印数据时，当打印结束后，PrintForm 通过调用_____方法来清空打印机。

（2）要在应用程序中打印窗体及其中的数据，最简单的途径是通过_____方法来实现。但是要获得最佳的打印效果，则可以通过在_____对象中使用_____和_____方法来实现。

（3）当打印较长的文档时，可用_____方法终止当前页，并通过在代码中指定新的一页，将打印位置设为_____，从而创建多页文档。

（4）如果要立即终止当前的打印作业，可以用_____方法来实现。

2．简答题

（1）影响打印结果的因素主要涉及哪几个方面？

（2）Visual Basic 提供了哪几种常用的打印方法？各有什么优缺点？

（3）在 Printer 对象中重建窗体通常需要重建哪些内容？

（4）调试并试运行本章中的各例题。

第 15 章
数据库的链接与应用

本章要点

本章主要讲解关系型数据库的基本概念、Visual Basic 对数据库的支持、可视化数据库设计器、Data 控件、ADO Data 控件、数据绑定控件的功能、数据绑定控件的使用方法及技巧、数据库应用程序的创建。

学习目标

1. 了解 Microsoft Jet 数据引擎、数据访问对象、Data 控件、ADO Data 控件和数据绑定控件的功能。

2. 理解关系型数据库和表的基本概念及字段的类型。

3. 掌握可视化数据库设计器、Data 控件、ADO Data 控件和数据绑定控件的使用方法及技巧，掌握数据库应用程序的创建方法及技巧。

 ## 15.1 关系型数据库的基本概念

1. 关系模型

关系型数据库主要基于关系数据模型。所谓关系数据模型就是将数据库的逻辑结构归结为满足一定条件的二维表的形式，并使用关系代数和关系运算作为数据操纵语言。

在关系模型中，将一组数据列成二维表，一个 m 行 n 列的二维表表示具有 m 个 n 元组关系。二维表中的一行称为元组，一列称为属性，不同的列有不同的属性。

在一般关系型数据库中，常用一些技术术语来描述关系、元组和属性，把关系称为"表"，把元组称为"记录"、把属性称为"字段"，这样就形成了最初的关系型数据库的基础。

2. 数据库

数据库是在一个环境中定义的一些关于某个特定目的或主题的信息表的集合。一个数据库中可以包含多个数据库表。

在查询时，根据查询的目的，可以将各有关的数据库表通过一定的方式关联起来。例如，在学籍管理信息系统数据库中，包含学生基本信息表、1998 年成绩表、1999 年成绩表等，在查询时可以将一个人存储在三个表中的信息关联起来,用于反映一个学生的基本情况,如图 15.1 所示。

3. 表

表是一种有关特定实体的数据集合,表从属于数据库。在如图 15.1 所示数据库示例中,包括学生基本信息表、1998 年成绩表和 1999 年成绩表三个表。

学生基本信息表				
人员编号	姓名	性别	出生日期	家庭住址
0001	张宁	男	1975.02	中山路66
0002	李刚	女	1977.05	和平路3号2-2-101

1998年成绩表				
人员编号	微机原理	Office使用	五笔字型	Visual Basic编程
0001	89	82	88	95
0002	75	65	78	90

1999年成绩表				
人员编号	微机原理	Office使用	五笔字型	Visual Basic编程
0001	86	90	85	90
0002	80	82	90	95

图 15.1 学生的基本情况示意

表以行(记录)、列(字段)形式组织数据。表中每行内的第 i 个值是该表第 i 列的一个值。行是能够插入表中又能够从表中删除的最小数据单位。使用表的原则是对每种实体分别使用不同的表,这意味着每种数据只需要存储一次,这样可以提高数据库的效率,并减少数据错误。例如,在如图 15.1 所示数据库示例中的学生基本信息表中,一行代表一个人,一个人有多个列,即各不相同的指标项,如姓名、性别、出生日期、家庭住址等。每个学生是能够增加到基本信息表又能够从基本信息表中删除的最小的数据单位。拥有多个列的多个人的集合构成了学生基本信息表。

4. 记录、字段和索引

表(Table)中的一行称为一条记录。每条记录又可以包括若干列,即若干个字段(Field)。

字段是一些可随时变更的值的集合。同一字段的所有值具有同样数据类型。字段的值是表中可以选择数据的最小单位,也是可以更新数据的最小单位。一般情况下,字段主要包括以下五种类型。

(1)字符型:可以输入任意字母、数字、汉字和符号的组合。

(2)数值型:在数值型字段中只能输入加号(+)、减号(-)和数字。

(3)货币型:用于输入表示货币金额的数据,常常有一定的格式要求。

(4)序列型:常常用于存储表示唯一性的一串整数,如人员编号等。

(5)日期型:用于存储日历数据,常常有一定的格式,如出生日期等。

索引（Index）是为了加快数据库访问的速度而建立的。在记录很多的情况下查找记录，如果不建立索引，程序的运行速度将会很慢。

5．国际标准数据库语言 SQL

SQL（Structured Query Language）是结构化查询语言，它包括了对数据库的设计、查询、维护、控制、保护等全方位的功能，它是基于 IBM 早期数据库产品 System R 发展起来的，并于 1986 年经美国国家标准协会（ANSI）确认为国家标准，1990 年经国际标准化组织（ISO）确认为国际标准。

Visual Basic 数据库访问全面支持 SQL 语言。熟练使用 SQL 语言可以设计出功能非常强大的数据管理信息系统，但这需要按部就班地训练，不可急于求成。目前，只要了解 SQL 语言的概念就可以了，至于 SQL 语言的语法和使用方法，不是本书的重点。如果想要深入地学习，可以参考有关 SQL 语言的专著。

 ## 15.2　Visual Basic 对数据库的支持

在 Visual Basic 中，可以创建并维护数据库（Database）、字段（Field）和索引（Index）等对象，这些对象分别对应于物理数据库的各个组成部分。利用这些对象的属性与方法即可对数据库进行各种操作。

1．Microsoft Jet 数据库引擎

Visual Basic 提供了基于 Microsoft Jet 数据库引擎（驱动 Microsoft Access 的数据库引擎）的数据访问能力。Jet 引擎负责处理存储、检索、更新数据的结构等操作。

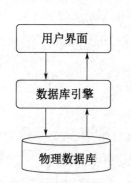

图 15.2　数据应用程序的构成

Visual Basic 提供了两种与 Jet 数据库引擎接口的方法：Data 控件和数据访问对象。

从逻辑上看，Visual Basic 数据库应用程序由三个部分构成，其结构如图 15.2 所示。

由图 15.2 可见，数据库引擎存在于程序和物理数据库之间，这使用户与正在访问的特定数据库类型无关。不管这个数据库是本地的 Access 数据库，还是所支持的其他任何数据库格式，所使用的数据访问对象和编程技术都是相同的。

2．数据访问对象

数据访问对象即 ADO 对象模型，是 Jet 数据库引擎面向对象的接口。这些类和通过其所创建的对象与 Visual Basic 环境中的其他类和对象的行为是类似的，也具有属性、方法等。数据访问对象和类以分层结构来组织，分层的方式与关系数据库系统的逻辑视图相符合。

3. Data 控件

Data 控件实际上是 DAO 的一个应用。利用 Data 控件不需要编写代码就能创建简单的数据库，编制数据库应用程序，并完成下列任务。

① 与本地或远程数据库连接。

② 打开指定的数据库表或定义记录集，完成查询任务。

③ 传送数据字段到各种数据绑定控件，在其中可显示、改变数据库中字段的值。

④ 添加新记录或更新数据库。

⑤ 捕获访问数据时出现的错误。

⑥ 关闭数据库。

4. ADO（Microsoft ActiveX Data Objects）Data 控件（Adodc）

ADO Data 控件与内部 Data 控件相似，程序设计者可以利用它快速创建一个与数据库的链接。ADO 的目标是访问、编辑和更新数据源，利用 ADO Data 控件可以完成 Data 控件能完成的所有任务，而且功能更强大，使用更灵活。

15.3 可视化数据管理器

可视化数据管理器是 Visual Basic 提供的一个功能较强的可视化数据库管理工具。利用它可以完成新建数据库、修改数据库结构及对数据库进行维护等操作。同时，还可以利用可视化数据管理器动态构造 SQL 语句，设计数据窗体等。

在 Visual Basic 主菜单中选择"外接程序"中的"可视化数据管理器"选项，可以启动可视化的数据管理器（VisData）。

可视化数据管理器有"文件""实用程序""窗口"和"帮助"四个菜单项。在本节中，将重点讲解以下命令。

➤ 文件菜单中的数据库新建、打开、关闭命令。

➤ 实用程序菜单中的查询生成器、数据窗体设计器命令。

可视化数据管理器程序是用 Visual Basic 编制的。它在完成数据库管理的同时也是一个很好的数据库管理的示例程序。随着数据库编程技术的逐步提高，可以打开并阅读这个程序，以了解更深层次的数据库编程方法。在"...\VB\samples\visData"目录下可以找到这个程序，原程序名为"VisData.vbp"。

可视化数据管理器程序可以管理多种数据库，主要包括 Access、Dbase、Foxfro、Paradox、Excel 等。另外，该程序还支持 ODBC。只要有 ODBC 驱动程序，该程序就可以通过 ODBC 管理任何一种数据库。

1. 新建数据库

（1）新建数据库

新建数据库的步骤如下。

① 选择"文件"菜单中的"新建"选项，系统将弹出一个数据库类型选择菜单。

② 选择对应的数据库类型，系统将弹出一个对话框。

③ 在对话框中输入数据库文件名，并选择对应的存储目录。

④ 单击"确定"按钮即可新建一个数据库。

新建数据库后，这个数据库中没有任何表，如图 15.3 所示。在图中包括两个窗口，左边是"数据库窗口"，用于显示数据库、表及字段；右边是"SQL 语句"窗口，用于输入查询数据库内容所用的 SQL 语句。

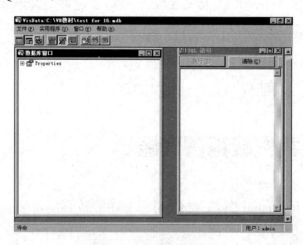

图 15.3　新建数据库

（2）新建数据库表

新建数据库表的步骤如下。

① 在数据库窗口中右击，在弹出的快捷菜单中选择"新表"选项，系统将弹出一个"表结构"对话框，如图 15.4 所示。

图 15.4　"表结构"对话框

② 在这个对话框中输入表的名称。

③ 建立数据库表中的字段和索引。

④ 单击"生成表"按钮，系统将自动建立数据库表。

（3）新建数据库表中的字段

新建数据库表中的字段的步骤如下。

① 在"表结构"对话框中单击"添加字段"按钮，系统将弹出一个"添加字段"对话框，如图15.5所示。

② 在对话框中依次输入每个字段的名称、类型、大小等信息。

③ 单击"确定"按钮将增加一个字段，单击"关闭"按钮将退出"添加字段"对话框。

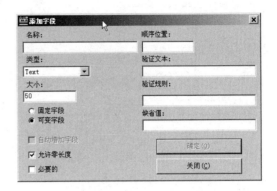

图 15.5 "添加字段"对话框

2．打开数据库

打开数据库的步骤如下。

① 选择"文件"菜单中的"打开数据库"选项，系统会弹出一个数据库类型选择菜单。

② 选择对应的数据库类型，系统会弹出一个选择数据库文件对话框。

③ 选择对应的数据文件，单击"确定"按钮，即可打开一个数据库。

打开数据库后的窗口如图15.6所示。在左边的"数据库窗口"中显示的是数据库中的表及表内的字段。

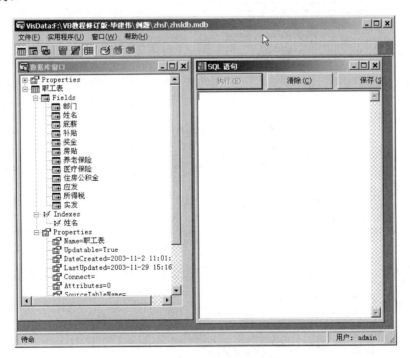

图 15.6 打开数据库后的窗口

图 15.7　"职工表"窗口

3．查询、修改数据库的内容

打开数据库后，可以查询或修改数据库各表中存储的内容，打开表的方法是双击对应的数据库表项目。例如，在如图 15.6 所示的数据库中，双击"职工表"项目，系统将打开这个表，如图 15.7 所示。在这个窗口中单击"添加"按钮，可以增加一条记录，单击"更新"按钮可以更新一条现有的记录，单击"删除"按钮将删除当前的记录。另外，还可以对数据库表中的内容进行"查找""刷新"等操作。

4．修改数据库表的结构

打开数据库后，可以修改数据库中所有表的结构。修改表结构的方法如下。

①　在对应的数据库表图标上右击，系统将弹出一个快捷菜单。

②　在快捷菜单中选择"设计(D)…"选项，即可打开"表结构"窗口，如图 15.8 所示。

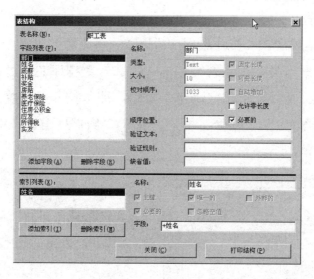

图 15.8　"表结构"窗口

③　在窗口中添加、修改、删除有关的字段，修改完成后，单击"关闭"按钮，返回上一级菜单。

💡 **提示**

返回上一级菜单后，数据库窗口中对应的字段可能没有立即更新，此时只要右击，在弹出的快捷菜单中选择"刷新列表"选项即可。

5．利用可视化数据管理器构造 SQL 语句

在可视化数据管理器的主窗体中，右边是"SQL 语句"窗口。如果是一名熟悉 SQL 语

句的高手，可以直接在这个窗口中输入 SQL 语句，对数据库内容进行查询。如果对 SQL 语句没有太大的把握也没有关系，可以使用可视化数据管理器动态地构造 SQL 语句来对数据库进行查询。

利用可视化数据管理器构造 SQL 语句的操作步骤如下。

① 打开对应的数据库。

② 选择"实用程序"菜单中的"查询生成器(Q)..."选项，系统弹出"查询生成器"对话框，如图 15.9 所示。在这个对话框中输入查询条件。在这个对话框中可以输入非常复杂的查询条件，条件输入完成后系统自动将其转换为 SQL 语句。

③ 单击"运行"按钮可以立即用这个 SQL 条件查询数据。

④ 单击"显示"按钮可以显示转换为 SQL 语句后的查询语句，如图 15.10 所示。

⑤ 单击"复制"按钮可以将 SQL 语句复制到"SQL 语句"窗口中。

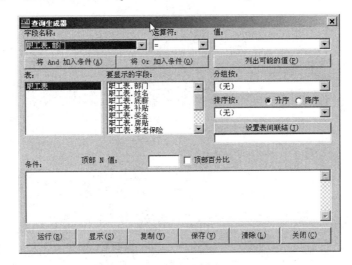

图 15.9 "查询生成器"对话框

图 15.10 SQL 查询语句

⑥ 单击"保存"按钮可以将 SQL 语句保存到系统中备用。

⑦ 单击"清除"按钮将清除现有的 SQL 语句。

6. 利用可视化数据管理器进行数据库应用程序设计

利用可视化数据管理器可以用最短的时间设计出满意的数据库应用程序。设计数据库应用程序的步骤如下。

① 打开数据库。

② 选择"实用程序"菜单中的"数据窗体设计器(F)..."选项，系统弹出"数据窗体设计器"对话框，如图 15.11 所示。

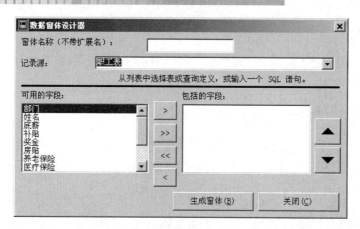

图 15.11　"数据窗体设计器"对话框

③ 输入窗体的名称，如"职工基本情况"；选择记录源数据表，如"职工表"；选择显示的字段，如"部门""姓名""底薪"等。

④ 单击"生成窗体"按钮，将在工程中生成一个"职工基本情况"的窗体。窗体中对应的程序代码已经自动生成，可以直接运行该数据库管理程序，也可以对界面或内容进行适当的修改，完成自己需要的操作。

经过以上 4 步，就建立了一个简单实用的数据库管理程序，可根据需要编写程序代码。

15.4　使用 Data 控件

15.3 节讲解了利用可视化数据管理器进行数据库应用程序设计的方法，但是这样设计程序总感到有些死板，使用 Data 控件可以更加灵活地进行数据库设计。Data 控件具有可以链接数据库的特性，在使用 Data 控件编程过程中，大部分数据访问操作是系统自动完成的，不用编写代码。与 Data 控件相连接的数据觉察控件自动显示来自当前记录的信息。

1. Data 控件的功能

标准数据库主要包括：Microsoft Access、Btrieve、dBASE、Microsoft FoxPro 和 Paradox 等。Data 控件通过 Microsoft Jet 数据库引擎实现数据访问，该技术能实现对许多标准数据库格式的访问。Data 控件也可向访问数据库一样，实现对 Microsoft Excel、Lotus 1-2-3 和标准 ASCII 文本文件的访问。此外，Data 控件还可以通过 ODBC 访问和操作 Microsoft SQL 服务器、Oracle、Informix 等远程的开放式数据库。

2. Data 控件的外观

Data 控件在窗体和工具箱中的外观如图 15.12 所示，界面上共有 4 个按钮，用于完成移动数据库记录的功能，从左至右依次为："移动到第一条记录""移动到前一条记录""移动到后一条记录""移动到最后一条记录"。

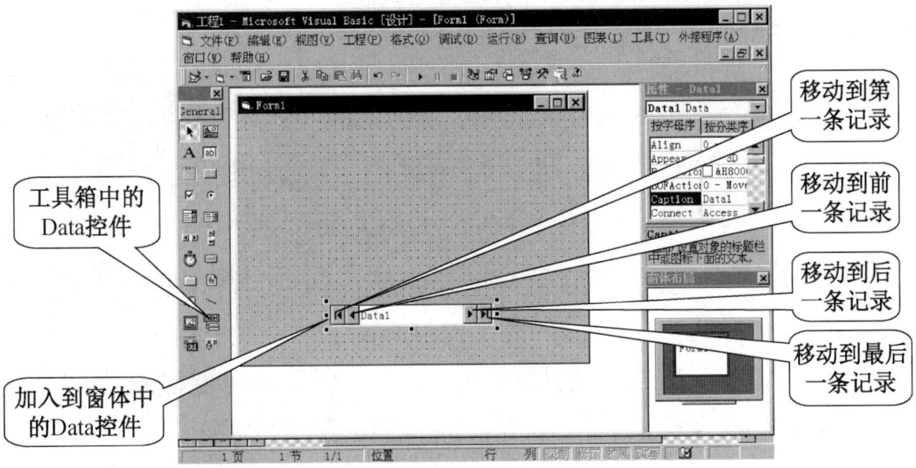

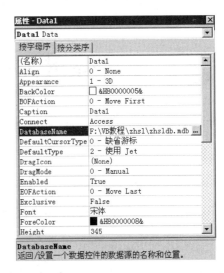

图 15.12　Data 控件在窗体和工具箱中的外观

3．Data 控件的使用方法

与其他 Visual Basic 控件一样，要使用 Data 控件，必须首先在窗体中添加 Data 控件。可根据需要在窗体中随意地创建多个 Data 控件。不过按照规则，对每个要操纵的数据库表使用一个 Data 控件为宜。

利用 Data 控件创建简单的数据库应用程序的步骤如下。

① 把 Data 控件添加到窗体中。

② 设置其属性，以指明要从哪个数据库和表中获取信息。

③ 添加各种绑定控件（如各种文本框、列表框和"绑定"到 Data 控件的其他控件）。

④ 设置绑定控件的属性，以指明要显示的数据源和数据字段。当运行应用程序时，这些数据绑定控件会自动地显示出数据库当前记录的各个字段。

4．设置 Data 控件的常用属性

使用 Data 控件，至少需要设置 DatabaseName 和 RecordSource 两个属性。一旦设置 DatabaseName 属性，Visual Basic 将检索该数据库里所有数据库表的名称，并将其显示在 RecordSource 属性的下拉列表框里。例如，在窗体中增加一个 Data 控件 Data1 并在其 DatabaseName 属性中输入或选择"F:\VB 教程\zhsl\zhsldb.mdb"，则 RecordSource 属性框将变成一个下拉列表框，其中就有该数据库所包含的"职工表"，如图 15.13 所示。

DatabaseName 和 RecordSource 属性设置完成后，Data 控件就可以控制和使用数据库了。

图 15.13　Data 控件"属性"对话框

5．利用 TextBox 显示数据库中的内容

TextBox 框可以绑定到 Data 控件上，用于显示数据库中的内容。要使用 TextBox 框显示数据库的内容必须设置 DataSource 和 DataField 两个属性。由于一个窗体中可以放置多个 Data 控件，DataSource 属性用于设置将 TextBox 绑定到哪个 Data 控件上。由于 Data 控件中已经设置了打开的数据库和表的名称，所以 DataField 属性用于选择通过 Data 控件打开的数据库表中的字段。

设置 TextBox 框的 DataSource 属性后，DataField 属性将可能显示成一个下拉列表框。例如，将 DataSource 属性设置为 Data1，则 DataField 属性将变成一个下拉式列表框，在列表中显示的是 Data1 所打开的"职工表"中的所有字段，如图 15.14 所示。

DataSource、DataField 属性设置完成后，运行程序就可以用 TextBox 框访问数据库了，如图 15.15 所示。

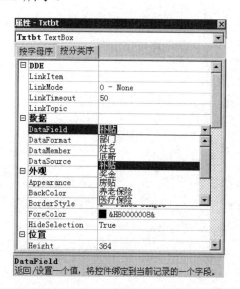

图 15.14　文本框控件的"属性"对话框

图 15.15　通过文本框访问数据库

15.5　使用 ADO Data 控件

ADO 是为 Microsoft 最新和最强大的数据访问范例 OLE DB 而设计的，是一个便于使用的应用程序层接口。OLE DB 为关系和非关系数据库、电子邮件和文件系统、文本和图形、自定义业务对象等一切数据源提供了高性能的访问。

1．在工具箱中加入 ADO Data 控件

ADO Data 控件不属于 Visual Basic 工具箱（Toolbox）的常规标准控件，因此首次安装 Visual Basic 后，在工具箱中找不到 ADO data 控件。在工具箱中加入 ADO Data 控件的具体步骤如下。

① 从"工程"（Project）菜单中选择"部件"（Components）选项，此时，将弹出一个用来选择安装组件的窗口。

② 在"部件"窗口的"控件"（Controls）组中选中"Microsoft ADO Data Control 6.0（OLEDB）"选项。

③ 单击"确定"按钮，ADO Data 将被加入工具箱中，其在工具箱中的标识为 Adodc，外观如图 15.16 所示。

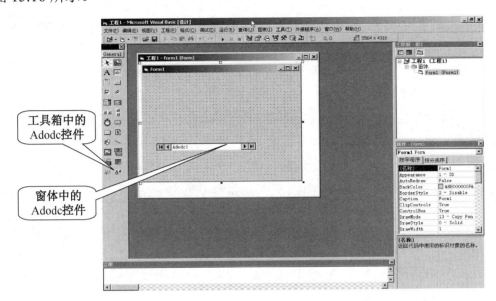

图 15.16　ADO Data 控件在工具箱中的外观

2. ADO Data 控件的使用方法

ADO Data 控件的用法分为在设计时和在程序中控制两部分。

（1）利用 ADO Data 控件创建前端数据库应用程序

① 将 ADO Data 控件添加到窗体中。

② 在窗体中单击 ADO Data 控件。

③ 在"属性"对话框中单击"ConnectionString"显示"属性页"对话框，如图 15.17 所示。

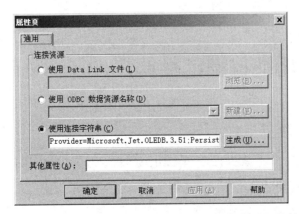

图 15.17　ConnectionString 属性的"属性页"对话框

➢ 如果选择"使用 Data Link 文件"单选项，并单击"浏览"按钮，可以在计算机中查找已经创建的 Microsoft 数据链接文件 (.UDL)。

➢ 如果选择"使用 ODBC 数据源名"单选项，并单击"新建"按钮，可以创建一个新数据源。

➢ 如果选择"使用连接字符串"，可以创建一个连接字符串，单击"生成"按钮，屏幕上将弹出"数据链接属性"对话框，在该对话框中选择或输入数据库名称，即可创建一个连接字符串。在创建连接字符串后，单击"确定"按钮。ConnectionString 属性的格式如下。

```
driver={SQL Server};server=bigsmile;uid=sa;pwd=pwd;database=pubs
```

④ 在"属性"窗口中，将"记录源"属性设置为一个 SQL 语句。示例如下。

```
SELECT * FROM Titles WHERE 部门 = 办公室;
```

⑤ 在窗体上添加用于显示数据库信息的数据绑定控件，并将其"数据源"属性设为 ADO Data 控件的名称，这样就可以将数据绑定控件和 ADO Data 控件绑定在一起。

⑥ 在数据绑定控件"属性"窗口中的"数据字段"属性的下拉列表中，单击所要显示的字段的名称。

⑦ 对希望访问的其他每个字段重复步骤④～⑥。

⑧ 运行该应用程序。通过 ADO Data 控件的 4 个箭头按钮可以访问数据库。

（2）对 ADO Data 控件的属性进行设置

通常情况下，在程序中可以通过代码对 ConnectionString、Source、DataSource 及 DataField 属性进行设置。例如，通过下面的代码可以对这 4 个属性进行设置。

```
Private Sub Form_Load()
  With ADODC1
    ConnectionString = " PROVIDER=Microsoft.Jet.OLEDB.3.51;Data Source
              =F:\zhsldb.mdb; "
     SELECT * FROM Titles WHERE 部门 = 办公室;
  End With
  Set Text1.DataSource = ADODC1
  Text1.DataField = "办公室人员情况"
End Sub
```

 ## 15.6 使用数据绑定控件

1. 数据绑定控件的概念

数据绑定控件是指具有"数据源"属性的控件。在 Visual Basic 中，有一种控件可以通过其 DataSource 和 DataField 属性绑定到数据库表和字段，这种控件被称为数据绑定控件或数据感知控件，这种特性被称为数据绑定特性。

数据绑定控件用于识别 Data 控件和 ADO Data 控件中的数据库信息,在应用程序中通过它访问数据库中的信息。当一个控件被绑定到 Data 控件时,Visual Basic 会把从当前数据库记录取出的字段值应用于该控件,并利用该控件显示和修改数据。如果在一个数据绑定控件里改变了数据,当移动到另一个记录时,这些改变会自动地写入数据库中。

2. 数据绑定控件的使用方法

在程序中使用数据绑定控件的步骤如下。

① 将数据绑定控件与 Data 控件或 ADO Data 控件添加到同一窗体中。

② 设置 DataSource 属性,指定要绑定的 Data 控件或 ADO Data 控件。

③ 设置 DataField 属性为 Data 控件或 ADO Data 控件所链接的数据库表中的一个字段。

说明 <<<

对于本地数据库,DataSource 属性设置完成后,有效字段的列表将以下拉列表框的形式显示在"属性"窗口里的"DataField"设置框中,只要选择对应的字段即可。

Data 控件或 ADO Data 控件和绑定控件都不一定要设为可视的,因此能把数据访问的能力合并到设计的窗体里,以便用 Visual Basic 代码在"后台"操纵数据。

运行程序时,Data 控件或 ADO Data 控件与数据库一起工作,以访问当前记录集或正在使用的记录集。使用 Data 控件或 ADO Data 控件的箭头按钮可在记录间移动,而用绑定控件可查看或编辑从每个字段里显示出来的数据。无论何时单击 Data 控件或 ADO Data 控件的按钮,Visual Basic 都会自动地更新对记录集所做的任何改变。

---

3. DataGrid 控件

DataGrid 控件是类似于电子表格的数据绑定控件,它可以与 ADO Data 控件绑定,用于显示一系列行和列来表示 Recordset 对象的记录和字段。使用 DataGrid 控件可以创建一个允许程序使用者查询和维护数据库的应用程序。

(1)设计时的用法

在设计时,对 DataGrid 控件的 DataSource 属性进行设置,运行时,就可以显示指定数据源的记录集。通过"属性"对话框的列、布局、颜色、字体、拆分、格式等选项卡对其所有属性进行设置。

(2)运行时的用法

在创建了一个使用设计时特性的网格后,在运行时也可以通过控制 DataSource 属性动态地更改该网格的数据源。

4. 其他常用的数据绑定控件

在 Visual Basic 中常用的数据绑定控件有文本框(TextBox)、标签(Label)、组合框(ComboBox)、列表框(ListBox)、图像框(Image)及复选框(CheckBox)等控件。

数据绑定控件的共同特点是都拥有 DataSource 属性。

15.7　创建数据库应用程序

创建数据库应用程序的步骤大致如下。

① 建立数据库。

② 建立表。

③ 通过应用程序对数据库及表内记录进行增加、修改、删除等操作。

1．数据库和表的建立

Visual Basic 提供了以下两种建立数据库的方法。

① 通过在 15.3 节介绍的"可视化数据管理器"。

② 利用数据访问对象（DAO）。

利用数据访问对象建立数据库所使用的方法是 Create Database，其用法如下。

```
Set Database=Create Database(BDName,Language,Informantion)
```

> **说明《《《**
>
> BDName 指创建的数据库的名字。
>
> Language 指数据库所使用的语言。
>
> Informantion 指生成的数据库的版本信息。

数据库建成后，可以通过"可视化数据管理器"或 Create Table 方法在数据库中建立新表，用 Append 方法在数据库中添加表，用 Delete 方法从数据库中将已有的表删除。

2．数据库常见操作

（1）在表中增加记录

在表中增加记录的步骤如下。

① 打开数据库和表。

② 调用 AddNew 方法，其格式为：对象名.AddNew。

③ 给表中各字段赋值，其格式如下。

```
数据控件名.Recordset.Fields("字段名") =值或数据控件名.Recordset!Fields("字段名") =值。
```

④ 调用 Update 方法确认所做的增加或修改，其格式如下。

```
对象名.Update。
```

（2）编辑记录

编辑表中的记录的步骤如下。

① 定位需要编辑的记录，使其成为当前记录。

② 调用 Edit 方法，其格式为：对象名.Edit。

③ 为各字段赋值。

④ 调用 Update 方法确认所做的修改。

（3）删除记录

删除表中的记录的步骤如下。

① 定位需要编辑的记录，使其成为当前记录。

② 调用方法，其格式为：对象名.Delete。

③ 移动记录指针。

（4）数据库和表的关闭

对数据库和表的操作结束后，必须关闭数据库和表，其格式为：数据库或表名.Close。

 # 15.8 数据库应用实例

在本节中将学习设计一个简单的学籍管理信息系统的方法。数据库采用 Access 数据库，在这个数据库中涉及 "学生基本情况表" "98 年成绩" 和 "99 年成绩" 3 个数据库表。程序设计完成后可以通过界面输入、修改学生的基本情况及 98 年、99 年的成绩。

1．建立数据库

在 15.3 节中介绍了利用可视化数据管理器建立数据库的方法，下面就利用可视化数据库管理器建立一个 Microsoft Access 数据库。

数据库名称：第二职业中专学籍管理库

数据库表名称：学生基本情况表

字段：

　　编号：单精度数字

　　姓名：6 位字符

　　性别：2 位字符

　　出生日期：日期/时间型

　　入学成绩：6 位字符

　　家庭住址：50 位字符

　　家长姓名：6 位字符

　　联系电话：20 位字符

数据库表名称：98 年成绩

字段：

　　编号：单精度数字

　　微机原理：10 位字符

OFFICE 使用：10 位字符

五笔字型打字：10 位字符

Visual Basic 编程：10 位字符

数据库表名称：99 年成绩

字段：

编号：单精度数字

微机原理：10 位字符

OFFICE 使用：10 位字符

五笔字型打字：10 位字符

Visual Basic 编程：10 位字符

2．建立程序菜单

利用 Visual Basic 菜单编辑器建立"班级"和"时间"两个菜单。菜单名称、内容、快捷键分别如下。

班级(&B)

职 1 班(&1)

职 2 班(&2)

职 3 班(&3)

职 4 班(&4)

职 5 班(&5)

职 6 班(&6)

时间(&t)

98 年度(&8)

99 年度(&9)

在菜单中，"班级"菜单用于完成切换班级数据库的功能，目前只建立了一个班级的数据库，如果感兴趣可以建立多个班级的数据库，用"班级"菜单进行切换。"时间"菜单用于切换同一个班级的不同考试时间，目前可以选择 98 年、99 年两个年度，同样地，也可以模仿这两个年度的数据库建立更多年度的数据库。

3．建立程序界面、设置控件的属性

根据菜单系统建立程序界面时，要注意按照：窗体→Frame 控件→Label 控件或 Data 控件→Text 控件的顺序进行，否则会给程序设计带来不必要的麻烦。例如，如果非要先设置 Text 控件属性，由于没有设置 Data 控件属性，DataSource、DataField 属性无法设置。

（1）加载窗体 Form1

增加窗体 Form1 并对其属性进行如下设置。

Caption：第二职业中专学籍管理信息系统。

（2）加载 Frame 控件

Frame1 的 Caption 属性设置为：学生基本情况。

Frame2 的 Caption 属性设置为：考试成绩。

（3）加载 Label 控件

加载 Label 控件的目的是为了显示数据库字段的名称。

在 Form1 窗体中加载"Label1"～"Label13"13 个 Label 控件，并将其 Caption 属性分别设置为姓名、性别、出生日期、入学成绩、家庭住址、家长姓名、联系电话、微机原理、Office 使用、五笔字型打字、Visual Basic 编程、总分、0.00；其中 Label12 的 Font 属性设置为"隶书""小四"；Label13 的 Font 属性设置为"宋体""Bold Italic""小五"，并"加下画线"，Borderstyle 属性设置为"1-fixed single"。

（4）加载 Data 控件

增加 Data 控件的目的是为了链接"第二职业中专学籍管理库"及其所属的 3 个数据库表。用 Data1 链接"学生基本情况表"数据库表，用 Data2 链接"98 年成绩""99 年成绩"数据库表。

① Data1 控件的属性设置。

DatabaseName：C:\VB 教材\学籍管理信息系统\第二职业中专学籍管理库.mdb

数据库属性：这个路径取决于数据库实际存放的位置。

Connect：Access

数据库类型属性：选择 Access 数据库，这个参数取决于数据库的实际类型。

RecordSource：学生基本情况表

数据源属性：用于选择数据库中的数据库表。

Caption：移动条

Font：选择"隶书"。

💡 **提示**

在"移动条"3 个字的前面要增加一些空格，以保证这 3 个字位于 Data1 控件的中间。Data1 的其他属性使用默认值，不要进行改变。

② Data2 控件的属性设置。

DatabaseName：C:\VB 教材\学籍管理信息系统\第二职业中专学籍管理库.mdb

RecordSource：98 年成绩

Visible：False（使 Data2 控件不可见）

（5）加载 Text 控件

加载 Text 控件的目的是显示数据库字段的内容。

在 Form1 窗体中加载"Text1"～"Text11"11 个 text 控件，并将其 Text 属性均设置为

空。其中，Text1～Text7 的 datasource 属性设置为 data1，datafield 属性分别设置为姓名、性别、出生日期、入学成绩、家庭住址、家长姓名、联系电话；Text8～Text11 的 datasource 属性设置为 data2，datafield 属性分别设置为微机原理、Office 使用、五笔字型打字、Visual Basic 编程。

4．编写程序代码

根据菜单系统和程序设计需要，为各个菜单项和窗体编写代码。

（1）"班级"菜单中的"职1班(&1)"单击事件处理程序

本代码用于完成切换数据库的作用，该菜单中的其他子菜单的事件处理程序与此程序类似，在此不再详细列出。程序代码如下。

```
Private Sub z1_Click()
    Dim bh
    Data1.DatabaseName = "C:\VB 教材\学籍管理信息系统\第二职业中专学籍管理
库.mdb"
    Data1.Refresh
    Data2.DatabaseName = "C:\VB 教材\学籍管理信息系统\第二职业中专学籍管理
库.mdb"
    Data2.Refresh
    bh = Data1.Recordset.Fields(编号)
    Data2.Recordset.FindFirst (bh)
    Call zf
    Label13.Caption = zf
End Sub
```

（2）"时间"菜单中的"98年度(&8)"单击事件处理程序

本代码用于完成切换数据库表的作用，代码如下。

```
Private Sub cj98_Click()
    Dim bh
    Data2.RecordSource = "98 年成绩"
    Data2.Refresh
    bh = Data1.Recordset.Fields(编号)
    Data2.Recordset.FindFirst (bh)
    Call zf
    Label13.Caption = zf
End Sub
```

（3）"时间"菜单中的"99年度(&9)"单击事件处理程序

本代码用于完成切换数据库表的作用，代码如下。

```
Private Sub cj99_Click()
    Dim bh
    Data2.RecordSource = "99 年成绩"
    Data2.Refresh
    bh = Data1.Recordset.Fields(编号)
    Data2.Recordset.FindFirst (bh)
```

```
        Call zf
        Label13.Caption = zf
End Sub
```

（4）改变 Data1 当前记录的事件处理程序

在程序运行中，Data1 当前记录发生变化后，Data2 要同时发生变化，这样才能将"基本情况表"中的学生基本情况与"成绩表"中相应编号学生的成绩对应起来。同时，当前记录改变后总分也要发生变化，这就要求在这个事件处理程序中还要计算学生成绩的总分。程序如下。

```
Private Sub Data1_Reposition()
        Dim bh
        bh = Data1.Recordset.Fields(编号)
        Data2.Recordset.FindFirst (bh)
        Call zf
        Label13.Caption = zf
End Sub
```

（5）计算总分的程序

由于当前记录变化、改变数据库、改变表都要重新计算总分，把总分定义成一个通用过程，同时定义一个公共变量（zf）用于在事件处理程序之间传递总分的值。程序代码如下。

```
Public zf
Sub zf()
        zf = Data2.Recordset.Fields("微机原理") +
                Data2.Recordset.Fields("office 使用")+" "&_
                Data2.Recordset.Fields("五笔字型打字") +
                Data2.Recordset.Fields("Vb 编程")
End Sub
```

5. 程序运行

程序运行后可以通过菜单选择班级、时间，查询、修改学生的基本情况、考试成绩等。可以通过 Data 控件提供的移动条向前、向后移动记录。程序界面如图 15.18 所示。

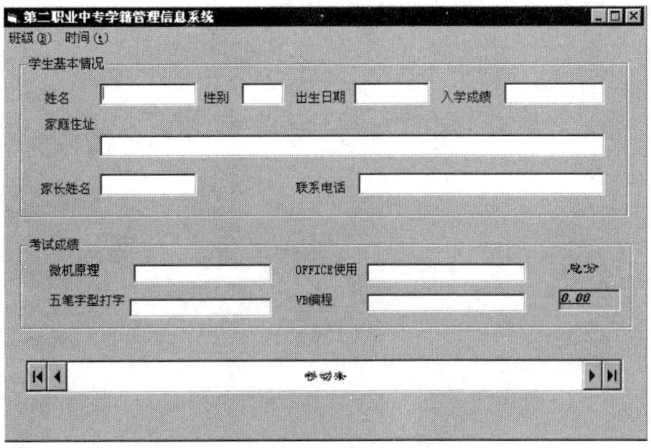

图 15.18 程序界面

习题 15

1．填空题

（1）关系数据模型是将数据库的逻辑结构归结为满足一定条件的_____的形式，并使用关系代数和关系运算作为数据操纵语言。

（2）数据库是在一个环境中定义的一些关于某个特定目的或主题的_____的集合。一个数据库中可以包含_____。

（3）无论数据库的复杂与否，在一个数据库中，字段类型主要包括_____型、_____型、_____型、_____型和_____型。

（4）Visual Basic 提供了_____、_____、_____3 种与 Jet 数据库引擎接口的方法。

（5）利用可视化数据管理器（VisData）工具，可以完成新建、修改、维护数据库、_____和_____的功能，并可以对数据库中的内容进行_____和_____。

（6）Data 控件的 DatabaseName 用于设置_____；RecordSource 用于设置_____。

（7）如果想要将 TextBox 框绑定到 Data 控件上，需要设置 _____、_____两个属性。

（8）常用的数据绑定控件主要有_____、_____、_____、_____、_____、_____等。

（9）从逻辑上看，Visual Basic 数据库应用程序由_____、_____、_____3 个部分构成。

（10）SQL 是指_____。

2．简答题

（1）简述利用可视化数据管理器设计数据库应用程序的过程。

（2）简述在程序中使用数据绑定控件的方法。

（3）简述访问 Microsoft Access、Microsoft FoxPro、Paradox 等数据库与访问 Microsoft SQL Server、Oracle、Informix 等数据库的异同。

（4）简述在设计时，利用 ADO Data 控件创建前端数据库应用程序的步骤。

（5）简述在表中增加、编辑、删除记录的步骤和方法。

第 16 章
报表设计器

本章要点

本章主要讲解通过报表设计器生成和编辑报表的方法。

学习目标

1. 了解报表设计器的启动方法。
2. 理解报表设计器的功能。
3. 掌握通过报表设计器建立和编辑报表的方法。

16.1 启动报表设计器

1．报表设计器概述

第 15 章介绍了数据库的链接与应用，设计简单的数据管理信息系统程序可以完成数据的录入、维护等功能，这里将介绍如何利用 Crystal Reports 报表设计器将数据库中的内容以非常美观的形式打印输出，是为 Visual Basic 开发的可视化报表设计器。通过这个报表设计器，程序设计人员不必编写复杂的程序就可以轻松地设计出简单、实用的报表程序，将数据库中存储的内容轻而易举地打印输出。

2．启动报表设计器

由于报表设计器是一个独立的程序，可以通过下面两种方法启动报表设计器。

① 在"开始"菜单中选择"Crystal Reports"选项，可以直接运行报表设计器程序。

② 在 Visual Basic 的主界面中选择"外接程序"菜单中的"报表设计器"选项，也可以启动报表设计器程序。

Crystal Reports 报表设计器程序运行后的主界面如图 16.1 所示。

16.2　建立一个简单的报表文件

在本节中，首先用 Crystal Reports 报表设计器建立一个简单的报表文件。通过这个简单的示例，会觉得使用 Crystal Reports 报表设计器是一件很简单的事情。下面将介绍如何利用 Crystal Reports 报表设计器为在第 15 章中建立的学籍管理数据库建立一个学生基本情况报表。

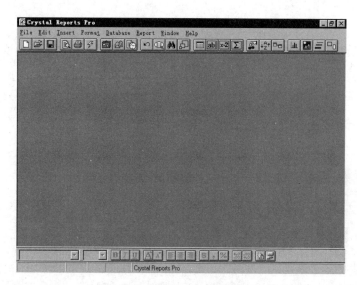

图 16.1　报表设计器主界面

1. 选择报表类型

在 Crystal Reports 报表设计器主界面上单击"新建"图标 📄，将弹出选择报表类型对话框，如图 16.2 所示。Crystal Reports 报表设计器可以设计 8 种类型的报表，现在来建立一个标准报表，在选择报表类型对话框中选择"Standard"报表（标准）按钮，进入下一个界面。

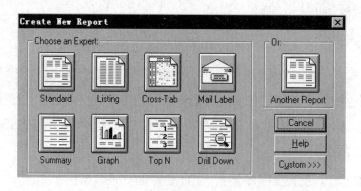

图 16.2　选择报表类型对话框

2. 报表生成专家

在选择报表类型对话框中选择一种报表类型进入报表生成专家对话框，如图 16.3 所示。

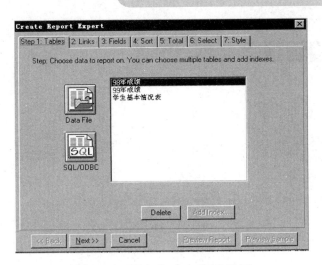

图 16.3　报表生成专家对话框

生成标准报表需要以下 7 个步骤。

① 选择数据库文件或通过 SQL/ODBC 选择远程的数据库。

② 显示数据库表之间的链接关系。

③ 从数据库表中选择需要建立报表文件的字段。

④ 选择排序和分组的字段。

⑤ 选择汇总的方式。

⑥ 选择增加一个过滤条件，在生成报表时从数据库中选择符合条件的记录。

⑦ 选择报表的风格。

在以上 7 个步骤中，步骤④～步骤⑦均可以省略，步骤③完成后就可以直接生成报表文件了。

3．报表设计

步骤③完成后，Crystal Reports 报表设计器生成一个默认格式的报表文件，单击"Preview Report"（预览报表）按钮就可以进入报表编辑界面，如图 16.4 所示。程序设计人员可以在这个界面上编辑报表的格式，编辑完成后，可以将报表文件存储起来，其扩展名为.rpt。

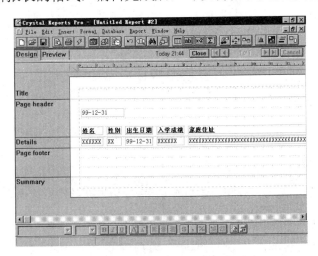

图 16.4　报表编辑界面

16.3　编辑报表文件

1．报表文件编辑界面

报表文件编辑界面主要包括以下内容。

① 最上面是菜单，用于选择相应的命令。

② 菜单的下面是工具按钮，用于选择一些常用的命令。

③ 工具按钮的下面有两个标签，左边的标签用于设计报表的格式，右边的标签用于预览报表的设计结果。

④ 位于界面下部的工具条用于设置菜单上的字体和字号等。

2．表体的组成

报表文件的表体是报表最重要的部分，它由以下 5 部分组成，如图 16.5 所示。

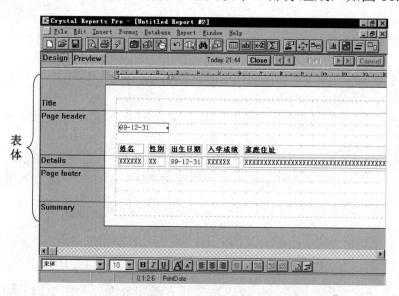

图 16.5　表体的组成

① Title：页面标题。

② Page header：表格标题。用于设置表格标题的文字部分。

③ Details：表格明细。用于设置表格中数据库字段部分。

④ Page footer：表格中的页脚。

⑤ Summary：表格摘要。

3．调整报表文件格式的方法

系统自动生成报表格式后，程序设计人员也可以根据需要对其格式进行适当地调整。调整报表文件格式的方法非常简单，只要用鼠标将有关字段拖动到相应的位置即可。例如，可以通过拖动的方式将"性别""出生日期"交换位置等。

选中一个或多个字段可以分别设置它们的字体、字号等。

16.4　报表字段的类型

1．Database Field（数据库字段）

数据库字段用于链接数据库中的内容。Details（表格明细）部分的内容一般为数据库字段。数据库字段的特点是随数据库内容的变化而变化。

在表体中增加一个新的数据库字段的方法是：选择"Insert"（插入）菜单的"Database fields..."（数据库字段）选项，系统将弹出一个对话框，显示全部数据库表中的字段，如图 16.6 所示。从中选择需要的数据库字段，单击"Insert"（插入）按钮即可。

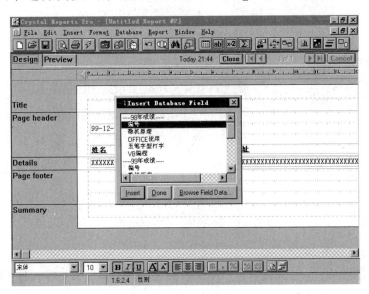

图 16.6　显示数据库表中的字段

2．Text Field（文本字段）

文本字段用于在表格上显示一段文字，它并不随数据库内容的变化而变化。常用于设置表格标题、页面标题等。

在表体上新增一个文本字段的方法是：选择"Insert"（插入）菜单的"Text Field..."（文本字段）选项，系统将弹出一个对话框，如图 16.7 所示。在这个对话框中输入需要的文字，单击"Accept"（接受）按钮即可。

3．Formula Field（公式字段）

公式字段用于在表格上增加一个公式字段。例如，对某一字段求和、求平均值、求最大值、求最小值等。公式字段是 Crystal Reports 报表设计器 4 种字段中功能最强大、使用最灵活的一种字段。

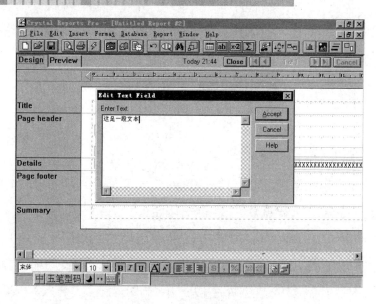

图 16.7 文本字段编辑对话框

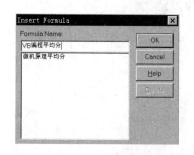

图 16.8 插入公式字段对话框

（1）增加一个公式字段

在 Crystal Reports 报表设计器主菜单上选择"Insert"（插入）菜单的 "Formula Fields"（公式字段）选项，系统将弹出一个插入公式字段对话框，如图 16.8 所示。这个对话框分为两个部分，上面部分用于输入新建公式字段的名称（如 VB 编程平均分），下面部分用于显示已有公式字段的名称（如微机原理平均分）。这个对话框有 3 个功能：一是输入新建公式字段的名称，二是选择现有的公式字段插入报表中，三是删除没用的公式字段。

在插入公式字段对话框的上半部分输入新建公式字段的名称"VB 编程平均分"，单击"OK"按钮进入编辑公式字段对话框，如图 16.9 所示。

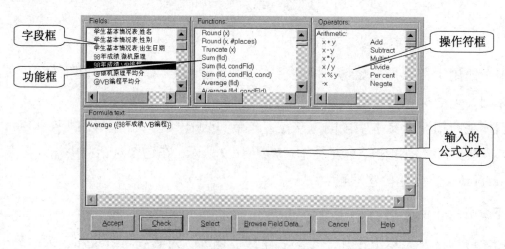

图 16.9 编辑公式对话框

编辑公式字段对话框包括以下 5 个部分。

① 数据库中的字段框：在这个框中可以选择数据库中的字段。

② 功能框：在这个框中可以选择对应的公式，如求和、求平均值等。

③ 操作符框：在这个框中可以选择算术、逻辑、比较等运算符。

④ 输入的公式文本：可以用选择、手工输入等方式输入公式文本。

⑤ 有关按钮自左至右如下所示。

➤ Accept（接受）：接受当前输入的公式，单击这个按钮后，将结束编辑公式字段状态返回编辑报表状态。

➤ Check（检查）：检查当前输入公式的正确性。如果输入的公式正确，系统将弹出一个消息框，显示"No Error!"。

➤ Select（选择）：选择当前的字段、公式或操作符。选择字段、公式或操作符有两种方法：一是首先单击相应的字段、公式或操作符，再单击"Select"按钮；二是双击相应的字段、公式或操作符。

➤ Browse Field Data...（查看字段数据）：查看选中字段的数据内容。

➤ Cancel（取消）：不编辑公式字段直接退出。

➤ Help（帮助）：显示帮助菜单。

（2）主要公式

表 16.1 列出了 Crystal Reports 报表设计器公式字段中的主要公式及功能。

表 16.1　Crystal Reports 报表设计器公式字段中的主要公式及功能

公　式	功　能	公　式	功　能
Remainder (分子,分母)	取除法的余数	Abs ( )	求绝对值
Round ( )	四舍五入	Round (,)	按位四舍五入
Truncate ( )	截去小数位	Sum ( )	求和
Average ( )	求平均值	Maximum ( )	求最大值
Minimum ( )	求最小值	Count ( )	计数
DistinctCount ( )	计数（不计重复值）	Length ( )	字符串长度
TrimLeft ( )	删除字符串左空格	TrimRight ( )	删除字符串右空格
ReplicateString (a,b)	将字符串 a 打印 b 次	UpperCase ( )	将字符串变为大写
LowerCase ( )	将字符串变为小写	NumericText ( )	测试字段中是否含有数字
ToNumber ( )	转换为数字	ToText ( )	转换为字符
Date (,,)	转换日期	Year ( )	取日期中的年
Day ( )	取日期中的日	Month ( )	取日期中的月
Today	今天的日期		

（3）主要操作符

表 16.2 列出了 Crystal Reports 报表设计器公式字段中的主要操作符及功能。

表 16.2　Crystal Reports 报表设计器公式字段中的主要操作符及功能

操 作 符	功　　能	操 作 符	功　　能
Add	加	Subtract	减
Multiply	乘	Divide	除
Per cent	百分比	Negate	取反
Equal	等于	Not Equal	不等于
Less than	小于	Greater than	大于
Less or Equal than	小于等于	Greater or Equal than	大于等于
And	与	Or	或
Not	非		

4．Special Field（特殊字段）

特殊字段有以下 4 种类型。

① Page Number Field：页码。用于在表体中增加一个可随页数自动变化的页码。

② Record Number Field：记录号。用于在表体中增加一个数据库表中的物理记录号。

③ Group Number Field：分组号。用于在表体中增加一个分组的组号。

④ Print Date Field：日期。在表体中增加一个日期域，用于显示打印表格时的系统日期。

16.5　Crystal Report 控件

在 Visual Basic 中可以通过控件的方法调用 Crystal Report 报表设计器设计的报表文件(*.rep)。在程序中使用 Crystal Report 控件非常简单，只要设置以下几个简单的属性就可以了。

① ReportFileName：用 Crystal Report 报表设计器设计的报表文件名。

② Destination：报表文件的输出设备。

0：表示屏幕。

1：表示打印机。

2：表示文件。

③ PrintFileName：打印文件名。如果 Destination=2，则要设置打印文件名属性，否则不用设置。

④ Action: Action =1 时开始通过 Destination 属性指定的输出设备进行打印输出。

设计 Visual Basic 程序时，一般情况下，在"打印"按钮的"单击"事件处理过程中将 Crystal Report 控件的 Action 属性设置成"1"。这样单击"打印"按钮后就可以打印文件了。

习题 16

1．填空题

（1）报表文件的表体由_____、_____、_____、_____、_____5个部分构成，其中_____用于设计表格中数据库字段部分。

（2）Crystal Reports 报表字段主要有_____、_____、_____、_____4种类型。其中_____字段用于链接数据库中的内容，_____字段用于在表格上显示一段固定的文字。如果想要对数据库中的字段进行求和、求平均值等操作，可以使用_____字段。

（3）想要在 Crystal Reports 报表中增加一个文本字段应首先选择_____菜单，然后再选择_____菜单，输入想要增加的文字即可。

（4）编辑公式字段对话框中，按钮"Browse Field Data"的含义是_____。

（5）在 Crystal Reports 报表中如果想四舍五入应使用_____公式；如果想求绝对值应使用_____公式；如果想求和应使用_____公式；如果想求最大值应使用_____公式。

2．简答题

（1）简述 Crystal Reports 报表设计器的主要功能。

（2）使用"报表生成专家"设计报表需要哪几步？设计任何一个报表时是否每一步都是必需的？为什么？

（3）简述在 Visual Basic 中将 Crystal Report 报表设计器设计的报表文件作为控件调用的方法。

第 17 章
Visual Basic 综合应用程序举例

本章要点

本章主要通过一个综合实例将本书前面各章节所讲述的内容进行综合使用。

学习目标

1. 了解 Visual Basic 综合应用程序的构建方法和基本框架。
2. 理解如何综合利用前面各章节所讲述的知识和内容。
3. 掌握 Visual Basic 综合应用程序的开发方法和技巧。

利用 Visual Basic 开发综合应用程序主要涉及建立数据库、建立标准模块、建立程序界面并设置属性、编写代码、调试和运行程序等环节。这些知识在前面各章节都分别进行了介绍。

在本章中，将开发一个简单的"职工工资管理系统"。数据库采用 Access 数据库，为简便起见，在这个数据库中只涉及一个表——"职工表"。程序设计完成后可以通过界面输入、修改、删除、查询、统计职工的工资情况。系统主界面如图 17.1 所示。

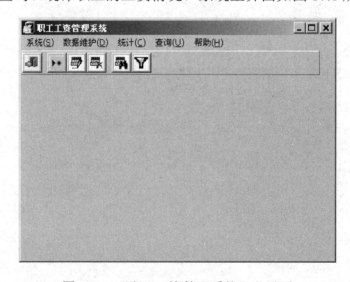

图 17.1 "职工工资管理系统"主界面

17.1 建立数据库

建立数据库前，应先对数据进行分析，包括类型、长度等，然后开始着手建立数据库。这里利用 15.3 节中介绍的"可视化数据管理器"建立数据库。

① 数据库类别：Microsoft Access 数据库。

② 数据库名称：zhsldb。

③ 数据库表名称：职工表。

④ 字段名称、长度、数据类型及有关限定条件如下。

部门，10 位，字符型。

姓名，6 位，字符型。

底薪，4 位，单精度数字，大于 0。

补贴，4 位，单精度数字，大于等于 0。

奖金，4 位，单精度数字，大于等于 0。

养老保险，4 位，单精度数字，大于等于 0。

医疗保险，4 位，单精度数字，大于等于 0。

住房公积金，4 位，单精度数字，大于等于 0。

应发，4 位，单精度数字，大于等于 0。

实发，4 位，单精度数字，大于等于 0。

所得税，4 位，单精度数字，大于等于 0。

⑤ 索引字段：姓名。

17.2 建立标准模块

① 添加标准模块 gzglxtbas。

② 为该模块编写如下代码。

```
Public rt As Recordset          '定义数据库变量
Public bm, xm As String         '定义表变量
Public dx,bt,jj,ft,ylbx,ylbxj,zfgjj,yf,sds,sf,js As Single
                                '定义其他变量


Sub Main()                      '显示登录窗口
    frm登录.Show
End Sub
Public Sub counttax()           '定义过程，用于计算所得税
    js = yf - 800
    Select Case js
```

```
        Case Is <= 0                    '应发工资少于 800 元，所得税为 0
            sds = 0
        Case 1 To 500                   '应发工资在 801~1300 元
            sds = js * 0.05
        Case 501 To 2000                '应发工资在 1301~2800 元
            sds = 500 * 0.05 + (js - 500) * 0.1
        Case 2001 To 5000               '应发工资在 2801~5800 元
            sds = 500 * 0.05 + 1500 * 0.1 + (js - 2000) * 0.15
        Case Is > 5000                  '应发工资大于 5801
            sds = 500 * 0.05 + 1500 * 0.1 + 3000 * 0.15 + (js - 5000) * 0.2
    End Select
End Sub
```

 ## 17.3 建立程序界面、编写程序代码

建立程序界面时，通常需要建立主界面窗体，然后利用"菜单编辑器"建立主菜单系统，之后利用工具条控件建立工具条，最后根据菜单选项的需要分别建立各窗体和对话框。

1. 建立系统登录窗体

图 17.2 "登录"窗体

建立系统登录窗体，如图 17.2 所示。

（1）加载窗体和控件并设置属性

窗体 Frm 登录的 Caption 属性为"登录"；ControlBox 属性为"false"。

标签 lblUserName 的 Caption 属性为"用户名："。

标签 lblPassword 的 Caption 属性为"密码："。

文本框 txtUserName 和 txtPassword 的 Caption 属性均为""。

命令按钮 cmdOK 的 Caption 属性为"确定"。

命令按钮 cmdCancel 的 Caption 属性为"取消"。

（2）编写代码

```
Private Sub cmdOK_Click()
    If txtPassword = "" Then      '单击"确定"按钮，则检查密码正确与否
        Unload Me                 '如果密码正确，则卸载"登录"窗口，并显示"开始"窗口
        frm开始.Show
    Else
        MsgBox "无效的密码，请重试!",,"登录"
                        '如果密码不正确，则弹出提示对话框
        txtPassword.SetFocus
    End If
End Sub
```

```
Private Sub CmdCancel_Click()
    Unload Me        '单击"取消"按钮,则卸载"登录"窗口,并退出程序
    End
End Sub
```

2. 建立系统主界面

（1）加载窗体 Frm 并设置属性

Caption 属性为"职工工资管理系统"。

Icon 属性为"（选择图标的路径和名称）"。

WindowState 属性为"2-Maximized"。

（2）建立主菜单系统

该程序的主菜单系统各菜单项及其选项的具体设置见表 17.1。

表 17.1　程序主菜单选项设置一览表

菜单项标题名	菜 单 级 别	Name 属性
系统（&S）	标题	Mnusys
退出（&Q）	一级	Mnusysquit
数据维护（&D）	标题	Mnudata
增加	一级	Mnudataadd
修改		Mnudatamodify
删除		Mnudatadelete
统计（&C）	标题	Mnucount
按部门	一级	Mnucountsection
职工人数	二级	Mnucountsectionemp
平均工资		Mnucountsectionave
工资总额		Mnucountsectionsum
按全体	一级	Mnucountall
职工人数	二级	Mnucountallemp
平均工资		Mnucountallave
工资总额		Mnucountallsum
查询（&Q）	标题	Mnuquery
按姓名	一级	Mnuqueryname
按部门		Mnuquerydepart
帮助（&H）	标题	Mnuhelp
关于	一级	Mnuhelpabout

（3）建立工具条

① 加载图像列表控件 ImageList1，并对其属性进行设置，插入如图 17.1 所示的工具条按钮图片。

② 加载工具条控件 Toolbar1。

③ 建立与 ImageList1 的关联关系。

④ 插入如图 17.1 所示的工具条按钮，并对其属性进行设置，各工具按钮的具体设置见表 17.2。

表 17.2　各工具按钮设置一览表

索　引	样　式	工具提示文本	图　像
1	0-tbrDefault	退出	6
2	3-Separator		
3	0-tbrDefault	增加	1
4	0-tbrDefault	修改	2
5	0-tbrDefault	删除	3
6	3-Separator		
7	0-tbrDefault	按姓名查询	4
8	0-tbrDefault	按部门查询	5

（4）编写代码

```
Dim btns As Integer                         '变量声明

Private Sub Form_Load()
    Set db = OpenDatabase("F:\VB教程\zhsl\zhsldb.mdb")
                                '定义将打开的数据库和表
    Set rt = db.OpenRecordset("职工表")
    If rt.RecordCount = 0 Then
                        '如果表为空,将只能进行"增加""退出"和"帮助"操作
        MnuDataModify.Enabled = False
        MnuDataDelete.Enabled = False
        MnuCount.Enabled = False
        MnuQuery.Enabled = False          '删除相关工具按钮
        btns = 8
        Do While btns > 3
            Frm开始.Toolbar1.Buttons.Remove (btns)
            btns = btns - 1
        Loop
    End If
End Sub


Private Sub Toolbar1_ButtonClick(ByVal Button As MSComctlLib.Button)
                    '通过"索引"(Index)属性来定义工具按钮的单击事件
    Select Case Button.Index
        Case Is = 1
            rt.Close
```

```
            db.Close
            End
        Case Is = 3
            Frm增加.Show
        Case Is = 4
            Frm修改.Show
        Case Is = 5
            Frm删除.Show
        Case Is = 7
            Frm姓名查询.Show
        Case Is = 8
            Frm部门查询.Show
    End Select
End Sub


Private Sub MnuSysQuit_Click()          '系统-退出菜单项
    rt.Close                            '关闭数据库和表，结束程序运行
    db.Close
    End
End Sub


Private Sub MnuDataAdd_Click()          '数据维护-增加菜单项
    Frm增加.Show
End Sub
Private Sub MnuDataDelete_Click()       '数据维护-删除菜单项
    Frm删除.Show
End Sub
Private Sub MnuDataModify_Click()       '数据维护-修改菜单项
    Frm修改.Show
End Sub


Private Sub MnuCountSectionAve_Click()          '统计-按部门-平均工资菜单项
    Frm部门平均工资.Show
End Sub


Private Sub MnuCountSectionEmp_Click()          '统计-按部门-职工人数菜单项
    Frm统计部门人数.Show
End Sub


Private Sub MnuCountSectionSum_Click()          '统计-按部门-工资总额菜单项
    Frm部门工资总数.Show

End Sub
```

```
Private Sub MnuCountAllAve_Click()          '统计-按全体-平均工资菜单项
    Frm统计平均工资.Show
End Sub
Private Sub MnuCountAllEmp_Click()          '统计-按全体-职工人数菜单项
    Frm统计人数.Show

End Sub
Private Sub MnuCountAllSum_Click()          '统计-按全体-工资总额菜单项
    Frm统计工资总数.Show
End Sub

Private Sub MnuQueryName_Click()            '查询-按姓名菜单项
    Frm姓名查询.Show
End Sub
Private Sub MnuQueryDepart_Click()          '查询-按部门菜单项
    Frm部门查询.Show
End Sub

Private Sub MnuHelpAbout_Click()            '帮助-关于菜单项
    Frm关于.Show
End Sub
```

3. 根据各菜单选项建立各窗体界面并为其编写代码

（1）建立增加记录窗体（如图 17.3 所示）

① 加载窗体和控件，并设置属性如下。

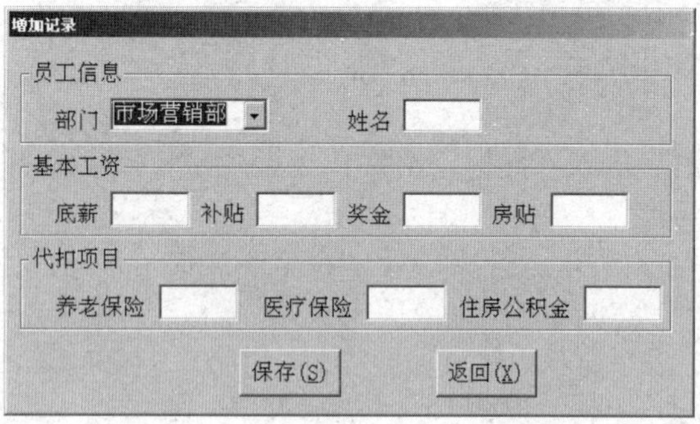

图 17.3 "增加记录"窗体

窗体 Frm 增加的 Caption 属性为"增加记录"，ControlBox 属性为"false"。

框架 frameygxx 的 Caption 属性为"员工信息"。

框架 framejbgz 的 Caption 属性为"基本工资"。

框架 framedkxm 的 Caption 属性为"代扣项目"。

标签 lbllbm 的 Caption 属性为"部门"。

标签 lblxm 的 Caption 属性为"姓名"。

标签 lbldx 的 Caption 属性为"底薪"。

标签 lblbt 的 Caption 属性为"补贴"。

标签 lbljj 的 Caption 属性为"奖金"。

标签 lblft 的 Baption 属性为"房贴"。

标签 lblylbx 的 Caption 属性为"养老保险"。

标签 lblylbxj 的 Caption 属性为 "医疗保险"。

标签 lblzfgjj 的 Caption 属性为 "住房公积金"。

组合列表框 cmbbm 的 Text 属性为 " "，List 属性为 "办公室、财务部、市场营销部、技术部、人力资源部"。

文本框 txtxm、txtdx、txtbt、txtjj、txtft、txtylbx、txtylbxj 和 txtzfgj 的 Caption 属性均为 " "。

命令按钮 cmdsave 的 Caption 属性为 "保存" (&S)。

命令按钮 cmdquit 的 Caption 属性为 "返回" (&X)。

② 编写代码如下。

```
Dim btnx As Button                      '变量声明

Private Sub txtxm_LostFocus()
    If rt.RecordCount > 0 Then          '如果表不为空，判断表内记录是否有重名
        rt.MoveFirst                    '将记录指针移到表首
        Do While Not rt.EOF             '逐条进行比较
            If Trim(rt!姓名) = Trim(txtxm.Text) Then
                                        '如果有重名，弹出提示对话框
                MsgBox "表内已有此人记录!",vbOKOnly + vbCritical,"警告"
            End If
            rt.MoveNext                 '记录指针下移
        Loop
    End If
End Sub

Private Sub cmdsave_Click()             '单击"保存"按钮
    rt.AddNew                           '新增一条记录
    bm = cmbbm.Text            '将文本框中输入的内容赋给相应变量，并进行必要的类型转换
    xm = txtxm.Text
    dx = Val(txtdx.Text)
    bt = Val(txtbt.Text)
    jj = Val(txtjj.Text)
    ft = Val(txtft.Text)
    ylbx = Val(txtylbx.Text)
    ylbxj = Val(txtylbxj.Text)
    zfgjj = Val(txtzfgjj.Text)
    yf = Val(Str(Val(txtdx.Text) + Val(txtbt.Text) + Val(txtjj.Text) +
Val(txtft.Text)))                       '计算应发工资
    Call counttax                       '计算所得税
    sf = yf - sds - ylbx - ylbxj - zfgjj    '计算实发工资
    rt!部门 = bm                        '将数据保存至表中
    rt!姓名 = xm
    rt!底薪 = dx
    rt!补贴 = bt
```

```
        rt!奖金 = jj
        rt!房贴 = ft
        rt!养老保险 = ylbx
        rt!医疗保险 = ylbxj
        rt!住房公积金 = zfgjj
        rt!应发 = yf
        rt!所得税 = sds
        rt!实发 = sf
        rt.Update

        cmbbm.Text = ""                        '清空个文本框，为下一次增加记录做准备
        txtxm.Text = ""
        txtdx.Text = ""
        txtbt.Text = ""
        txtjj.Text = ""
        txtft.Text = ""
        txtylbx.Text = ""
        txtylbxj.Text = ""
        txtzfgjj.Text = ""

        If rt.RecordCount = 1 Then
                                '如果库内已有一条记录，将相应的菜单项置为可操作状态
            Frm开始.MnuDataModify.Enabled = True
            Frm开始.MnuDataDelete.Enabled = True
            Frm开始.MnuCount.Enabled = True
            Frm开始.MnuQuery.Enabled = True
                                '将相应的工具按钮置为可操作状态
            Set btnx = Frm开始.Toolbar1.Buttons.Add(4,,,tbrDefault,2)
            btnx.ToolTipText = "修改"
            Set btnx = Frm开始.Toolbar1.Buttons.Add(5,,,tbrDefault,3)
            btnx.ToolTipText = "删除"
            Set btnx = Frm开始.Toolbar1.Buttons.Add(6,,,tbrSeparator)
            Set btnx = Frm开始.Toolbar1.Buttons.Add(7,,,tbrDefault,4)
            btnx.ToolTipText = "按姓名查询"
            Set btnx = Frm开始.Toolbar1.Buttons.Add(8,,,tbrDefault,5)
            btnx.ToolTipText = "按部门查询"
        End If
End Sub


Private Sub cmdquit_Click()  '单击"返回"按钮
    Unload Me
End Sub
```

（2）建立修改记录界面（如图 17.4 所示）

① 加载窗体和控件，并设置属性如下。

窗体 Frm 修改的 Caption 属性为"修改记录"，ControlBox 属性为"false"。

数据控件 data1 的 Caption 属性为"滚动条"，databasename 属性为"F:\VB 教程\zhsl\zhsldb.mdb"，recordsorse 属性为"职工表"。

框架 frameygxx 的 Caption 属性为"员工信息"。

框架 framejbgz 的 Caption 属性为"基本工资"。

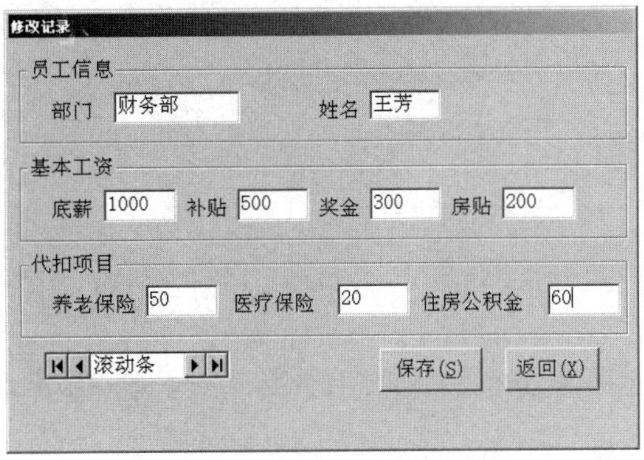

图 17.4   "修改记录"窗体

框架 framedkxm 的 Caption 属性为"代扣项目"。

标签 lblbm 的 Caption 属性为"部门"。

标签 lblxm 的 Caption 属性为"姓名"。

标签 lbldx 的 Caption 属性为"底薪"。

标签 lblbt 的 Caption 属性为"补贴"。

标签 lbljj 的 Caption 属性为"奖金"。

标签 lblft 的 Caption 属性为"房贴"。

标签 lblylbx 的 Caption 属性为"养老保险"。

标签 lblylbxj 的 Caption 属性为"医疗保险"。

标签 lblzfgjj 的 Caption 属性为"住房公积金"。

文本框 txtbm，txtxm，txtdx，txtbt，txtjj，txtft，txtylbx，txtylbxj，txtzfgjj，txtyf，txtsds 和 txtsf 的 Caption 属性均为""。

datasorse 属性均为"data1"。

Field 属性分别为"部门""姓名""底薪""补贴""奖金""房贴""养老保险""医疗保险""住房公积金""应发""所得税""实发"，除此之外，txtyf，txtsds 和 txtsf 的 Visible 属性需要设置为"false"。

命令按钮 cmdsave 的 Caption 属性为"保存(&S)"。

命令按钮 cmdquit 的 Caption 属性为"返回(&X)"。

② 编写代码如下。

```
Private Sub cmdsave_Click()        '单击"保存"按钮
    rt.Edit                        '设置表为可编辑状态
    yf = Val(txtdx.Text) + Val(txtbt.Text) + Val(txtjj.Text) +
Val(txtft.Text)                    '计算应发工资
    Call counttax                  '计算所得税
    sf = yf - Val(txtylbx.Text) - Val(txtylbxj.Text) - Val(txtzfgjj.Text)
- sds    '计算实发工资
```

```
    txtyf.Text = Str(yf)
    txtsds.Text = Str(sds)
    txtsf.Text = Str(sf)
    rt.Update                    '更新表
End Sub


Private Sub cmdquit_Click()    '单击"返回"按钮
    Unload Me
End Sub
```

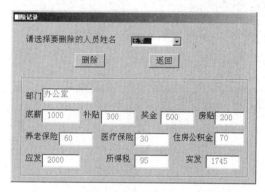

图 17.5 "删除记录"窗体

（3）建立删除记录界面（如图 17.5 所示）

① 加载窗体和控件，并设置属性如下。

窗体 Frm 删除的 Caption 属性为"删除记录"，ControlBox 属性为"false"。

数据控件 data1 的 Caption 属性为"滚动条"，databasename 属性为"F:\VB 教程\zhsl\zhsldb.mdb"，recordsorse 属性为"职工表"。

标签 lblxm 的 Caption 属性为"请选择要删除的人员姓名"。

组合列表框 cmbxm 的 Text 属性为""；datafield 属性为"姓名"。

框架 frameshow 的 Caption 属性为""。

标签 lblbm 的 Caption 属性为"部门"。

标签 lbldx 的 Caption 属性为"底薪"。

标签 lblbt 的 Caption 属性为"补贴"。

标签 lbljj 的 Caption 属性为"奖金"。

标签 lblft 的 Caption 属性为"房贴"。

标签 lblylbx 的 Caption 属性为"养老保险"。

标签 lblylbxj 的 Caption 属性为"医疗保险"。

标签 lblzfgjj 的 Caption 属性为"住房公积金"。

标签 lblyf 的 Caption 属性为"应发"。

标签 lblsds 的 Caption 属性为"所得税"。

文本框 txtbm，txtdx，txtbt，txtjj，txtft，txtylbx，txtylbxj，txtzfgjj，txtyf，txtsds 和 txtsf 的 Caption 属性均为""，datasorse 属性均为"data1"，datafield 属性分别为"部门""底薪""补贴""奖金""房贴""养老保险""医疗保险""住房公积金""应发""所得税""实发"；

命令按钮 cmddelete 的 Caption 属性为"删除"。

命令按钮 cmdquit 的 Caption 属性为"返回"。

标签 lblsf 的 Caption 属性为"实发"。

② 编写代码如下。

```vb
Dim yn As Integer                      '声明变量
Dim btns As Integer


Private Sub Form_Load()
    cmbxm.Clear                        '清空列表项
    rt.MoveFirst                       '根据表中"姓名"字段的内容,生成列表框的列表项
    Do While Not rt.EOF
        cmbxm.AddItem rt("姓名")
        rt.MoveNext
    Loop
End Sub


Private Sub cmbxm_click()
    If rt.RecordCount = 0 Then
        MsgBox "表内无记录! ",vbOKOnly + vbCritical,"警告"
                                       '如果表为空,弹出提示对话框

    Else
        rt.MoveFirst                   '如果不为空,定位到选定的记录
        rt.Index = "姓名"
        rt.Seek "=", cmbxm.Text
        If Not rt.NoMatch Then
            txtbm.Text = rt!部门        '显示相应字段内容
            txtdx.Text = Str(rt!底薪)
            txtbt = Str(rt!补贴)
            txtjj = Str(rt!奖金)
            txtft = Str(rt!房贴)
            txtylbx = Str(rt!养老保险)
            txtylbxj = Str(rt!医疗保险)
            txtzfgjj = Str(rt!住房公积金)
            txtyf = Str(rt!应发)
            txtsds = Str(rt!所得税)
            txtsf = Str(rt!实发)
        End If
    End If
End Sub


Private Sub cmddelete_Click()          '单击"删除"按钮
    If rt.RecordCount = 0 Then
        MsgBox "表内无记录! ",vbOKOnly + vbCritical,"警告"
                                       '如果表为空,弹出提示对话框
    Else
        rt.MoveFirst                   '如果不为空,弹出确认对话框
        If Len(cmbxm.Text) > 0 Then
            yn = MsgBox("是否真的删除?",vbYesNo,"删除确定")
            If yn = vbYes Then
                rt.Index = "姓名"       '如果确定要删除,定位到相应的记录
                rt.Seek "=", cmbxm.Text
```

```
            If Not rt.NoMatch Then
                rt.Delete                    '执行删除操作
            End If
            cmbxm.RemoveItem cmbxm.ListIndex      '从姓名列表中删除相应项目
            txtbm.Text = ""                  '将文本框内容清空
            txtdx.Text = ""
            txtbt.Text = ""
            txtjj.Text = ""
            txtft.Text = ""
            txtylbx.Text = ""
            txtylbxj.Text = ""
            txtzfgjj.Text = ""
            txtyf.Text = ""
            txtsds.Text = ""
            txtsf.Text = ""
        End If
      End If
    End If
End Sub


Private Sub Cmdquit_Click()           '单击"返回"按钮
    If rt.RecordCount = 0 Then
'如果表为空，将只能进行"增加""退出"和"帮助"操作
        frm开始.MnuDataModify.Enabled = False
        frm开始.MnuDataDelete.Enabled = False
        frm开始.MnuCount.Enabled = False
        frm开始.MnuQuery.Enabled = False
        btns = 8                        '删除相关工具按钮
        Do While btns > 3
          frm开始.Toolbar1.Buttons.Remove (btns)
          btns = btns - 1
        Loop
    End If
    Unload Me     '卸载窗体
End Sub
```

图 17.6 "统计部门职工人数"窗体

（4）建立统计部门职工人数界面（如图 17.6 所示）

① 加载窗体和控件，并设置属性如下。

窗体 Frm 统计部门人数 的 Caption 属性为"统计部门职工人数"，ControlBox 属性为"false"。

标签 lblbm 的 Caption 属性为"请选择部门"。

组合列表框 cmbbm 的 Text 属性为""；List 属性为"办公室、财务部、市场营销部、技术部、人力资源部"。

标签 lblzgrs 的 Caption 属性为""，Alignment 属性为"2-Center"。

命令按钮 cmdconfirm 的 Caption 属性为"确定"。

② 编写代码如下。

```
Dim bmrs As Integer              '变量声明，用于存储统计部门人数

Private Sub cmbbm_click()
    bmrs = 0                     '初始化用于存储人数的变量为0
    rt.MoveFirst
    Do While Not rt.EOF          '统计选定部门的职工人数
        If Trim(rt!部门) = Trim(cmbbm.Text) Then
            bmrs = bmrs + 1
        End If
        rt.MoveNext
    Loop
    lblzgrs.Caption = cmbbm.Text + "职工人数为:" + Str(bmrs) + "人"
                                 '显示人数
End Sub

Private Sub cmdconfirm_Click()  '单击"确定"按钮
    Unload Me
End Sub
```

（5）建立统计部门平均工资界面（如图17.7所示）

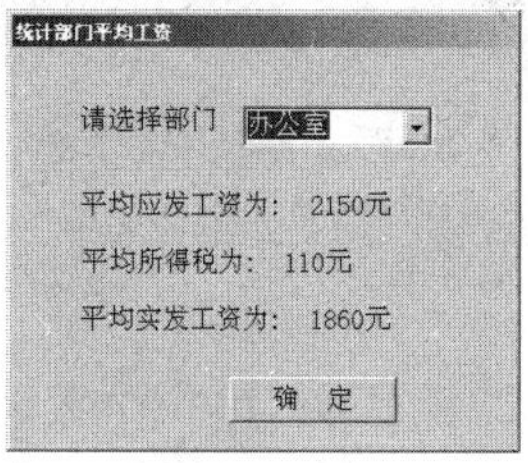

① 加载窗体和控件，并设置属性如下。

窗体 Frm 部门平均工资的 Caption 属性为"统计部门平均工资"，ControlBox 属性为"false"。

标签 lblbm 的 Caption 属性为"请选择部门"。

组合列表框 cmbbm 的 Text 属性为""，List 属性为"办公室、财务部、市场营销部、技术部、人力资源部"。

图17.7　"统计部门平均工资"窗体

标签 lblyfpj、lblsfpj 和 lblsdspj 的 Caption 属性为""，Alignment 属性为"2-Center"。

命令按钮 cmdconfirm 的 Caption 属性为"确定"。

② 编写代码如下。

```
Dim yfs, sdss, sfs As Single     '变量声明
Dim rs As Integer

Private Sub cmbbm_click()
    rs = 0                                '初始化变量
    yfs = 0
    sdss = 0
    sfs = 0
    rt.MoveFirst
    Do While Not rt.EOF
        '分别计算选定部门的人数、应发工资、所得税和实发工资的总数
        If Trim(rt!部门) = Trim(cmbbm.Text) Then
            yfs = yfs + rt!应发
```

```
        sdss = sdss + rt!所得税
        sfs = sfs + rt!实发
        rs = rs + 1
      End If
      rt.MoveNext
   Loop
   If rs > 0 Then        '如果表内存在选定部门的人员，计算并显示平均应发工资、
                         '所得税和实发工资
      lblyfpj.Caption = "平均应发工资为： " + Str(yfs / rs) + "元"
      lblsdspj.Caption = "平均所得税为： " + Str(sdss / rs) + "元"
      lblsfpj.Caption = "平均实发工资为： " + Str(sfs / rs) + "元"
   Else
      lblyfpj.Caption = ""       '如果表内不存在选定部门的人员，弹出提示对话框
      lblsdspj.Caption = ""
      lblsfpj.Caption = ""
      MsgBox "此部门无记录！",vbOKOnly + vbCritical,"警告"
   End If
End Sub


Private Sub cmdconfirm_Click()     '单击"确定"按钮
   Unload Me
End Sub
```

（6）建立统计部门职工工资总额界面（如图 17.8 所示）

① 加载窗体和控件，并设置属性如下。

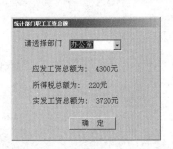

窗体 Frm 部门工资总数的 Caption 属性为"统计部门职工工资总额"，ControlBox 属性为"false"。

标签 lblbm 的 Caption 属性为"请选择部门"。

组合列表框 cmbbm 的 Text 属性为" "，List 属性为"办公室、财务部、市场营销部、技术部、人力资源部"。

图 17.8　"统计部门职工工资总额"窗体

标签 lblyfz、lblsfz 和 lblsdsz 的 Caption 属性为" "，Alignment 属性为"2-Center"。

命令按钮 cmdconfirm 的 Caption 属性为"确定"。

② 编写代码如下。

```
Dim yfs,sdss,sfs As Single        '变量声明
Dim rs As Integer


Private Sub cmbbm_click()
   rs = 0                         '初始化变量
   yfs = 0
   sdss = 0
```

```
    sfs = 0
    rt.MoveFirst
    Do While Not rt.EOF              '分别计算选定部门的人数、应发工资、所得税和
                                     '实发工资的总数
        If Trim(rt!部门) = Trim(cmbbm.Text) Then
            yfs = yfs + rt!应发
            sdss = sdss + rt!所得税
            sfs = sfs + rt!实发
            rs = rs + 1
        End If
        rt.MoveNext
    Loop
    If rs > 0 Then                   '如果表内存在选定部门的人员，计算并显示应发工资、
                                     '所得税和实发工资总额
        lblyfz.Caption = "应发工资总额为: " + Str(yfs) + "元"
        lblsdsz.Caption = "所得税总额为: " + Str(sdss) + "元"
        lblsfz.Caption = "实发工资总额为: " + Str(sfs) + "元"
    Else
        lblyfz.Caption = ""          '如果表内不存在选定部门的人员，弹出提示对话框
        lblsdsz.Caption = ""
        lblsfz.Caption = ""
        MsgBox "此部门无记录! ",vbOKOnly + vbCritical,"警告"
    End If
End Sub


Private Sub Cmdconfirm_Click()      '单击"确定"按钮
    Unload Me
End Sub
```

（7）建立统计职工总人数界面（如图 17.9 所示）

① 加载窗体和控件，并设置属性如下。

窗体 Frm 统计人数的 Caption 属性为"统计职工总
人数"，ControlBox 属性为"false"。

标签 lblzgzs 的 Caption 属性为""，Alignment 属性
为"0-Legt Justify"。

命令按钮 cmdconfirm 的 Caption 属性为"确定"。

② 编写代码如下。

图 17.9 "统计职工总人数"窗体

```
Private Sub Form_Load()
    lblzgzs.Caption = " 职工总数为:" + Str(rt.RecordCount) + "人"
                                 '计算并显示职工总人数

End Sub


Private Sub cmdconfirm_Click()              '单击"确定"按钮
```

```
        Unload Me
End Sub
```

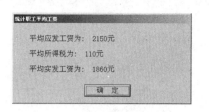

图 17.10　"统计职工平均工资"窗体

（8）建立统计职工平均工资界面（如图 17.10 所示）

① 加载窗体和控件，并设置属性如下。

窗体 Frm 统计平均工资的 Caption 属性为"统计职工平均工资"，ControlBox 属性为"false"。

标签 lblyfpj，lblsfpj 和 lblsdspj 的 Caption 属性为""，Alignment 属性为 "0-Legt Justify"。

命令按钮 cmdconfirm 的 Caption 属性为"确定"。

② 编写代码如下。

```
Dim yfzs,sdszs,sfzs As Single          '变量声明

Private Sub Form_Load()
    yfzs = 0                                    '初始化变量
    sdszs = 0
    sfzs = 0
    rt.MoveFirst
    Do While Not rt.EOF             '分别计算应发工资、所得税和实发工资的总数
      yfzs = yfzs + rt!应发
      sdszs = sdszs + rt!所得税
      sfzs = sfzs + rt!实发
      rt.MoveNext
    Loop
    If rt.RecordCount > 0 Then      '如果表内存在记录，计算并显示平均
                                        应发工资、所得税和实发工资
      lblyfpj.Caption = "平均应发工资为: " + Str(yfzs / rt.RecordCount) + "元"
      lblsdspj.Caption = "平均所得税为: " + Str(sdszs / rt.RecordCount) + "元"
      lblsfpj.Caption = "平均实发工资为: " + Str(sfzs / rt.RecordCount) + "元"
    Else
      lblyfpj.Caption = ""            '如果表内不存在记录，弹出提示对话框
      lblsdspj.Caption = ""
      lblsfpj.Caption = ""
      MsgBox "此部门无记录! ",vbOKOnly + vbCritical,"警告"
    End If
End Sub

Private Sub cmdconfirm_Click()    '单击"确定"按钮
    Unload Me
End Sub
```

（9）建立统计职工工资总额界面（如图 17.11 所示）

① 加载窗体和控件，并设置属性如下。

窗体 Frm 统计工资总额的 Caption 属性为"统计职工工资总额"，ControlBox 属性为"false"。

标签 lblyfz，lblsfz 和 lblsdsz 的 Caption 属性为""，Alignment 属性为"0-Legt Justify"。

命令按钮 cmdconfirm 的 Caption 属性为"确定"。

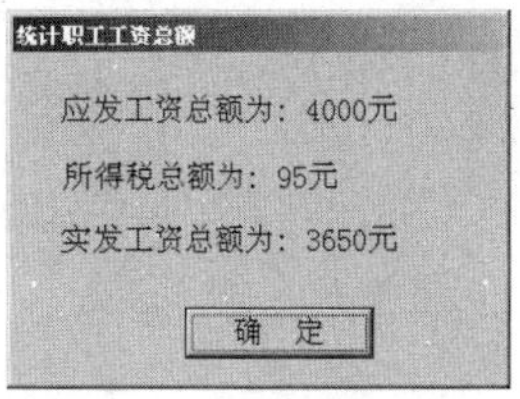

② 编写代码如下。

图 17.11　"统计职工工资总额"窗体

```
Dim yfzs, sdszs, sfzs As Single      '变量声明

Private Sub Form_Load()
    yfzs = 0                              '初始化变量
    sdszs = 0
    sfzs = 0
    rt.MoveFirst
    Do While Not rt.EOF                  '分别计算应发工资、所得税和实发工资的总数
      yfzs = yfzs + rt!应发
      sdszs = sdszs + rt!所得税
      sfzs = sfzs + rt!实发
      rt.MoveNext
    Loop
    If rt.RecordCount > 0 Then           '如果表内存在记录，计算并显示
                                          应发工资、所得税和实发工资总额
      lblyfz.Caption = "应发工资总额为:" + Str(yfzs) + "元"
      lblsdsz.Caption = "所得税总额为:" + Str(sdszs) + "元"
      lblsfz.Caption = "实发工资总额为:" + Str(sfzs) + "元"
    Else
      lblyfz.Caption = ""                '如果表内不存在选定部门的人员，弹出提示对话框
      lblsdsz.Caption = ""
      lblsfz.Caption = ""
      MsgBox "此部门无记录！",vbOKOnly + vbCritical,"警告"
    End If

End Sub


Private Sub cmdconfirm_Click()
    Unload Me
End Sub
```

（10）建立按姓名查询职工情况界面（如图 17.12 所示）

① 加载窗体和控件，并设置属性如下。

图 17.12 "按姓名查询记录"窗体

窗体 Frm 姓名查询的 Caption 属性为"按姓名查询记录"，ControlBox 属性为"false"，数据控件 data1 的 Caption 属性为"滚动条"，databasename 属性为"F:\VB 教程\zhsl\zhsldb.mdb"，recordsorse 属性为"职工表"。

标签 lblxm 的 Caption 属性为"请选择要查询的人员姓名"。

组合列表框 cmbxm 的 Text 属性为""，datafield 属性为"姓名"。

框架 frameshow 的 Caption 属性为""。

标签 lblbm 的 Caption 属性为"部门"。

标签 lbldx 的 Caption 属性为"底薪"。

标签 lblbt 的 Caption 属性为"补贴"。

标签 lbljj 的 Caption 属性为"奖金"。

标签 lblft 的 Caption 属性为"房贴"。

标签 lblylbx 的 Caption 属性为"养老保险"。

标签 lblylbxj 的 Caption 属性为"医疗保险"。

标签 lblzfgjj 的 Caption 属性为"住房公积金"。

标签 lblyf 的 Caption 属性为"应发"。

标签 lblsds 的 Caption 属性为"所得税"。

标签 lblsf 的 Caption 属性为"实发"。

文本框 txtbm、txtdx、txtbt、txtjj、txtft、txtylbx、txtylbxj、txtzfgj、txtyf、txtsds 和 txtsf 的 Caption 属性均为""，datasorse 属性均为"data1"，datafield 属性分别为"部门""底薪""补贴""奖金""房贴""养老保险""医疗保险""住房公积金""应发""所得税""实发"。

命令按钮 cmdquit 的 Caption 属性为"返回"。

② 编写代码如下。

```
Dim yn As Integer      '声明变量

Private Sub Form_Load()
    cmbxm.Clear        '清空列表项
    rt.MoveFirst       '根据表中"姓名"字段的内容，生成列表框的列表项
    Do While Not rt.EOF
        cmbxm.AddItem rt("姓名")
        rt.MoveNext
    Loop
End Sub
Private Sub cmbxm_click()
```

```
    If rt.RecordCount = 0 Then
        MsgBox "表内无记录! ",vbOKOnly + vbCritical,"警告"
                                '如果表为空，弹出提示对话框
    Else
        rt.MoveFirst            '如果不为空，定位到选定的记录
        rt.Index = "姓名"
        rt.Seek "=",cmbxm.Text
        If Not rt.NoMatch Then
            txtbm.Text = rt!部门      '显示相应字段内容
            txtdx.Text = Str(rt!底薪)
            txtbt = Str(rt!补贴)
            txtjj = Str(rt!奖金)
            txtft = Str(rt!房贴)
            txtylbx = Str(rt!养老保险)
            txtylbxj = Str(rt!医疗保险)
            txtzfgjj = Str(rt!住房公积金)
            txtyf = Str(rt!应发)
            txtsds = Str(rt!所得税)
            txtsf = Str(rt!实发)
        End If
    End If
End Sub


Private Sub cmdquit_Click()            '单击"返回"按钮
    Unload Me
End Sub
```

（11）建立按部门查询职工情况界面（如图 17.13 所示）

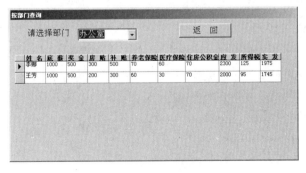

图 17.13 "按部门查询"窗体

① 加载窗体和控件，并设置属性如下。

窗体 Frm 姓名查询的 Caption 属性为"按部门查询"，ControlBox 属性为"false"。ADO
数据控件 datPrimaryRS 的 Caption 属性为" "，connectionstring 属性为"Provider=Microsoft.Jet.
OLEDB.4.0;Data Source=F:\VB 教程\zhsl\zhsldb.mdb;Persist Security Info=False"，recordsorse
属性为"select 姓名、底薪、奖金、房贴、补贴、养老保险、医疗保险、住房公积金、应

发、所得税、实发 from 职工表"。

标签 lblbm 的 Caption 属性为"请选择部门"。

组合列表框 cmbbm 的 Text 属性为""，list 属性为"办公室、财务部、市场营销部、技术部、人力资源部"。

DataGrid 控件 grdDataGrid 的 allowaddnew、allowdeleted、allowupdate 属性均为"false"，datasorse 属性为"datPrimaryRS"，borderstyl 属性为"0-dbgnoborder"。

命令按钮 cmdquit 的 Caption 属性为"返回"。

② 编写代码如下。

```
Private Sub Form_Load()
    cmbbm.Text = ""                    '清空列表框内容
End Sub


Private Sub cmbbm_click()
    grdDataGrid.Visible = True     '设置 DataGrid 控件为可视
    datPrimaryRS.RecordSource = "select 姓名,底薪,奖金,房贴,补贴,养老保险, "
"&_医疗保险,住房公积金,应发,所得税,实发 from 职工表 where 部门='" & cmbbm.Text & "'"
'设置 ADO Data 控件的数据源为列表中选定部门的职工明细
    datPrimaryRS.Refresh
End Sub


Private Sub cmdquit_Click()
    Unload Me
End Sub
```

（12）建立关于职工工资管理系统界面（如图 17.14 所示）

图 17.14 "关于职工工资管理系统"窗体

① 加载窗体和控件，并设置属性如下。

窗体 Frm 的 Caption 属性为"关于职工工资管理系统"，ControlBox 属性为"false"。

标签 lbl1 的 Caption 属性为"职工工资管理系统"。

标签 lbl2 的 Caption 属性为"本软件使用权属于："。

标签 lbl3 的 Caption 属性为"版本:v1.0"。

标签 lbl4 的 Caption 属性为"石家庄市教育科学研究所序列号：2003-0005-5557"。

标签 lbl5 的 Caption 属性为"警告：本计算机软件受版权法和国际公约的保护。未经授权任何人不得擅自复制或传播本程序，否则，将受到严重的刑事及民事制裁"。

命令按钮 cmdOK 的 Caption 属性为"确定"。

② 编写代码如下。

```
Private Sub cmdOK_Click()
```

```
      Unload Me
End Sub
```

 ## 17.4 生成可执行文件

为使开发的应用程序能够脱离 Visual Basic 环境，直接在操作系统下运行，系统开发完毕后，在"文件"菜单中选择"生成可执行文件"，输入文件名，即可生成可执行文件，该系统所生成的可执行文件为 gzglxt.exe。

附录
菜单项功能说明

附表1 "文件"菜单

序　号	菜单项名称	菜单项功能
1	新建工程	建立一个新的工程文件
2	打开工程	打开一个已存在的工程文件
3	添加工程	在打开的工程组中增加一个新工程
4	移除工程	移除指定的工程
5	保存工程	保存当前正在编辑的工程
6	工程另存为	将工程按指定名称重新保存
7	保存窗体	保存当前窗体
8	窗体另存为	将窗体按指定名称重新保存
9	打印	打印窗体或代码
10	打印设置	设置打印信息
11	生成工程 1.exe	生成当前工程（组）的 exe、dll、ocx 文件
12	生成工程组	对工程组中的每一个工程生成一个 exe、dll、ocx 文件
13	文件 1、2、3、4	最近打开的四个工程（.vbp）或工程组（.vbg）的名字
14	退出	退出 Visual Basic

附表2 "编辑"菜单

序　号	菜单项名称	菜单项功能
1	撤销	取消最近的一次操作
2	重复	重复最近的一次操作
3	剪切	将被选中的内容删除并放到剪贴板中
4	复制	将被选中的内容复制到剪贴板中
5	粘贴	将剪贴板中的内容复制到光标所在位置
6	粘贴链接	把链接粘贴到一个有效的 DDE 源上
7	移除	将表从数据库中移除
8	删除	删除被选中的控件、文本或观察表达式等
9	从数据库删除表	将数据库表从数据库中物理地删除
10	全选	在代码窗口中选中所有内容
11	选择全部列	选择数据库表的全部列
12	表	对数据库表进行设置主键、插入删除列等操作

续表

序 号	菜单项名称	菜单项功能
13	查找	查找指定的字符串等内容
14	查找下一个	查找指定的内容下一次出现的位置
15	替换	查找指定的内容并用新的内容替换
16	缩进	使选择的文本行向右移一个 Tab 位置
17	凸出	使选择的文本行向左移一个 Tab 位置
18	插入文件	把一个已打开的文件代码插入到当前位置
19	属性/方法列表	在"代码"窗口中用下拉式列表显示对象的属性和方法
20	常数列表	列出属性的有效值
21	快速信息	显示"代码"窗口中选择的变量等信息
22	参数信息	显示函数或语句的参数信息
23	自动完成关键字	输入一个能推测的单词的前几个字母后，Visual Basic 自动输入后面的字母
24	到行	移动数据库表的行
25	书签	建立或取消占位符，移动到下一个或前一个书签或清除所有书签

附表 3 "视图"菜单

序 号	菜单项名称	菜单项功能
1	代码窗口	激活相应对象的"代码"窗口
2	对象窗口	显示激活的对象
3	定义	显示光标所在处的变量或过程的定义
4	最后位置	在"代码"窗口中使光标回到上一次的位置
5	对象浏览器	显示对象浏览器，列出有关信息
6	立即窗口	在"立即"窗口中显示调试语句和输入命令的结果
7	本地窗口	在"本地"窗口中显示当前栈中的所有变量及它们的值
8	监视窗口	在"监视"窗口中显示当前观察表达式的值
9	调用堆栈	显示"调用堆栈"对话框，在中断模式下列出一个过程正在调用的其他过程
10	工程资源管理器	显示"工程资源管理器"窗口
11	属性窗口	显示"属性"窗口
12	窗体布局窗口	显示"窗体布局"窗口，可以用来预览和改变窗体的初次显示位置
13	属性页	显示用户控件的属性页
14	表	显示数据库表的列属性、引名称、关键字等
15	缩放	选择显示的比例
16	显示窗格	设置数据库表、查询设计网格、SQL 语句内容、查询结果等是否显示
17	工具箱	显示标准 Visual Basic 控件
18	数据视图窗口	显示数据视图窗口
19	调色板	激活并调用调色板
20	工具栏	显示工具栏
21	Visual Component Manager	显示可视化部件管理器

附表 4　"工程"菜单

序　号	菜单项名称	菜单项功能
1	添加窗体	在工程中加入一个窗体
2	添加 MDI 窗体	在工程中加入一个 MDI 文档界面窗体
3	添加模块	在工程中加入一个模块
4	添加类模块	在工程中加入一个类模块
5	添加用户控件	在工程中加入一个用户控件
6	添加属性页	在工程中加入一个新的或现有的属性页
7	添加用户文档	在工程中加入一个新的或现有的用户文档
8	添加 DHTML Page	在工程中加入一个新的 DHTML 页面
9	添加 Data Report	在工程中加入一个新的数据报表
10	添加 Web Class	在工程中加入一个新的 Internet Web 类
11	添加 Microsoft User Connection	在工程中加入一个新的用户连接
12	添加 ActiveX 设计器	显示可用的 ActiveX 设计器，并从中选择一种，加入工程中
13	添加文件	在工程中加入一个文件
14	移除（窗体）	在工程中移除选择的窗体
15	引用	在工程中加入一个对象库或类库
16	部件	在工具箱中加入控件、设计器和对象
17	〈工程名〉属性	观察选定的工程的属性

附表 5　"格式"菜单

序　号	菜单项名称	菜单项功能
1	对齐	以最后选择的对象为基准，将选中的对象对齐
2	统一尺寸	使选择的对象大小相同
3	按网格调整大小	按照窗体上最近的网格线调整对象的高度和宽度
4	水平间距	改变对象之间的水平距离
5	垂直间距	根据具有焦点的对象调整对象之间的垂直距离
6	在窗体中居中对齐	把选择的对象调整到窗体的中央
7	顺序	改变窗体中对象的顺序
8	锁定控件	把窗体上的所有控件锁定在当前位置，以免在设计时移动它们

附表 6　"调试"菜单

序　号	菜单项名称	菜单项功能
1	逐语句	每次运行只执行一条语句
2	逐过程	每次运行只执行一个过程
3	跳出	跳出运行状态
4	运行到光标处	在中断模式下，程序执行到光标所在的位置
5	添加监视	在设计时或中断模式下，输入监视表达式
6	编辑监视	编辑或删除监视表达式
7	快速监视	显示监视表达式的当前值。可以用来查看变量、属性和其他表达式的值

续表

序　号	菜单项名称	菜单项功能
8	切换断点	在当前行设置或取消一个断点
9	清除所有断点	清除工程中的所有断点
10	设置下一条语句	设置下一条要执行的语句
11	显示下一条语句	加亮显示下一条要执行的语句

附表 7　"运行"菜单

序　号	菜单项名称	菜单项功能
1	启动	运行工程管理器中的启动工程
2	全编译执行	对工程进行完全编译并运行
3	中断	当一个程序正在运行时中断它，进入中断模式
4	结束	停止运行程序，返回设计状态
5	重新启动	在中断之后重新开始执行应用程序

附表 8　"查询"菜单

序　号	菜单项名称	菜单项功能
1	运行	运行设计的数据库查询语句
2	消除结果	消除数据库查询结果
3	验证 SQL 语法	验证 SQL 语法的正确性
4	分组	对结果进行分组
5	更改类型	对数据库表进行插入、更新、删除等操作
6	添加到输出	将结果添加到输出列表中
7	升序排序	对查询结果按照升序排序
8	降序排序	对查询结果按照降序排序
9	删除过滤器	删除查询的过滤器

附表 9　"图表"菜单

序　号	菜单项名称	菜单项功能
1	新建文本批注	在数据库图表中增加文本批注
2	设置文本字体	修改批注等文本信息的字体
3	添加关联表	在已有的数据库图表中增加一个与现有数据库表相关联数据表
4	显示关联标签	显示数据库表之间关联标签的名称
5	修改自定义视图	对数据库图表的显示方式进行修改
6	显示分页标记	显示数据库图表的分页标记
7	重新计算分页	重新计算数据库图表的分页
8	选项对齐	选定内容对齐
9	表对齐	数据库图表中的表图标对齐
10	调整选定表	对数据库图表中选定的表图标进行调整

附表 10　"工具"菜单

序　号	菜单项名称	菜单项功能
1	添加过程	在活动的模块中添加一个新的子程序（Sub）、函数（Function）、属性（Property）或事件（Event）过程
2	过程属性	设置与对象的属性和方法有关的性质
3	菜单编辑器	显示"菜单编辑器"对话框
4	选项	显示"选项"对话框，设置 Visual Basic 的编程环境
5	发布	发布应用程序
6	SourceSafe	基于 Visual Basic SourceSafe 数据库的操作

附表 11　"外接程序"菜单

序　号	菜单项名称	菜单项功能
1	可视化数据管理器	打开后可以访问或操作数据
2	外接程序管理器	装入或卸载 Visual Basic 的外接程序

附表 12　"窗口"菜单

序　号	菜单项名称	菜单项功能
1	拆分	用水平线分隔或取消代码窗口
2	水平平铺	在 MDI 模式中使"对象""代码"窗口和对象浏览器上下排列
3	垂直平铺	在 MDI 模式中使"对象""代码"窗口和对象浏览器左右排列
4	层叠	在 MDI 模式中使"对象""代码"窗口和对象浏览器层叠排列
5	排列图标	在窗口左下角排列最小化窗口的图标
6	窗口列表	显示所有打开的窗口

附表 13　"帮助"菜单

序　号	菜单项名称	菜单项功能
1	内容	运行帮助，显示帮助的目录和索引
2	索引	打开帮助系统
3	搜索	打开在线文档
4	技术支持	运行帮助系统，显示 Visual Basic 产品的支持信息
5	Web 上的Microsoft	显示一个包含 Intetnet 网址的菜单
6	关于 Microsoft Visual Basic	显示"关于"对话框